SHUIKU GUANLI

水库管理

戴春祥　主编 ◆

文化发展出版社
Cultural Development Press

图书在版编目（CIP）数据

水库管理 / 戴春祥主编 . —北京：文化发展出版社有限公司，2019.6

ISBN 978-7-5142-2594-5

Ⅰ．①水… Ⅱ．①戴… Ⅲ．①水库管理 Ⅳ．① TV697

中国版本图书馆 CIP 数据核字（2019）第 053234 号

水库管理

主　　编：戴春祥

责任编辑：李　毅　　　　　　　责任校对：岳智勇

责任印制：邓辉明　　　　　　　责任设计：侯　铮

出版发行：文化发展出版社有限公司（北京市翠微路 2 号 邮编：100036）

网　　址：www.wenhuafazhan.com　www.printhome.com　　www.keyin.cn

经　　销：各地新华书店

印　　刷：阳谷毕升印务有限公司

开　　本：787mm×1092mm　1/16

字　　数：308 千字

印　　张：16.875

印　　次：2019 年 9 月第 1 版　2021 年 2 月第 2 次印刷

定　　价：48.00 元

ＩＳＢＮ：978-7-5142-2594-5

◆ 如发现任何质量问题请与我社发行部联系。发行部电话：010-88275710

前　言

　　我国的水利工作正处在由传统水利向现代化水利转变的阶段，作为水利工作重要内容的水库管理工作，必须跟上这个转变，逐步实现水库管理的现代化，现代水利是面对水资源的严重不足，做好水资源的节约、保护和科学高效的利用，以水资源的可持续利用，支持经济社会的可持续发展，同时，随着科学技术的发展，水利工作应增加科技含量，跟上科技发展的步伐。

　　水库管理就是采取行政和法律、技术、经济的措施，科学合理地组织水库建设和运行，保障水库安全，促进效益发挥，满足社会经济发展和对水库综合效益的需求。水库管理的基本任务是：保证水库安全运行，防止溃坝；充分发挥设计效益；对工程进行维修养护，防止工程老化、水库淤积以及自热和人为破坏，延长水库使用年限；推进技术进步，加强队伍建设，不断提高管理水平。为了保障水库下游居民的生命财产安全，提高水库的防洪能力，确保水库在设计标准内安全运行等需要对水库进行科学、安全、有效的管理。

　　标准化是水库管理现代化的标志之一，施行标准化，减少盲目性和随意性。标准化管理首先要制定管理标准，管理标准应包含两个方面，一是管理的质量标准，二是管理的工作量标准，质量标准是管理的工程设备应该保持的良好状态和良好程度，工作量标准是达到质量标准所必须做的工作。所以工作量标准是质量标准的细化和具体化，是实现质量标准的前提和保证，管理标准应尽可能量化，便于定岗定责和自动化管理，管理标准应定期修改，不断完善。

　　为了满足广大水库管理研究和工作人员的实际要求，作者翻阅大量水库管理的相关文献、并结合自己多年的实践经验编写了此书。

　　由于编写时间和水平有限，尽管编者尽心尽力，反复推敲核实，但难免有疏漏及不妥之处，恳请广大读者批评指正，以便做进一步的修改和完善。

《水库管理》编委会

目 录

第一章 我国水库管理的现状

我国地域辽阔,地处温、亚热两大气候带,河流众多,地形复杂。自然条件相差悬殊、水文气象各异,年降水时空分布不均,年内降雨主要集中在夏季,大部分地区汛期连续四个月降雨量占全年的70%左右;东南部多年平均降雨量高达1600mm,而西北地区有的地方降雨量甚至少于50mm。全国多年平均水资源总量仅2.84万亿m^3,人均水资源量只有世界人均占有量的1/4,是一个水资源贫乏的国家。我国特殊的地理、地形和气候条件,决定了我们必须建设并依靠水库大坝等基础设施,对自水资源进行科学合理调节,有效开发利用水资源和防治水患。新中国成立以来,在党和政府的带领下,我国开展了大规模水利建设,建成数以万计座水库。根据最新全国水利普查数据,目前全国共有水库98002座,其中小型水库93308座,占水库总数的95.2%。数量众多、分布广泛的小型水库,是水利工程体系和农业基础设施的重要组成部分,不仅保护下游人民群众生命财产安全,同时是农业灌溉和农村安全饮水的重要水源,直接为"三农"服务,在改善农民生产生活条件、保障农村经济持续稳定、促进社会主义新农村建设中发挥着不可替代的作用。

我国水库管理,实行从中央到地方分部门、分级负责的管理体制。国务院水行政主管部门会同有关主管部门,行使全国水库大坝安全管理的行政管理职能;县级以上地方人民政府水行政主管部门会同有关主管部门,行使本行政区域内水库大坝安全管理的行政管理职能,对水库大坝安全实施监督。

我国绝大多数小型水库兴建于20世纪50~70年代,限于当时经济状况和实施条件,普遍存在工程标准低、建设质量差等问题。经数十年运行,老化失修严重,病险问题十分突出,不仅水库作用和效益难以正常发挥,而且对广大人民群众生命财产安全构成严重威胁。进入21世纪以来,按照党中央、国务院的统一部署,开展了大规模的病险水库除险加固工作。按照相关规划目标,到2015年底,全国将有超过5万余座小型病险水库得以除险加固。

2002年9月,国务院办公厅转发了由原国务院体改办会同有关部门制定的《水利工程管理体制改革实施意见》(国办发〔2002〕45号,以下简称《实施意见》),

在全国范围内启动实施了水利工程管理体制改革（以下简称水管体制改革），国有小型水库按照要求已经完成改革任务。此外，许多地方还根据《实施意见》和水利部《小型农村水利工程管理体制改革实施意见》（水农〔2003〕603号）的精神，积极开展小型水库管理体制改革的探索与实践，如贵州省全部小（1）型水库纳入水管体制改革，成立了水管单位，负责工程的运行管理，落实了两项经费，完成了改革任务；江苏省县水利部门直接管理的23座水库设有专门管理机构，其余837座水库均落实了1～2名管护人员，并签订了管护协议，明确了管护内容和职责，管护经费由省、市、县三级财政负担；河南省将一些小型水库租赁给个体户经营管理，调动了广大农户投入水利的积极性。

2013年3月，水利部、财政部联合印发了《关于深化小型水利工程管理体制改革的指导意见》（水建管〔2013〕169号，以下简称《指导意见》），对未实施水管体制改革的小型水库全部纳入改革范围。《指导意见》要求继续深化小型水库管理体制改革，明晰工程产权，落实管护主体和责任，落实管护经费，探索社会化和专业化的多种工程管理模式，建立科学的管理体制和良性运行机制，确保小型水库安全运行和效益充分发挥。对于以农村集体经济组织投入为主和社会投资为主、涉及公共安全的小型水库，条件允许的可以按照国家规定办理相关手续，将工程划归县、乡（镇）人民政府所有，落实安全管理责任；对于工程所有权难以清晰界定的小型水库，可以将工程所有权与使用权分离，由县、乡（镇）人民政府应先行落实工程使用权和管理权；对于安全风险较大、所有者无力承担安全管理责任的，也可以由政府直接指定工程运营管理单位、人员进行管理。

对小型水库的管理模式，《指导意见》要求既要发挥政府的主导作用和担负公共利益、公共安全的责任，也要鼓励和支持广大农民群众和社会各界的参与，要根据不同类型工程特点，因地制宜、积极探索专业化集中管理及社会化管理等多种管护方式。专业化集中管理模式，是按区域或水系组建专门的管理单位对多个小型水库实行集中管理，或通过划归或委托代管等方式，由现有的国有大中型水库管理单位实行专业化管理；社会化管理模式，是在县级水利部门或乡镇水利服务站指导下，采取承包、租赁、股份合作等方式，由农村集体经济组织、用水户协会、个人对小型水库进行管理。采取社会化管理模式的小型水库，水利部门应加强指导和监管，有效防止农业用水浪费和掠夺式经营，确保工程安全、公益属性和生态保护。政府所有的小型水库，为确保工程安全和公益性功能的发挥，不宜采取承包、租赁、拍卖等社会化管理模式。

《指导意见》印发后，各地积极推进深化小型水库管理体制改革试点工作，一些地方还专门出台了小型水库管理体制改革的相关政策,在小型水库管理体制方面进行了进一步的有益探索,如海南省人民政府出台了《关于深化小型水库管理体制改革的指导意见》,要求将由村、镇(乡)管理的小型水库全部收归市县(区)统一管理,有关经费纳入本级财政预算,落实小型水库管护人员和安全管理职责;山东省水利厅、财政厅联合印发了《小型水库管理体制改革实施方案》,明确了小型水库管护经费投入和管理人员聘用的具体标准,要求各级财政加大小型水库管护经费投入的保障力度,落实管护机构和管护人员,并鼓励通过"市场运作,政府购买服务"模式开展工程维修养护;随着农村土地流转的逐步深入,一些地方将部分小型水库使用权也流转给农村新型经营主体或种粮大户所有,签订管理合同,要求其在确保工程的安全、保证原有功能和水权利益的前提下,在土地流转期内负责工程的运行管理和维修养护。

第二章　管理制度

第一节　安全管理基本制度

一、大坝安全管理责任制

按照《水库大坝安全管理条例》规定，水库安全管理实行政府行政领导负责制，明确责任主体，落实安全责任。小型水库安全管理的责任主体包括相应的地方人民政府、水行政主管部门、水库主管部门或水库所有者（业主）及水库管理单位；农村集体经济组织所有的小型水库，所在地的乡镇人民政府承担其主管部门的职责。因此，小型水库应确定一名相应的政府行政领导为安全责任人，对水库安全负总责，协调有关部门做好水库安全管理工作，包括建立管理机构、配备管理人员、筹措管理经费、组织抢险和除险加固等；水库主管部门或所有者（业主）负责组织水库管理单位进行大坝注册登记、安全鉴定、管理人员培训、实施年度检查、除险加固等，每座小型水库要确定一名技术责任人；水库管理单位负责水库安全管理的日常工作，包括巡视检查、工程养护、水库调度、抢险救灾及水毁工程修复等；无专门管理机构的小型水库，水库主管部门或所有者（业主）应明确管护人员，采取有效的管理方式，将安全管理的日常工作落到实处。除按要求落实各类责任人的具体责任外，还应明确相应的责任追究制度。

二、大坝注册登记制度

《水库大坝安全管理条例》规定"大坝主管部门对其所管辖的大坝应当按期注册登记，建立技术档案"，《水库大坝注册登记办法》规定"县一级各大坝主管部门负责所管辖的库容在 10 万～1000 万 m^3 的小型水库大坝"。

凡已建成投入运行符合注册登记要求的水库大坝由管理单位（无管理单位的由乡镇水利站）到指定的注册登记机构申报注册登记，通过注册登记，对水库的基本情况、产权现状、安全状况等逐一查清登记，建立档案。已建成投入运行的水库，不按期申报注册登记的属违章运行，不受法律保护，造成大坝事故或遇到民事纠纷的按有关规定处理。为使水库安全管理工作顺利进行，水库管理单位和有关部门要根据工程管理现状及其变化情况及时做好水库大坝的注册登记、信息变更等工作。

三、大坝安全鉴定制度

大坝安全鉴定是加强水库大坝安全管理、保证大坝安全运行的一项重要基础工作。《水库大坝安全管理条例》规定"大坝主管部门应当建立大坝定期安全检查、鉴定制度"。为进一步加强水库安全管理，水利部颁布了《水库大坝安全鉴定办法》，明确规定坝高 15m 以上或库容 100 万 m^3 以上水库大坝应当进行安全鉴定，坝高小于 15m 或库容在 10 万 ~ 100 万 m^3 的小型水库大坝可参照执行。

小型水库主管部门和管理单位应结合实际，按照规定的时限权限、基本程序、主要内容等，组织开展大坝安全鉴定工作。无正当理由不按期鉴定的，属违章运行，导致大坝事故的，按《水库大坝安全管理条例》等法规的有关规定处理。

大坝实行定期安全鉴定制度，首次安全鉴定应在竣工验收后 5 年内进行，以后应每隔 6 ~ 10 年进行一次。运行中遭遇特大洪水、强烈地震、工程发生重大事故或出现影响安全的异常现象后，应组织专门的安全鉴定。县级以上地方人民政府水行政主管部门对大坝安全鉴定意见进行审定。大坝安全鉴定包括大坝安全评价、大坝安全鉴定技术审查和大坝安全鉴定意见审定三个基本程序：

（1）鉴定组织单位负责委托有资质的大坝安全评价单位对大坝安全状况进行分析评价，并提出大坝安全评价报告和大坝安全鉴定报告书。

（2）由鉴定审定部门或委托有关单位组织并主持召开大坝安全鉴定会，组织专家审查大坝安全评价报告，通过大坝安全鉴定报告书。

（3）鉴定审定部门审定并印发大坝安全鉴定报告书。

大坝安全评价应由相应资质的鉴定承担单位完成，主要内容包括工程质量评价、大坝运行管理评价、防洪标准复核、结构安全评价、渗流安全评价、抗震安全复核、金属结构安全评价和大坝安全综合评价等，小型水库可结合工程实际情况，参照《水库大坝安全评价导则》（SL258—2000）及其他有关规程规范的要求执行。经安全鉴定确定为二类坝或三类坝的病险水库，必须采取应急处理、限制运用、除险加固等措施，三类坝应立即委托有资质的设计单位进行除险加固设计，报有关部门审批立项，组织对水库进行除险加固。

水库除险加固完成后、蓄水运用前，必须按照《水利部关于加强中小型水库除险加固后初期蓄水管理的通知》（水建管〔2013〕138 号）和《水利部关于印发加强小型病险水库除险加固项目验收管理指导意见的通知》（水建管〔2013〕178 号）要求进行蓄水验收，通过验收后方可投入蓄水运用。

四、水库降等与报废制度

由于淤积严重或工程病害复杂，有的水库已部分或完全丧失了按原设计标准运行管理的作用和意义或丧失了原有的功能，甚至对下游安全构成极大风险，进行除险加固技术上已不可行，经济上也不合理。对这部分水库应根据《水库降等与报废管理办法（试行）》《水库降等与报废标准》（SL605—2013）进行降等或报废。

县级以上人民政府水行政主管部门按照分级负责的原则对水库降等与报废工作实施监督管理。水库主管部门（单位）负责所管辖水库的降等与报废工作的组织实施；乡镇人民政府负责农村集体经济组织所管辖水库的降等与报废工作的组织实施。水库降等与报废工作的组织实施部门（单位）、乡镇人民政府，统称为水库降等与报废工作组织实施责任单位。水库降等与报废，必须经过论证、审批等程序后实施。这些程序包括编制论证报告、降等与报废申请、降等与报废审批、降等与报废组织实施、组织验收。经验收后，应当按照《水库大坝注册登记办法》的有关规定，及时办理变更或者注销手续。

1. 水库降等条件

符合下列条件之一的水库，应当予以降等：

因规划、设计、施工等原因，实际工程规模达不到《水利水电工程等级划分及洪水标准》（SL252—2000）规定的原设计等别标准，扩建技术上不可行或者经济上不合理的。因淤积严重，现有库容低于《水利水电工程等级划分及洪水标准》（SL252—2000）规定的原设计等别标准，恢复库容技术上不可行或者经济上不合理的。原设计效益大部分已被其他水利工程代替，且无进一步开发利用价值或者水库功能萎缩已达不到原设计等别规定的。实际抗御洪水标准不能满足《水利水电工程等级划分及洪水标准》（SL252—2000）规定或者工程存在严重质量问题，除险加固经济上不合理或者技术上不可行，降等可保证安全和发挥相应效益的。因征地、移民或者在库区淹没范围内有重要的工矿企业、军事设施、国家重点文物等原因，致使水库自建库以来不能按照原设计标准正常蓄水，且难以解决的。遭遇洪水、地震等自然灾害或战争等不可抗力造成工程破坏，恢复水库原等别在经济上不合理或技术上不可行，降等可保证安全和现阶段实际需要的。因其他原因需要降等的。

2. 水库报废条件

符合下列条件之一的水库，应当予以报废：

防洪、灌溉、供水、发电、养殖及旅游等效益基本丧失或者被其他工程替代，无进一步开发利用价值的。库容基本淤满，无经济有效措施恢复的。建库以来从未蓄水运用，无进一步开发利用价值的。遭遇洪水、地震等自然灾害或战争等不可抗力，工程严重毁坏，无恢复利用价值的。库区渗漏严重，功能基本丧失，加固处理技术上不可行或者经济上不合理的。病险严重，且除险加固技术上不可行或者经济上不合理，降等仍不能保证安全的。因其他原因需要报废的。

第二节　日常运行管理基本制度

日常运行管理基本制度的主要内容，见表 2-1。

表 2-1　日常运行管理基本制度

基本制度	主要内容
巡视检查制度	水库管理单位（或业主）应参照《水库工程管理通则》等规程规范制定并落实巡视检查制度，具体规定巡视的时间、部位、内容和方法，并确定其路线和顺序，由有经验的技术人员负责进行。开展巡视检查时，要重点检查水库水位、渗流量和主要建筑物工况等，做好工程安全检查记录、初步分析、及时报告、记录存档等工作
调度运用制度	水库主管部门和管理单位应依据《水库调度规程编制导则（试行）》，组织编制水库调度运用规程和调度运用计划，按照管辖权限由县级以上水行政主管部门审批。调度运用涉及两个或两个以上行政区域的水库，其编制的调度运用规程和调度运用计划，应由上一级水行政主管部门或流域机构审批。调度规程是水库调度运用的依据，应当明确调度任务、调度原则、调度要求、调度条件、调度方式等。水库主管部门和管理单位负责执行调度指令，建立调度值班、检查观测、水情测报、运行维护等制度，做好调度信息通报与调度值班记录
维修养护制度	水库管理单位（或业主）要按照《水库大坝安全管理条例》中"大坝管理单位必须做好大坝的养护工作，保证大坝和闸门启闭设备完好"的要求，依照《土石坝养护修理规程》《混凝土坝养护修理规程》制定水库大坝维修养护制度，及时组织开展维修养护工作，使大坝工程、设施设备处于完好状态，延长工程使用寿命
工程安全监测制度	依据水利部《关于加强水库大坝安全监测工作的通知》（水建管〔2013〕250号）及有关规定，小型水库应设置水位、渗流监测设施，并根据需要增加其他必要的安全监测项目。对重要小型水库，应开展大坝变形观测。南方地区土石坝还应增加对白蚁危害的监测。水库管理单位或所有者（业主）应根据《土石坝安全监测技术规程》（SL551—2012）和《混凝土坝安全监测技术规程》（SL601—2013）的要求制定相关

基本制度	主要内容
工程安全监测制度	制度，定期开展大坝安全监测工作，及时整理各监测项目的原始数据记录，定期组织相关技术人员或委托专业机构，认真做好大坝安全监测资料的整编，开展综合分析，科学评估大坝工作状态，提出加强大坝安全管理的建议
应急管理制度	为了提高水库突发事件的应对能力，切实做好遭遇突发事件时防洪抢险调度和险情抢护工作，最大程度保障人民群众生命安全、减少财产损失，水库应按照《大坝安全管理条例》《中华人民共和国防汛条例》《国务院突发公共安全事件总体应急预案》以及《水库大坝安全管理应急预案编制导则（试行）》《水库防洪抢险应急预案编制大纲》等要求，制定大坝安全管理应急预案、防汛抢险应急预案，以保证水库在遭遇超标准洪水、工程严重隐患和险情、地震灾害、地质灾害、溃坝、水质污染、战争或恐怖袭击等重大安全事件时有章可循、有效应对。根据水库应急管理的需要及有关规定，预案内容应当包括事件分析、组织体系、运行机制、应急响应、应急保障、宣传培训与演练、监督管理等内容。应急预案原则上按照管理权限由同级人民政府审批并组织落实
档案管理制度	重要水库应建立工程基本情况、建设与改造、运行与维护、检查与观测、安全鉴定、管理制度等技术档案，对存在问题或缺失的资料应查清补齐。其他小型水库应加强基本技术资料积累和管理
安全生产管理制度	水库安全生产管理主要是指水库在日常运行阶段，防止和减少操作运行、检查观测、维修养护等生产环节可能发生的安全事故，消除或控制危险和有害因素，保障水库运行及管理人员安全，保障水库大坝和设施免遭破坏。水库管理应当按照安全生产有关规定，明确安全生产责任机构，落实安全生产管理人员和相应责任，通过采取有效安全生产措施、开展安全生产培训、建立安全生产档案等，形成事故防控、报告与处置、责任追究的安全生产制度体系。水库管理单位应根据工程特点，制定水库运行管理及设备安全操作规程；对有关人员进行安全生产宣传教育；特种作业人员应经专业培训、考核并持证上岗；除防汛检查外，应定期进行防火、防爆、防暑、防冻等专项安全检查，及时发现和解决问题。发生安全生产事故后，应及时向上级主管部门报告，迅速采取措施，防止事故扩大。无专门管理机构的小型水库，地方人民政府应负责明确水库安全生产责任部门和责任人及其职责，组织实施安全生产检查，对管护人员进行必要的业务和技能培训，督促水库业主、租赁承包人和管护人员履行职责，组织和协调开展安全生产管理工作并加强监督指导

第三节　有关法律法规、规定文件

（1）《中华人民共和国水法》（1988 年制定，2002 年修订）。

（2）《中华人民共和国防洪法》（1997 年制定）。

（3）《中华人民共和国防汛条例》（1991 年制定，2005 年修订）。

（4）《水库大坝安全管理条例》（1991 年制定）。

（5）《国家突发公共事件总体预案》（2006 年制定）。

（6）《国家防汛抗旱应急预案》（2006 年制定）。

（7）《水库大坝安全管理应急预案编制导则（试行）》（2007 年制定）。

（8）《水库防汛抢险应急预案编制大纲》（2006 年制定）。

（9）《水库大坝注册登记办法》（1995 年制定，1997 年修订）。

（10）《水库大坝安全鉴定办法》（1995 年制定，2003 年修订）。

（11）《综合利用水库调度通则》（1993 年制定）。

（12）《小型水库安全管理办法》（2010 年制定）。

（13）《水库降等与报废管理办法（试行）》（2003 年制定）。

（14）《水利工程管理考核办法》（2003 年制定，2008 年修订）。

（15）《病险水库除险加固工程项目建设管理办法》（2005 年制定）。

（16）《关于加强中小型水库除险加固后初期蓄水管理的通知》（水建管〔2013〕138 号）。

（17）《关于深化小型水利工程管理体制改革的指导意见》（水建管〔2013〕169 号）。

（18）《进一步加强小型病险水库除险加固工程初步设计工作的技术要求》（水规计〔2013〕202 号）。

（19）《关于加强水库大坝安全监测工作的通知》（水建管〔2013〕250 号）。

（20）《关于进一步明确和落实小型水库管理主要职责及运行管理人员基本要求的通知》（水建管〔2013〕311 号）。

（21）《关于加强小型病险水库除险加固项目验收管理的指导意见》（水建管〔2013〕178 号）。

（22）《小型水库土石坝主要安全隐患处置技术导则（试行）》（水建管〔2014〕155 号）。

第三章　水库的安全管理

第一节　水库安全管理基础知识

一、水库防汛基础知识

1. 汛期和防汛

汛的含义是指江河、湖泊等水域的季节性或周期性的涨水现象。汛常以出现的季节或形成的原因命名，如春汛、伏汛、梅汛、台汛、秋汛和潮汛等。梅汛是指江河流域内由于梅雨季节集中降雨汇流形成的江河涨水；台汛是指江河流域内由于过境台风所夹带暴雨汇流形成的江河涨水；潮汛是指沿海地区海水周期性上涨。

汛期是指江河、湖泊洪水在一年中明显集中出现、容易形成洪涝灾害的时期。我国幅员辽阔，各河流所处地理位置和涨水季节不同，汛期的长短和时序也不同。以相邻的江苏省、浙江省、福建省三省为例，江苏省有梅雨但少见台汛，福建省则有台风而少梅雨，而浙江省既有台风又有梅雨。我国汛期时间是不同的，主要由各地区根据当地气候、降水情况确定，南方入汛时间较早，结束时间较晚；北方入汛时间较晚，但结束时间较早。江苏省把 5～9 月称为汛期。浙江省统一规定 4 月 15 日～10 月 15 日为汛期，并将汛期划分为两个阶段：4 月 15 日～7 月 15 日为梅汛期，7 月 16 日～10 月 15 日为台汛期，汛期降雨量约占全年降雨量的 70%。

防汛是指为防止和减轻洪水灾害，在洪水监测预报，防洪调度，防洪工程运用等方面进行的有关工作。

防汛的主要工作内容包括：长期、中期、短期天气形势的监测预报，洪水水情预报，堤防、水库、水闸、蓄滞洪区等防洪工程的调度和运用，出现险情灾情后的抢险救灾，非常情况下的应急措施等。

2. 防洪标准

（1）频率与重现期

洪水标准常用重现期和频率表示。所谓重现期是指不小于某一随机变量在长时期内出现的平均时间间隔，用 N 表示。

在防洪、排涝研究暴雨或洪水时，频率 P（％）和重现期 N（年）存在下列关系，即

$$N = \frac{1}{P}（年），N = \frac{1}{P} \times 100\%$$

（2）洪水等级

洪水等级按洪峰流量重现期划分为以下 4 级：

一般洪水：5 ~ 10 年一遇

较大洪水：10 ~ 20 年一遇

大洪水：20 ~ 50 年一遇

特大洪水：大于 50 年一遇

（3）水库洪水标准

水库大坝设计洪水标准和校核洪水标准，现行的有：建设部于 1995 年 1 月 1 日起实施的 GB50201—94《防洪标准》（GB50201—94）；水利部于 2000 年 8 月实施的《水利水电工程等级划分及洪水标准》（SL252—2000），如表 3-1 所示。

表 3-1　山区、丘陵区水利水电工程永久性水工建筑物洪水标准（重现期）　单位：年

项目		水工建筑物级别				
		1	2	3	4	5
设计标准		1000 ~ 500	500 ~ 100	100 ~ 50	50 ~ 30	30 ~ 20
校核标准	土石坝	可能最大洪水（PMF）或 10000 ~ 5000	5000 ~ 2000	2000 ~ 1000	1000 ~ 300	300 ~ 200
	混凝土坝、浆砌石坝	5000 ~ 2000	2000 ~ 1000	1000 ~ 500	500 ~ 200	200 ~ 100

3. 降水量

从空中降落到地面上的雨、雪、雹、霜等液态水和固态水称为降水，是由海洋和大陆表面的水分受太阳辐射热作用，蒸发上升到大气中，与大气中的水分一起，在一定条件下，又凝结降落而成。其中影响水库水情变化的主要是降雨。

（1）降雨图示方法

降雨的性质和特征用降雨量、降雨历时和降雨时间、降雨强度、降雨面积四个

基本要素表示。为了反映一次降雨在时间上的变化及空间上的分布，常以图示方法来表示。

（2）降雨强度与等级

降雨按空气上升的原因，可分为锋面雨、地形雨、对流雨和台风雨四种类型。降雨量为一定时段内降落在某一面积上的总雨量，以 mm 计。

4．洪水

洪水是指江河、湖泊在较短时间内发生的流量迅速增加、水位急剧上升的水文现象。洪水往往来势凶猛，具有很大的自然破坏力，轻者淹没河中滩地，重者给人民群众生命和财产安全造成很大威胁。因此，研究洪水特性，掌握其变化规律，提高水库科学调度水平，是研究洪水的主要目的。一次洪水过程，一般有起涨、洪峰出现和落平三个阶段。山区河流河道坡度陡，水面比降大，流速大，洪水易暴涨暴落；平原河流河道坡度缓，水面比降小，流速小，洪水涨落平缓。

（1）洪水三要素

洪水三要素是指洪峰流量 Q_m、洪水总量 W 和洪水历时 T，用来表示洪水峰、量、型，如图 3-1 所示。

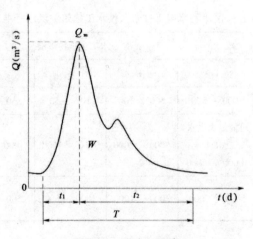

图 3-1　洪水三要素

1）洪峰流量 Q_m。在一次洪水过程中，通过河道的流量由小到大，再由大到小，其中最大的流量称为洪峰流量 Q_m。在岩石河床或比较稳定的河床，最高洪水位出现时间一般与洪峰流量出现的时间相同。大江大河由于流域面积大，接纳众多支流的洪水，往往出现多峰；中小流域则大都为单峰；持续降雨往往出现多峰，单独降雨则一般为单峰。

2）洪水总量 W。洪水总量是指一次洪水通过河道某一断面的总水量。洪水总量按时间长度进行统计，如 1 日洪水总量、3 日洪水总量、7 日洪水总量等。

3）洪水历时 T。洪水历时是指在河道的某一断面上，一次洪水从开始涨水到洪峰出现然后回落至起涨水位这一过程所经历的时间。

（2）洪水传播时间

洪水传播时间是指自河流上游某断面洪峰出现到河流下游其断面洪峰出现所经历的时间。在防汛调度中，常利用洪水传播时间进行错峰调洪，或进行洪水预报。

（3）洪水分类

我国的洪水根据其成因可分成许多类，由暴雨形成的洪水称为暴雨洪水；由冰雪融化形成的洪水称为融雪洪水；由降雨和融雪形成的洪水称为雨雪混合洪水；此外，还有冰凌洪水、溃坝洪水、海啸与风暴潮引发的洪水等。由暴雨引发的洪水在我国最为常见，这类洪水造成的灾害最严重。

1）暴雨洪水

暴雨洪水是指由暴雨通过产流、汇流在河道中形成的洪水。在我国，暴雨具有明显的季节性和地区性特点，年际变化也很大。对于全流域的大洪水，主要由东南季风和热带气旋带来的集中降雨产生；对于区域性的洪水，主要由强对流天气引发的短历时降雨产生。

2）融雪洪水

融雪洪水是指流域内积雪（冰）融化形成的洪水。高寒积雪地区，当气温回升至 0℃以上，积雪融化，形成融雪洪水。融雪洪水主要发生在大量积雪或冰川发育的地区，如我国的新疆与黑龙江等地区。

3）山洪

山洪是指流速大，过程短暂，往往挟带大量泥沙、石块，突然破坏力很大的小范围山区洪水。山洪一般由强对流天气引发。

山洪灾害可分为溪河洪水、泥石流和山体滑坡三类（见表 3-2）。

表 3-2　山洪灾害的分类

类型	主要内容
泥石流	泥石流是指含饱和固体物质（泥沙、石块）的高黏性流体。泥石流一般发生在山区，爆发突然，历时短暂，流流挟带大量泥沙、石块，来势汹涌，所到之处造成巨大灾害。按爆发规模（一次泥石流最大可冲出的松散固体物质总量），泥石流可分为特大型泥石流（大于 50 万 m^3）、大型泥石流（10 万 ~ 50 万 m^3）、中型泥石流（1 万 ~ 10 万 m^3）和小型泥石流（小于 1 万 m^3）等

续表

类型	主要内容
山体滑坡	山体滑坡是指由于山体破碎，存在裂隙、节理发育、整体性差，或强风化层和覆盖层堆积较厚，浸水饱和后抗剪强度降低，在外力（洪水冲刷、地震）作用下，部分山体向下坍滑的现象。山体滑坡虽影响范围小，但具有突发性，对倚山而建的民居而言，具有很大破坏力
溪河洪水	在我国，强对流天气形成的溪河洪水很频繁，其特点是历时短、范围小、强度大。由于溪河洪水强度大，又难以预警预报，往往造成局部地区毁坝垮坝，洪灾损失巨大。据浙江省统计，新中国成立以来平均每年发生两次溪河洪水，累计死亡 1.5 万人，直接经济损失 1150 亿元。在我国北方，融冰融雪也会引发溪河洪水

4）溃坝洪水

溃坝洪水是指水库遭遇超标准洪水或发生重大险情，突然溃坝发生的洪水。溃坝洪水具有突发性和破坏性大的特点，对洪水防御范围内的工农业生产和人民生命财产安全构成很大威胁。在河南"75.8"特大洪水中有两座大型水库垮坝失事。其中：板桥水库溃坝流量达 $78800m^3/s$，6h 下泄水量 6.07 亿 m^3；石漫滩水库溃坝流量达 $30000m^3/s$，致使下游田岗水库水位超过坝顶 5m 之多。

（4）热带气旋

热带气旋俗称台风，是在西太平洋热带海面上形成的暖湿空气的旋涡团。台风旋涡的直径一般为 100 ~ 300km，内部空气高温、高湿，气旋性复合上升极盛，并携带极强的狂风暴雨，有很大的破坏性。我国东南沿海的浙江、福建、广东、海南、台湾等省受台风侵袭频繁。

1）台风风力

近中心最大风力，也称底层（距地面 10m 处）中心附近最大平均风速，这是衡量气旋强弱的主要标志。2006 年 6 月，国家标准委员会批准发布《热带气旋等级》GB/T19201—2006，新标准将热带气旋划分为 6 个等级，如表 3-3 所示。

表 3-3　热带气旋强度等级划分表

热带气旋的等级	底层中心附近最大平均风速（m/s）	底层中心附近最大风力（级）
热带低压（TD）	10.8 ~ 17.1	6 ~ 7
热带风暴（TS）	17.2 ~ 24.4	8 ~ 9
强热带风暴（STS）	24.5 ~ 32.6	10 ~ 11
台风（TY）	32.7 ~ 41.4	12 ~ 13

续表

热带气旋的等级	底层中心附近最大平均风速（m/s）	底层中心附近最大风力（级）
强台风（STY）	41.5 ~ 50.9	14 ~ 15
超强台风（SUPERTY）	≥ 51	≥ 16

2）台风中心气压

气压一般以百帕（hPa）表示，一个大气压相当于1013hPa，气压越低，表示台风越强。

3）台风范围

台风结构分为台风眼区、旋涡区和外围区三部分。台风的旋涡区和外围区越大，风和降雨面积越大。

4）台风移动路径

影响我国的西太平洋台风路径主要有西向、西北向、转向及特殊路径四种。西向是从菲律宾以东洋面生成向西在华东沿海、海南一带登陆，5月、6月及10月以后的台风大都如此。西北向是从菲律宾以东洋面生成后向西北或西北偏西方向移动，在福建省或浙江省登陆。如果深入内地，对江淮及华北地区降雨量影响很大。转向是台风到达东海或在沿海登陆，转向东北，对江浙沪一带影响很大。特殊路径是台风在移动过程中出现打转或摆动，甚至登陆后再出海又登陆。

5）台风移动速度

台风平均移动速度为每小时20 ~ 30km，转向时移动速度减慢，转向后加快，停滞打转最慢。

二、水库管理和保护范围

1. 水库工程管理范围划分

工程管理范围应包括：工程区和生产、生活区（含后方基地）。

（1）工程区

工程区管理范围包括：水库大坝、输水道、溢洪道、电站厂房、开关站、输变电、船闸、码头、渔道、输水渠道、供水设施、水文站、观测设施、专用通信及交通设施等各类建筑物周围和水库土地征用线以内的库区。

1）山丘区水库。大型水库：上游从坝轴线向上不少于150m（不含工程占地、库区征地重复部分），下游从坝脚线向下不少于200m，上、下游均与坝头管理范围端线相衔接。中型水库：上游从坝轴线向上不少于100m（不含工程占地、库区征地重复部分），下游从坝脚线向下不少于150m，上、下游均与坝头管理范围端线相衔接。大坝两端：以第一道分水岭为界或距坝端不少于200m。

2）平原区水库。大型水库：下游从排水沟外沿向外不少于50m。中型水库：下游从排水沟外沿向外不少于20m。大坝两端：从坝端外延不少于100m。

3）溢洪道（与水库坝体分离的）。由工程两侧轮廓线向外不少于50～100m，消力池以下不少于100～200m。大型取值趋向上限，中型取值趋向下限。

4）其他建筑物。从工程外轮廓线向外不少于20～50m（规模大的取值趋向上限，规模小的取值趋向下限）。

（2）生产、生活区

生产、生活区（含后方基地）管理范围包括：办公室、防汛调度室、值班室、仓库、车库油库、机修厂、加工厂、职工住宅及其他文化、福利设施，其占地面积按不少于3倍的房屋建筑面积计算。有条件设置渔场、林场、畜牧场的，按其规划确定占地面积。水库工程管理范围的土地应与工程占地和库区征地一并征用，并办理发证手续，待工程竣工时移交水库管理单位。

2. 水库工程保护范围划分

划分工程保护范围应符合以下规定：

（1）工程保护范围。在工程管理范围边界线外延，主要建筑物不少于200m，一般不少于50m。

（2）水库保护范围。由坝址以上，库区两岸（包括干、支流）土地征用线以上至第一道分水岭脊线之间的陆地。

（3）水库保护范围内的土地不征用，应根据工程管理的要求和有关法规制定保护范围的管理办法。

三、水库安全警示

1. 警示标志设立的原则

按照"谁管理，谁负责"的原则，规范水库安全警示标志，加大水库安全工作宣传力度，增强全社会安全意识，制定水库区域内标志的统一式样标准，对设立安全警示标志的具体内容、尺寸、样式、制作材料、具体设立单位及后期管护等方面提出规范性要求，实现水库安全警示标志的标准化、规范化、制度化。水库管理部门应建立管护责任制度，明确日常管护责任人和责任，保证标识及标志牌不破坏、不污损。

2. 警示标志设立的区域

水库警示标志分为水库安全保护区界标（碑）、水库安全警示牌及水库安全警示宣传牌三类；水库安全保护区界标（碑），用来标识水库安全保护区的范围。水库安全警示牌是警示车辆或人们在危险区域内需谨慎驾驶或谨慎行为的标志。安全警示宣传牌是根据实际需要，为保护水库而对过往人群进行宣传教育所设立的标志。

在水库的入口区，设立安全警示宣传牌。在水库的涉水危险区，应设立水库安全警示标志牌。必要处需加设警戒线、围墙、防护栏等保护设施，并在水库周围及各级水源保护区设立水库安全保护区界标，明确保护目标及保护范围。

水库涉水危险区域的警示标志牌应设置在对人民群众生命财产安全构成威胁的危险区边界、路口等醒目位置，设置数量因点而定。主要设置在：库区水域周边、堤坝干道的人行道两头处；水文观测通道、抢险缺口、涵闸、工字坝等地段；水库工程出险处；池塘、低洼易积水路段及洪水期易漫水的路段；应急避难场所及周边；游客能随意接触水面和下水的修有延伸水面的水泥梯口处和容易下水的通道口处；水库滑坡、山崖垮塌及陡峭边坡处；输泄水渠槽周边；每个防汛重点部位；废弃池塘、闸口、码头处；高地、水池、大口井、楼梯等处。

此外，在坝上安全护栏不完整处、坝肩两侧、坝顶溢流堰处；受损道路及桥梁处；渡口、采砂场运输路口处；叉路口、陡坡、急弯、塌方、路面施工等危险路段；水库连续急弯处；周围高压线、输配电危险区等有关设施、设备上；水文监测设施处；对可能由降雨引起的危险围墙、边坡、危房、工棚等处；水库老化失修的渠系建筑物处；饮用水水源保护区的边界等水库的重大危险源处也应设有明显的警示标志。在没有防护的地段，应每隔一定距离设一安全警示牌，距离以能相通视为限。

第二节　水库大坝安全监测

一、水库大坝安全监测基础内容

1. 安全监测工作的目的和意义

水工建筑物在施工及运行过程中，受外荷载作用及各种因素影响，其状态不断变化。这种变化常常是隐蔽、缓慢、直观不易察觉的，多数情况下，需要埋设一定的观测设备或使用某些观测仪器，运用现代科学技术，对水工建筑物进行科学的观测，并对观测资料进行整理分析，以便了解其工作状态是否正常。有时这种变化比较直观，直接反映在水工建筑物或地基表面，只要加强巡视检查工作，通过眼看、耳听、脚踩、手摸、鼻嗅或借助简单工具，就能及时发现水工建筑物运行状态发生的变化，从而对建筑物的质量和安全程度作出正确的判断和评价。

安全监测是水利工程安全管理工作的耳目，也是水库安全管理重要的基础工作。任何事物的发展都是从量变到质变的，水工建筑物如发生事故，事前总会有预兆。

为加强水库大坝安全监测工作，水利部已先后颁布了《混凝土大坝安全监测技术规范》（SDJ336—89）、《土石坝安全监测技术规范》（SL60—94）、《土石坝安全监测资料整编规程》（SL169—96）等，正在编制的有《大坝安全监测仪器安装与管理标准》《安全监测仪器检验测试规程》等，浙江省也制定并实施了《水库大坝巡视检查办法》，这些规程规范和标准，为大坝安全监测提供了有力的技术保证。

2. 安全监测工作的原则

（1）安全监测方法包括巡视检查和用仪器设备进行观测，两者应紧密结合。

（2）安全监测范围包括大坝的坝体、坝基、坝端以及与大坝安全有直接关系的输水、泄水建筑物及设备，以及对水库大坝安全有重大影响的近坝区岸坡。

（3）各监测仪器、设施的布置应密切结合工程具体条件，既能较全面地反映工程的运行状态，又宜突出重点和少而精。相关项目应统筹安排，配合布置；各监测仪器、设施的选择，要在可靠、耐久、经济、实用的前提下，力求先进和便于实现自动化观测；各监测仪器、设施的安装和埋设，必须按设计要求精心施工确保质量。安装和埋设完毕，应绘制竣工图、填写考证表，存档备查；应保证在恶劣气候条件下仍然能进行必要项目的观测。

3. 安全监测工作的要求

（1）施工阶段

承建施工单位应根据监测系统设计和技术要求，提出施工图。应做好仪器设备的埋设、安装、调试和保护；固定专人进行观测工作，并应保证观测设施完好及观测数据连续、准确、完整。工程竣工验收时，应将观测设施和竣工图、埋设记录和施工期观测记录，以及整理、分析等全部资料汇编成正式文件，移交管理单位。

（2）初期蓄水阶段

应制订监测工作计划和主要的监控技术指标，在水库大坝开始蓄水时就做好安全监测工作，取得连续性的初始值，并对水库大坝工作状态作出初步评估。

（3）运行阶段

应进行经常的及特殊情况下的巡视检查和观测工作，并负责监测系统和全部观测设施的检查、维护、校正、更新、补充、完善，监测资料的整编、监测报告的编写以及监测技术档案的建立；相互有关的监测项目，应力求同一时间进行观测；当发生有感地震、大洪水，以及水库大坝工作状态出现异常等特殊情况时，应加强巡视检查，并对重点部位的有关项目加强观测；各项观测应使用标准记录表格，认真记录、填写，严禁涂改、损坏和遗失。观测数据应随时整理和计算，如有异常，应立即复测。当影响工程安全时，应及时分析原因和采取对策，并上报主管部门；水库大坝监测设施如不全或损坏、失效的，应根据情况予以补设或更新改造。在工程进行除险加固、扩建、改建或监测系统更新改造时，应根据有关规定作出监测系统更新设计、精心实施，并保持观测资料的连续性；采用自动化监测系统时，必须进行技术经济论证。仪器、设备要稳定可靠，观测数据要连续、准确、完整。系统功能应包括数据采集、数据传输、数据处理和分析等；水库管理单位应根据巡视检查和观测资料，定期对水库大坝的工作状态提出分析和评估（工作状态可分为正常、异常和险情三类），为大坝的安全鉴定提供依据。

4. 安全监测工作的内容

安全监测工作的主要内容，见表3-4。

表 3-4　安全监测工作

项目	内容
安全监测设计	根据相关规范规定要求和工程规模、结构型式等具体情况，确定观测项目、观测断面、测点布置、仪器设备型号及布置方式
仪器设备埋设与安装	施工单位根据监测系统设计和技术要求，提出施工详图，做好仪器设备的埋设、安装、调试和保护，固定专人负责观测工作。工程竣工验收时，将观测设施、竣工图、观测记录、分析资料、汇编文件一并移交水库管理单位
安全监测工作实施	无论是仪器观测还是巡视检查，都应遵循规程规范规定的测次、时间、精度要求，认真实施安全监测工作。做到"四无"（无缺测、无漏测、无不符精度、无违时）、"四随"（随观测、随记录、随计算、随校核）、"四固定"（固定人员、固定仪器、固定测次、固定时间）
观测资料整理分析	及时校对观测成果和核对巡查记录，保证资料真实准确。及时绘制过程线和关系曲线，如发现异常情况，应进行分析，查找原因。同时，应加强观测，并及时报告上级

5. 仪器观测项目

根据水库大坝安全监测的目的，监测类型主要有：变形监测、渗流监测、压力（应力、温度）监测、水文气象监测四大类。

（1）土石坝仪器观测

1）变形监测

变形监测包括坝的表面变形（竖向位移、水平位移）、内部变形（分层竖向位移、水平位移）、裂缝及接缝、混凝土面板变形及岸坡位移等观测。

2）渗流观测

渗流观测包括坝体渗流压力（浸润线）、坝基渗流压力、绕坝渗流、渗流量（流量、水质、透明度、化学分析、温度）等观测。

3）压力（应力）监测

孔隙水压力、土压力（应力）、接触土压力（如土和堆石等与混凝土、岩面或圬工建筑物接触面上的土压力）、混凝土面板应力（混凝土应变、钢筋应力和温度）等观测。

土石坝压力（应力）观测，一般用于 I 级、II 级大坝和高坝。

4）水文气象监测

水文气象监测包括水位、降水量、水温、气温、泥沙、波浪、冰冻、流量、蒸发量等。

（2）混凝土大坝仪器观测

能源部、水利部规定 I～IV 级水库大坝根据水库大坝级别，确定混凝土大坝仪器观测项目，如表 3-5 所示。

表 3-5 混凝土大坝仪器观测一般性项目表

大坝级别	监测项目
I	位移、挠度、倾斜、接缝和裂缝、下游冲淤、坝前淤积、渗漏量、扬压力、绕坝渗流、水质分析、应力、应变、混凝土温度、坝基温度、水位、库水温、气温
II	位移、挠度、接缝和裂缝、下游冲淤、坝前淤积、渗漏量、扬压力、绕坝渗流、混凝土温度、坝基温度、水位、库水温、气温
III	位移、渗漏量、扬压力、水位、气温
IV	坝体位移、渗漏量、扬压力、水位、气温

6. 仪器监测次数

监测时间和测次应保证监测的动态性和及时性，对于监测资料要有系统性和连续性要能反映工程变化的过程。一般在运行的初期，测次较密，经过长期运行和高水位考验后，如果工作正常，则可减少测次；在特殊时期如汛前、汛后和用水期前后要进行监测；在特别时候如当工程发生严重破坏现象或有重大怀疑时，应增加观测项目和测次。仪器观测次数可参见表3-6，使用该表时需注意以下几点：

表3-6　仪器观测测次规定表　　　　　　单位：次/月

阶段 观测项目	第一阶段 （施工期）	第二阶段 （初蓄期）	第三阶段 （运行期）
日常巡视检查	10～4	30～8	4～2
表面变形	6～3	10～4	6～2
内部变形	10～4	30～10	12～4
裂缝及接缝	10～4	30～10	12～4
岸坡位移	6～3	10～4	12～4
混凝土面板变形	6～3	10～4	12～4
渗流量	10～4	30～10	6～3
坝基渗流压力	10～4	30～10	6～3
坝体渗流压力	10～4	30～10	6～3
绕坝渗流	10～4	30～10	6～3
孔隙水压力	6～3	30～4	6～3
土压力（应力）	6～3	30～4	6～3
接触土压力	6～3	30～4	6～3
混凝土面板应力	按需要		
上、下游水位	2次/日	（2～4）次/日	（1～2）次/日
降水量、气温	逐日测量	逐日测量	逐日测量
水温	按需要	按需要	按需要
波浪	按需要	按需要	按需要
坝前（及库区）泥沙	按需要	按需要	按需要
冰冻	按需要	按需要	按需要
地震强震	按需要（自动测记加定期人工检查、校测）		
动孔隙水压力	按需要（自动测记加定期人工险查、校测）		
泄水建筑物水力学	按需要		

（1）表中测次，均系正常情况下人工测读的最低要求。如遇特殊情况（如高水位、库水位骤变、特大暴雨、强地震等）和工程出现不安全征兆时应增加测次。

（2）阶段的划分，主要考虑以下方面：

1）第一阶段。原则上从施工建立观测设备起，至竣工移交管理单位止。

2）第二阶段。从水库首次蓄水至达到（或接近）正常蓄水位后再持续 3 年止。

3）第三阶段。指第二阶段之后的运行期。

二、水库大坝巡视检查

1. 基础内容

通过仪器设备对水库大坝进行定期定量的观测，并对观测资料进行整理分析，以达到掌握坝体运行状态目的。但是，由于测点数量有限，且观测时间间隔一般较长，远远达不到全面监控坝体运行状态的要求。统计表明，大部分工程隐患首先是在巡视检查中发现的。因此，必须高度重视巡视检查工作，认真落实巡视检查工作"五定"（定制度，定人员，定时间，定部位，定任务）要求，严格按照水库主管部门规定的内容、方法、路线、时间进行，发现异常情况及时报告。尤其是众多小型水库和山塘管理技术力量薄弱，绝大部分水库大坝没有埋设仪器设备，工程运行状态是否正常，坝体有无工程隐患，仅凭巡视检查人员的经验和责任心，维系于水库大坝表面检查观察这个单一的手段。所以，小型水库更应重视和加强水库大坝的巡视检查工作，以进一步消除水库安全工作中的隐患。

巡视检查分为日常巡视检查、年度巡视检查和特别巡视检查三类（见表3-7）。

表 3-7 巡视检查的分类

类型	主要内容
日常巡视检查	在平时，应根据水库大坝的具体情况和特点，制定切实可行的巡视检查制度，具体规定巡视检查时间、部位、内容和要求，并确定日常的巡回检查路线和检查顺序，由有经验的技术人员负责进行
年度巡视检查	在每年的汛前汛后、用水期前后、冰冻较严重地区的冰冻期和融冰期、有蚁害地区的白蚁活动显著期等，应按规定的检查项目，由管理单位负责人组织领导，对水库大坝进行比较全面或专门的巡视检查。检查次数视地区不同而异，一般每年不少于 2～3 次
特别巡视检查	当水库大坝遇到严重影响安全运用的情况（发生暴雨、大洪水、有感地震、强热带风暴，以及库水位骤升骤降或持续高水位等）、发生比较严重的破坏现象或出现其他危险迹象时，应由主管单位负责组织特别检查，必要时应组织专人对可能出现险情的部位进行连续监视。当水库放空时亦应进行全面巡视检查

2. 水库大坝巡视检查的组织

（1）水库大坝巡视检查由水库管理单位负责实施，没有专管机构的小型水库由主管部门（如乡镇、村等）组织实施。水库管理单位行政负责人或主管部门行政负责人为巡查总负责人。

（2）水库大坝巡视检查人员必须有专业技术人员或高级技术工人参加。必要时，可报请水行政主管部门及有关单位专家会同检查。

（3）水库大坝的巡视检查工作应根据工程的实际情况制定相应的工作程序，工作程序应包括检查项目、检查方式、检查顺序、检查路线、记录表式，每次巡查的文字材料及检查人员的组成和职责等内容，水库大坝巡视检查情况应归入水库技术档案。当地水行政主管部门在每年汛前应组织小型水库管理人员和参加巡查的乡（镇）、村干部进行有关专业知识的培训。

3．巡视检查办法

（1）常规方法

用眼看、耳听、手摸、鼻嗅、脚踩等直观方法，或辅以锤、钎、钢卷尺、放大镜、石蕊试纸等简单工具对工程表面和异常现象进行检查。

1）眼看。察看迎水面水库大坝附近水面是否有旋涡；迎水面护坡块石是否有移动、凹陷或突鼓；防浪墙、坝顶是否出现新的裂缝或原裂缝有无新的变化；坝顶是否塌坑；背水坡坝面、坝脚及附近范围内是否出现渗漏或突鼓现象，尤其对长有喜水性草类的地方要仔细检查，判断渗漏水的混浊变化；水库大坝附近及溢洪道两侧山体岩石是否错动或出现新裂缝；通信、电力线路是否畅通等。

2）耳听。检查是否出现不正常水流声。

3）脚踩。检查坝坡、坝脚是否出现土质松软或潮湿甚至渗水。

4）手摸。当眼看、耳听、脚踩中发现有异常情况时，则用手作进一步临时性检查，对长有杂草的渗漏出逸区，则用手感测试水温是否异常。

（2）特殊方法

采用开挖探坑（或探槽）、探井、钻孔取样或孔内电视、向孔内注水试验、投放化学试剂、潜水员探摸、水下电视、水下摄影或录像等方法，对工程内部、水下部位或坝基进行检查。

4．巡视检查内容

水库大坝巡视检查内容包括：坝体、坝基、坝肩，各类泄洪、输水设施及其闸门，以及对水库大坝安全有重大影响的近坝区岸坡和其他与水库大坝安全有直接关系的建筑物和设施。土石坝巡视检查项目及内容见表3-8。

表 3-8 土石坝巡视检查项目及内容

检查项目		内容
坝体	坝顶	有无裂缝、异常变形、积水或植物滋生现象等
	防浪墙	有无开裂、挤碎、架空、错断、倾斜等情况
	迎水面	护面或护坡是否损坏
		有无裂缝、剥落、滑动、隆起、塌坑、冲刷或植物滋生等现象
		近坝水面有无冒泡、变浑或旋涡等异常现象
	背水面	有无裂缝、剥落、滑动、隆起、塌坑、雨淋沟、散浸、冒水、渗水坑或流土、管通等现象
		草皮护坡植被是否完好
		有无蚁穴、兽洞等隐患
	坝趾	有无冒水、渗水坑或流土、管涌等现象
		排水系统是否通畅
		坝趾滤水，减压井（或沟）等导渗降压设施有无异常
坝基和坝区	坝基	基础排水设施的工况是否正常
		渗透水的水量、颜色、气味及混浊度、酸碱度、温度有无变化
	坝端	坝体与岸坡连接处有无裂缝、错动、渗水等现象
		两岸坝端区有无裂缝、滑动、崩塌、溶蚀、隆起、塌坑、异常渗水
		坝端区有无蚁穴、兽洞等
	坝址近区	有无阴湿、渗水、管涌、流土或隆起等现象
		排水设施是否完好
		绕坝渗水是否正常
	坝端岸坡	有无裂缝、滑动迹象
		护坡有无隆起、塌陷或其他损坏现象
	上游铺盖	有条件时应检查有无裂缝、塌坑
输水涵洞（管）	引水段	有无堵塞、淤积、两岸坡有无崩塌
	进水塔（或竖井）	有无裂缝、渗水、空蚀等损坏现象
	洞（管）身	涵管材料结构类型
		洞壁有无裂缝、空蚀、渗水等损坏现象
		洞身伸缩缝、排水孔是否正常
	出口	放水期水流形态、流量是否正常
		停水期是否有渗漏水

续表

检查项目		内容
输水涵洞（管）	消能工	有无冲刷或砂石、杂物堆积等现象
	闸门	闸门及其开度指示器、门槽、止水等能否正常工作，有无不安全因素
	动力及启闭机	启闭机能否正常工作，备用电源和手动启闭是否可靠
溢洪道	工作桥	是否有不均匀沉降、裂缝、断裂等现象
	进水段（引渠）	有无坍塌、崩岸、淤堵或其他阻水现象
		流态是否正常
	控制段（或闸室）	闸墩、胸墙、边墙、底板等有无渗水、裂缝、剥落、冲刷、磨损、空蚀等现象
		伸缩缝、排水孔是否完好
	泄槽	有无渗水、裂缝、剥落、冲刷、磨损、空蚀等现象
		伸缩缝、排水孔是否完好
	消能工	有无冲刷或砂石、杂物堆积等现象
	对有闸门控制的情况	尚应检查闸门、动力与启闭机、工作桥等内容
		闸门有无变形、裂缝、脱焊、锈蚀等现象；门槽有无卡堵、气蚀等情况；启闭是否灵活；开度指示器是否清晰、准确；止水设施是否完好。启闭时有无振动情况；吊点结构是否牢固；风浪漂浮物是否影响闸门正常工作和安全；启闭机运转是否灵活；制动、限位设备是否准确有效；电源、传动、润滑等系统是否正常；启闭是否灵活

5. 不同运用期巡视检查的重点

水库在不同运用情况下，应根据工程特点，加强对容易发生问题部位的巡查。

（1）高水位期。应加强对土石坝背水坡、反滤坝趾、两岸接头、下游坝脚和其他渗流逸出部位的观察以及建筑物和闸门的观察。

（2）大风浪期。应加强对土石坝上游护坡以及受风浪影响的闸门的观察。

（3）暴雨期。应加强对建筑物表面及其两岸山坡的冲刷、排水情况以及可能发生滑坡、坍塌部位的观察。

（4）泄流期。应加强对水流形态、冲刷、淤积、振动、水面漂浮物的观察。

（5）水位骤降期。应加强对土石坝迎水坡可能滑坡部位的观察。

（6）泄流间歇期。应加强对泄水建筑物可能发生冲刷、磨损、空蚀等部位的观察。

（7）冰冻期。应加强对冰冻情况、防冻、防凌措施的效果以及混凝土建筑物伸缩缝变化情况和渗水情况的观察。

（8）地震期。应对建筑物进行全面的检查观察，注意有无裂缝、滑坡、塌陷、翻砂、冒水及渗流异常等现象。

6. 巡视检查路线

（1）土石坝巡视检查路线巡查人员应遵循的巡视路线如下：

对坝脚排水、导水设施及坝趾区排水沟或渗坑地巡视检查；对下游坝坡和下游岸坡进行巡查，应从左侧岸坡上坝，从下游坝面下坝，再从右侧岸坡上坝。如坝面较大，则需要反复几次上坝下坝，检查每处坝面；从右侧沿坝体巡查至左侧坝体尽头；从左侧上游坝面巡查至尽头，同时观察水面情况；对其他部位进行巡查，如输水涵洞（管）、溢洪道、闸门等方面；对大坝安全有重大影响的近坝区岸坡和其他对水库大坝安全有直接关系的建筑物设施。

（2）混凝土坝巡视检查路线巡查人员应遵循的巡视路线如下：

对坝脚排水、导水设施及坝趾区排水沟或渗水坑地巡视检查；对下游坝坡和下游岸坡进行巡查；从右侧沿坝体巡查至左侧坝体尽头；从左侧上游坝面巡查至尽头，同时观察水面情况；对其他部位进行巡查，如输水涵洞（管）、溢洪道、闸门等方面；对水库大坝安全有重大影响的近坝区岸坡和其他对水库大坝安全有直接关系的建筑物与设施。

对混凝土坝上下坝有困难时，需要借助一些设备，如船只、梯子、绳索等。

7. 巡视检查次数

在汛期，当水库达到设计正常高水位前后时，每大全少应进行一次巡查；病险水库达到汛期控制水位时，每天不少于两次；当大坝遇到可能严重影响安全运用的情况（如发生特大暴雨、洪水、有感地震，以及库水位骤升骤降或超过历史最高水位等），应加密巡查次数；发生比较严重的破坏现象或出现其他危险迹象时，应组织专门人员对可能出现险情的部位进行连续监视观测。

影响巡视检查频次的因素众多，针对巡视检查时水库大坝所处不同工情和汛情，巡视检查次数是动态变化的。当水库大坝处于有利工作环境时，水库大坝相对安全，巡视检查次数可以少一些，以免浪费人力；当水库大坝处于不利工作环境时，水库大坝容易发生各种险情，巡视检查次数应该多一些，以免因漏检险情而延误险情抢护最佳时机。在对土石坝巡视检查次数规定进行细化时，应考虑水库所处不同蓄水位、不同工作状态（正常水库或病险水库）、不同汛情（降雨量或洪水标准）、不同运行方式（蓄水位骤升或骤降），还要考虑水库自身不同的设计洪水标准等。

8. 巡视检查的记录与报告

巡视检查必须实行记录与报告制度，具体要求如下：

（1）每次巡视检查应做好现场记录。如发现异常情况，则应详细记录，记录内容包括时间（月、日、时）、部位（尽可能具体）、险情描述（必要时绘出草图）、库水位、气象、值班检查人员和记录人员，有关人员均应签名。

（2）现场记录必须及时整理，并将本次巡视检查结果与以往巡视检查结果进行比较分析，如有问题或异常现象，应立即进行复查，以保证记录的准确性。

（3）汛期巡视检查中发现异常现象，应立即采取应急措施，并向上级报告；汛期巡视检查的记录、图件和报告等均应整理归档，以备查考。

水库巡视检查，要严格执行相关的制度，尤其是必须实行深夜值班制度、交接班制度、报警制度。

三、水库大坝仪器观测

1. 变形观测

（1）基础内容

水库大坝建成后，在自重和上游水压力作用下，土体孔隙中的水和空气逐渐被排出而使孔隙体积减小。由于坝内土体孔隙体积逐渐减小，坝面随时间而产生沉陷，这个过程称为土体固结过程。土体固结导致坝体发生竖向垂直变形，称为竖向位移或沉陷。由于坝体厚度不同，坝基面也不是水平面，加之受水平水压力影响，导致坝体在水平方向发生变形，称为水平位移。

坝体变形是大坝运行过程中必然出现的客观现象。监测和研究大坝变形，目的在于了解水库大坝实际的变形是否符合客观规律，是否在正常范围内。如果出现过大的变形和不均匀沉陷，就有可能发生裂缝和滑坡等破坏现象。为此，为了保证坝体的安全和稳定，必须在水库大坝的施工期和运行期对坝体进行变形观测。

对土坝而言，必设的变形监测项目是表面竖向位移和水平位移；对重力坝而言，位移、挠度、裂缝与接缝是变形监测的重点。

（2）变形观测项目及符号规定

变形观测项目主要有表面变形、内部变形、挠度、倾斜、裂缝和接缝、混凝土面板变形以及岸坡位移观测等。表面变形观测包括竖向位移和水平位移，水平位移中包括垂直坝轴线的横向水平位移和平行坝轴线的纵向水平位移。对于混凝土拱坝，水平位移包括径向水平位移和切向水平位移。

变形观测的正负号应遵守以下规定：

1）水平位移。向下游为正，向左岸为正，反之为负。

2）竖向位移。向下为正，向上为负。

3）裂缝和接缝三向位移。对开合，张开为正，闭合为负；对滑移，向坡下为正，向左岸为正，反之为负。

4）倾斜。向下游转动为正，向左岸转动为正，反之为负。

（3）水平位移观测方法

水平位移的观测方法，主要有视准线法、小角度法、前方交会法、引张线法、垂线法、激光准直法、边角网法等，可根据坝型和其他具体条件合理选用。

水平位移的测点分三级：校核基点、工作基点和位移标点。

1）视准线法

特点。观测和计算简便，但易受外界条件（视距、光线等）影响。

适用条件。坝轴线为直线，坝长小于500m。

观测原理。用视准线法观测水平位移，是以建筑物两端的两个工作基点所控制的视准线（两个做基点的连线）为基准，来测量坝体的水平位移量。

观测仪器。当视准线长度小于500m时，可采用DJ2型、DJ6型光学经纬仪；当视准线长度大于500m时，应采用J1级经纬仪。

观测方法。如图3-2所示，在工作基点A（或B）上架设经纬仪，对中整平后，照准另一工作基点B（或A），固定上下盘，构成视准线。用望远镜瞄准坝面上的位移标点，另一人在位移点处随司镜者的指挥，沿垂直于视线方向移动觇标，直至觇标中心线与视准线重合为止，测出各位移标点偏离准线的垂距 L_1、L_2、L_3 等，记入记录表内。重新移动觇标，照准后再测一次，取两次测值的平均数作为上半测回的测值。司镜者用倒镜再测下半测回的测值，取两次半测回测值的平均值为一测回的观测成果。依次测完各个标点位移量后，仪器移至工作基点B（或A），进行第二个测回观测，方法同前。

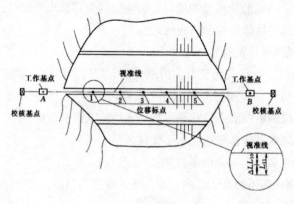

图3-2　视准线法

观测精度。①用活动觇标法校测工作基点，观测增设的工作基点时，允许误差应不大于 2mm（取两倍中误差）；②用视准线法观测土石坝上的位移标点时，各测回的允许误差不大于 4mm（取两倍中误差）；③所需测回数不得少于两个测回；④视准线长度规定：土石坝不宜大于 500m，重力坝不宜大于 300m，拱坝不宜大于 500m。

2）小角度法

适用条件。直线坝、折线坝。

观测仪器。一般应采用 J1 级经纬仪。

观测方法。用小角度法观测水平位移，工作基点、位移标点与视准线法相同，觇标需用固定觇标。如图 3-3 所示，A、B 为工作基点，d_o 为位移标点，d_o 至 A 的距离为 S_{do}。在 A（或 B）上架设经纬仪，水平度盘归零，后视工作基点 B（或 A），构成视准线 AB。固定经纬仪下盘，放松上盘，前视位移标点 d_o，测读 Ad_o 方向线与视准线 AB 的夹角 α_{do}。由于夹角 α_{do} 很小，一般可取秒值。

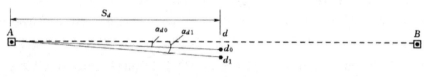

图 3-3　小角度法

3）前方交会法

适用条件。长坝、折线坝、曲线坝。

观测仪器。DJ6 型、T3 型光学经纬仪。

观测原理。用前方交会法观测大坝水平位移，就是在坝的两岸山坡选择不受大坝变形影响的地点设置工作基点，测出坝体上位移标点随坝体发生位移后的坐标值的变化，计算出该点的移量。

4）引张线法

引张线是一条直径为 0.8 ~ 1.2mm 的不锈钢丝，两端施加张力，使之成为一条水平向的直线，用以量测坝上各测点偏离该线的水平位移。引张线常设在坝顶或不同高程的纵向廊道内。

适用条件。直线型混凝土坝、砌石坝。

特点。设备简易，操作简便，无须精密仪器，不受气候条件影响。

观测原理。引张线法就是在坝的两端基点间拉紧一根钢丝作为基准线，然后测量坝体上各测点对基准线的偏离的测值读数来计算水平位移值。引张线即相当于视准线法中的视准线。

5）垂线法

适用条件。混凝土坝和砌石坝。

特点。设备简单，精度和效率高，观测方便，应用广泛。

观测原理。用垂线做基准线，测量沿垂线不同高程坝体各测点的水平位移和挠度。因固定端位置不同，垂线有正垂线和倒垂线两种。

①正垂线。固定端在上端。在坝体内的观测井、电梯井、宽缝等的上部悬挂带重锤的不锈钢丝，由于重锤的作用，当正垂线稳定时总是处于铅直状态。利用铅直的垂线作为基准线，沿垂线设置测点观测坝体沿垂线不同高程的水平位移。由于垂线悬挂在坝体上，随坝体变形而整条垂线也产生位移，因此，在坝基设观测点，即可测得坝顶对坝基的相对水平位移。沿垂线不同高程的坝体埋设夹线装置，当垂线由某一夹线装置夹紧，即可在坝基观测点测得该点对坝基的相对水平位移。依次测出各不同高程点对坝基的相对水平位移，即可求得坝体的挠度，这种形式称为多点支承正垂线。如果在垂线不同高程设置观测点，通过观测坝顶悬挂垂线处与不同高程测点的相对水平位移，从而求得坝体挠度的，称为一点支承、多点观测正垂线。

②倒垂线。固定端在下端。将不锈钢丝的下端锚固在坝基深处，而上端连接一个浮托装置。由于浮力的作用，倒垂线稳定时也总处于铅直状态，而且认为是固定的基准线。沿倒垂线不同高程坝体上设置测点，测出垂线和测点的水平距离变化，即可得出不同高程测点的绝对水平位移，由此求得坝体挠度。由于倒垂线可认为是固定不变的，因此，有的水库往往把倒垂线作为整个水库大坝观测系统的基准线。

观测方法。一般采用垂线观测仪进行观测，可分为光学垂线观测仪、电测垂线观测仪和机械垂线观测仪。

光学垂线观测仪具体操作步骤为：①将仪器安置在测点上；②利用仪器的脚螺旋将仪器整平；③插上照明系统，接通电源，并调节目镜螺旋，此时可在目镜中看到带有十字丝的分划板像；④旋转横向导轨手轮，此时能在视场中看到竖线像，慢慢转动手轮，直至垂线的竖线像正好夹在十字丝纵线中央；⑤旋转纵向导轨手轮，此时能在视场中看到横线像，慢慢转动手轮，直至垂线的横线像正好夹在十字丝横线中央；⑥从读数尺和游标尺上可分别读出纵、横向垂线的偏离值。

精度要求。进行挠度观测时，一般应观测两测回。自上而下（或自下而上）逐点观测为第一测回，而自下而上（或自上而下）逐点观测为第二测回。每测回应照准两次分别进行读数，一测回中的两次读数差应不大于 0.1mm，取平均值作为该测回的观测值。当测回不大于 0.15mm 时，可取其平均值作为本次观测成果。

6）激光准直法

激光准直法是利用激光的方向性强、亮度高、单色性和相干性好等特点，以及波带板激光衍射原理进行设计的测量被测物体位移的观测系统。激光源和光电探测器分别安装在发射端和接收端的固定工作基点上，波带板安装在观测点上，从激光器发射出的激光束照满波带板后在接收端上形成干涉图像，按照三点准直方法，在接收端上测定图像的中心位置，从而求出测点的位移。其观测要求如下：

大气激光准直的观测。①观测应在大气稳定、光斑抖动微弱时进行。如在坝顶，宜在夜间观测。②首次观测前，应调整点光源位置和方向，使激光束中心与一块波带板中心基本重合。③用手动（目测）激光探测仪观测时，每测次应观测两测回。每测回由往、返测组成。④用自动激光探测仪观测，应先启动电源，使仪器预热（预热时间机仪器特性而定），认真进行调整后，按上述同样程序观测。

真空激光准直观测。观测前应先启动真空泵抽气，使管道内压强降到 66Pa 以下。用激光探测仪观测时，每测次应往返观测一测回，两个"半测回"测得偏离值之差不得大于 0.3mm。

7）边角网法

边角网法就是在坝址上、下游区及大坝上布置一个位移观测控制网，通过测量控制网中基点与观测点之间的边长及夹角，确定观测点的坐标，从而计算出观测点的位移。传统的测角网有利于控制点位的横向误差，而测边网则有利于控制点位的纵向误差。为了充分发挥测角网和测边网各自的特点，就产生了同时测角和测边的控制网，即边角网。边角网比视准线法复杂，都用于解决某些特殊问题，或与视准线配合使用。

水平角观测的一般要求。①水平角一般采用方向法观测 12 测回，也可用全组合测角法观测，其方向权数为 24（25）。应使用具有调平装置的觇标作为照准目标。②全部测回应在两个异午的时间段内各完成约一半，在全阴天可适当变通。③全组合测角法可参照《国家三角测量和精密导线测量规范》（GB/T17942—2000）有关规定执行。

水平方向观测一测目的操作程序。①照准起始方向，对好度盘及测微器位置。②顺时针方向旋转照准部 1～2 周后，精确照准起始方向觇标，读出水平度盘及测微器数值（重合对径分划二次）。③顺时针方向旋转照准部，精确照准第 2 个方向的觇标，按②的要求读数；顺时针方向旋转照准部依次进行其他各方向的观测，最后闭合到起始方向（方向数小于 4 者，不闭合到起始方向）。④纵转望远镜，逆时针方向旋转照准部 1～2 周后，精确照准零方向，按②的要求读数。⑤逆时针方向旋转照准部,按与上半测目相反的顺序依次观测各方向,直至起始方向。以上操作构成一个测回。

(4)裂缝与接缝监测

1)土石坝裂缝观测

对土石坝表面裂缝一般可采用皮尺、钢尺及简易测点等简单工具进行测量。对2m以内的浅缝,可用坑槽探法检查裂缝深度、宽度及产状等;对深层裂缝,当缝深不超过20~25m时,宜采用探坑或竖井检查,必要时埋设测缝计(位移计)进行观测;位移计的埋设方法对在建坝与界面位移及深层应变观测相同,对已建坝在探坑或竖井中埋设可采用将锚固板插入裂缝两边土体内的埋设方法。

2)混凝土坝裂缝与接缝观测

混凝土面板堆石坝的接缝主要是指面板的接缝,混凝土坝的接缝主要是指伸缩缝,包括周边缝、施工缝等。

混凝土面板堆石坝接缝观测。测缝计适用于长期埋设在水工建筑物或其他混凝土建筑物内或表面,测量结构物伸缩缝或周边缝的开合度(变形)。加装配套附件可组成基岩变位计、表面裂缝计等测量变形的仪器。

混凝土面板是混凝土面板堆石坝的主要构件,面板由趾面与岸坡牢靠连接,面板与趾板之间为周边伸缩缝。周边缝开合度的发展情况,止水可靠与否,直接关系到混凝土面板堆石坝的安全运行。固定在趾板和面板上的测缝隙计钢板之间的距离是以周边缝的结构形式决定的,因此,设计测缝计组的尺寸时,应根据混凝土面板堆石坝周边缝的结构形式确定。

混凝土坝接缝观测。混凝土坝接缝标点的结构及测量方法较常用的有以下几种:

①单向测缝标点。在接缝的两侧各埋设一段角钢,角钢与缝平行,一翼用螺栓固定在混凝土上,另一翼向上,并在向上的翼板上各焊接一半圆球形的标点。定期用游标卡尺测量两标志间的间距,从距离的变化情况,即可知道接缝宽度的变化。

②型板式三向测缝标点。型板式三向测缝标点可以观测接缝的空间变化。将两块宽约30mm、厚约5mm的金属板做成相互垂直的三个方向的拐角,并在型板上焊三对不锈钢或铜质三棱柱条作为观测点。用螺栓将型板锚固在混凝土上。定期用游标卡尺测量三对标点间距离,从距离的变化情况,即可知道接缝在三个方向的变化。

混凝土坝裂缝观测。观测混凝土坝的裂缝时,应对裂缝的分布、位置、长度、宽度、深度以及是否形成贯穿缝,作出标记。当多处发生裂缝时,应将裂缝进行编号。为便于分析裂缝产生的原因,在观测裂缝的同时,还应观测混凝土的温度、气温、水温、水位等相关因素。

在发生裂缝的初期，可每天观测一次；当裂缝发展缓慢后，可适当减少测次；在出现最高、最低气温和上游最高水位，或裂缝有显著发展时，应增加测次。经过长期的观测，在判明裂缝已不再发展后，可以停止观测，但仍应进行检查观察。裂缝宽度的测定，常用放大镜进行。对裂缝深度的测定，一般采用金属丝探测。

（5）内部变形监测

土石坝内部变形监测包括分层竖向位移监测、水平位移监测、界面位移监测及深层应变监测等，混凝土坝内部变形监测主要包括坝体挠度监测和倾斜监测。

1）竖向位移监测

通过水库大坝的垂直位移观测，掌握了坝体与坝基的总沉陷量。但有时为了分析掌握坝体的变形，需要了解坝基的沉陷量或坝体不同高程的沉陷量。为此，应在坝体同一横断面不同高程设置测点，观测其高程的变化。坝面测得的总沉陷量与坝基面沉陷量的差值为坝体在荷重作用下的总固结量，坝体不同高程的沉陷量差值为坝体的分层固结量。

水管式沉降仪。水管式沉降仪适用于长期观测土石坝、土堤、边坡等土体内部的沉降，是了解被测物体稳定性的监测设备。水管式沉降仪是利用液体在连通管内的两端处于同一水平面的原理而制成，在观测房内所测得的液面高程即为沉降测头内溢流口液面的高程，液面用目测的方式在玻璃管刻度上直接读出。被测点的沉降量等于实时测量高程读数相对于基准高程读数的变化量，再加上观测房内固定标点的沉降量即为被测点的最终沉降量。观测房内固定标点的沉降量由视准线测出。

振弦式沉降仪。振弦式沉降仪可自动测量不同点之间的沉降，它由储液罐、通液管和传感器组成。储液罐放置在固定的基准点并用两根充满液体的通液管把它们连接在沉降测点的传感器上，传感器通过通液管感应液体的压力，并换算为液柱的高度，由此可以实现在储液罐和传感器之间测量出不同高程的任意测点的高度。通常可以用它来测量堤坝、公路填土及相关建筑物的内外部沉降。

连杆式分层沉降仪。连杆式分层沉降仪是在坝体内埋设沉降管，在沉降管不同高程处设置沉降盘，沉降盘随坝体的沉降而移动，可采用电磁式、干簧管式测量仪表来测量沉降盘的高程变化，从而得到坝体的分层沉降值。

2）水平位移监测

测斜仪。测斜仪广泛适用于测量土石坝、混凝土石坝、面板坝、边坡、土基、岩体滑坡等结构物的水平位移，该仪器配合测斜管可反复使用。

钢丝水平位移计。钢丝水平位移计适用于长期观测土石坝、土堤、边坡等土体内部的位移，是了解被测水工建筑物稳定性的有效监测设备。钢丝水平位移计可单独安装，亦可与水管式沉降仪联合安装进行观测。

2．渗流观测

（1）基础内容

1）渗流观测目的

水库大坝在上下游水位差作用下，会产生渗流场。渗流观测是通过仪器观测大坝整体或局部的渗流场变化情况，用于掌握水库大坝在各种荷载及环境变量作用下的渗流规律，了解水库大坝在施工和运用期间是否稳定和安全，以便采取正确的运行方式或进行必要的处理和加固，保证水库工程安全。同时，将观测成果与设计成果进行对比，以检验理论计算结果及提高将来的设计水平。对大中型土石坝工程而言，必设的渗流观测项目包括坝体浸润线、渗流量等；对于混凝土坝而言，渗流观测项目主要是指扬压力、渗流量等。

2）渗流监测一般要求

水库大坝各项渗流观测应配合进行，并应同时观测上、下游水位。

混凝土大坝采用压力表量测测压管的水头时，应根据管口可能产生的最大压力值，选用量程合适的精密压力表，使读数在1/3～2/3量程范围内，精度不得低于0.4级。

采用渗压计量测渗流压力时，其精度不得低于满量程的5/1000。渗流量的观测可采用量水堰或体积法。当采用水尺法测量量水堰堰顶水头时，水尺精度不低于1mm；采用水位测针或量水堰计量测堰顶水头时，精度不低于0.1mm。

（2）坝体浸润线观测

土坝建成蓄水后，由于水头的作用，坝体内必然产生渗流现象。水在坝体内从上游渗向下游，形成一个逐渐降落的渗流水面，称为浸润面。浸润面在土石坝横断面上显示为一条曲线，称为浸润线。土坝浸润面的高低和变化，与库水位及坝体防渗性能、排水效能有直接关系，与土坝的安全稳定有密切关系。如浸润线坡降过陡，渗透速度与渗透流量就大；如浸润线位置过高，下游坝坡由于抗剪强度降低，容易产生滑坡。由于设计采用各项指标与实际状况不可能完全符合设计要求等，土坝设计运用时的浸润线位置往往与设计计算的位置有所不同。为此，观测掌握坝体浸润线的位置和变化，以判断土石坝运行期间的渗流场是否符合设计情况，是监视土石坝安全运用的重要手段。

土坝浸润线的观测，常用的方法是选择有代表性的大坝横断面，埋设若干测压管，通过测量测压管内水位来掌握测点浸润线高程。

作用水头小于20m的坝，渗透系数 $k \geq 10^{-4}$cm/s 的土中、渗流压力变幅小、监视防渗体裂缝等，宜采用测压管；作用水头大于20m的坝，渗透系数$k<10^{-4}$cm/s的土中、

观测不稳定渗流过程以及不适宜埋设测压管的部位（如铺盖或斜墙底部接触面等），宜采用埋设渗压计，其量程应与测点实际压力相适应。

1）观测方法

测深钟。测深钟构造最为简单，水库管理单位可进行自制。最简单的形式为上端封闭、下端开敞的一段金属管，长度为 30 ~ 50mm，好像一个倒置的杯子。上端系以测绳。测绳最好采用皮尺或测绳，其零点应置于测深钟的下口。

观测时，用测绳将测深钟慢慢放入测压管中，当测深钟下口接触管中水面时，将发出空筒击水的"嘭"声，即应停止下送。将测绳稍为提上又放下，使测深钟脱离水面又接触水面，发出"嘭、嘭"的声音。即可根据管口所在的测绳读数分划，测读出管口至水面的高度，计算出管内水位高程，即

$$管水位高程 = 管口高程 - 管口至水面距离$$

电测水位器。电测水位器是利用水能导电的原理制成的。自行制作的电测水位器形式很多，一般由测头、提匣和测绳组成。测头可用钢质或铁质，中间安装电极（可将电线头上的金属芯露出 1mm 左右作为电极）。提匣内装干电池、微安表和手摇滚筒，滚筒上缠电线。测绳上注明米数。观测时，将测头放入管中，电极与水面接触时接通电路，微安表指示器开始反应，捏住与管口相平处的吊索，量读管口至管水位的距离，然后计算管水位高程。

遥测水位器。大型水库测压管水位一般低于管口较深，测压管数目较多，测次频繁。采用遥测水位器观测管中水位可大大节省人力，而且精度高，效果好，适用于测压管管径不少于 50mm，且安装比较顺直的情况。其原理主要是采用测压管中的水位升降，由浮子带动传动轮和滚筒，观测时通过一系列电路带动滚筒一侧的棘轮，追踪量测滚筒的转动量，并反映到室内仪表，即可读出管中水位。

2）观测精度

测压管水位。两次测读误差应不大于 2cm；电测水位计的测绳长度标记。应每隔 1 ~ 3 个月用钢尺校正一次；测压管的管口高程。在运行期至少应每年校测一次。

（3）坝基渗流压力观测

在上下游水位差作用下，坝体与坝基都会发生渗流。通过对土坝坝基渗流压力的观测，以全面了解坝基透水层和相对不透水层中渗流沿程的压力分布情况，借以分析坝的防渗和排水设备的作用，计算坝基中实际的渗透比降，推测是否会发生管涌、流土、接触冲刷等破坏。

坝基渗流压力的观测，通过在坝基埋设测压管，测读测压管水位，以掌握坝基砂砾石透水层及承压层的渗流压力变化情况。

观测横断面的选择，主要取决于地层结构、地质构造情况，断面数一般不少于3个，并宜顺流线方向布置或与坝体渗流压力观测断面相重合。一般每个断面上的测点不少于3个。坝基渗流压力测压管的构造与观测方法基本上与浸润线测压管相同，但其进水管较短，一般为0.5m左右。

（4）混凝土坝基扬压力观测

坝基扬压力是作用在重力坝坝体上的主要荷载之一。作用力向上的坝基面扬压力，相应减少了坝体的有效重量，降低了坝体的抗滑能力，扬压力的大小直接关系到水库大坝的稳定性。建筑物投入运用后，实际扬压力大小是否与设计相符，对于坝体的安全稳定关系十分重要。为此，必须进行扬压力观测，以掌握扬压力的分布和变化，据以判断坝体是否稳定。一旦发现扬压力超过设计值，即可及时采取补救措施。

1）观测设施

混凝土和砌石建筑物的扬压力通常是在建筑物内埋设测压管来进行测量。在观测扬压力的同时，应该观测相应的上、下游水位和渗流量。扬压力观测应根据建筑物的类型、规模、坝基地质条件和渗流控制的工程措施等设计布置。一般应设纵向观测断面1～2个，横向观测断面至少3个。断面间距一般为50～100m。

每个观测断面内测点的数量与埋设位置，应根据大坝断面大小、结构型式、与基础接触面形状及坝基的地质情况等因素而定，以能测出基础扬压力的分布及其变化为原则。

2）观测方法

扬压力测压管中水位低于管口的，其观测方法和设备与土石坝浸润线观测一样；管中水位高于管口的，一般用压力表或水银压差计进行观测。

3）观测精度

压力表的精度不得低于1.5级；压力表不宜经常拆卸。对于拆卸后重新安装的压力表，需待压力稳定后才能读数。每年应对压力表进行校验，确定能否继续使用；量测测压管内水面至管口的距离时，两次读数之差不应大于1cm。

（5）渗流量观测

水库大坝的渗流量由三部分组成：坝体的渗流量、坝基的渗流量、通过两岸山体绕渗或两岸地下水补给的渗流量。即水库蓄水后，在渗压水头作用下，库水必然会通过坝体、坝基和坝体两端向下游渗流。

在渗流处于稳定状态时，其渗流量与水头大小保持稳定的相应变化，渗流量在同样水头情况下的显著增加或减少，都意味着渗流稳定的破坏。

因此，进行渗流量观测，对于判断渗流是否稳定，掌握防渗和排水设施工作是否正常，具有很重要的意义，是保证水库安全运用的重要观测项目之一。

在进行渗流量观测时，应结合进行上下游水位、气温、水温及降水量的观测。土石坝渗流量观测要与浸润线观测、坝基渗水压力观测同时进行。混凝土坝和砌石坝渗流量观测则应与扬压力观测同时进行。根据需要，还应定期对渗流水进行透明度观测和化学分析。

（6）渗水透明度观测

通坝体、坝基渗出的水，如果清澈透明，表明水库大坝只有水量的损失，一般认为是正常现象。如果渗流水中带有泥沙颗粒，以致渗水混浊不清，或者是渗水中含有可溶盐成分，则反映坝体或坝基土料中有一部分细料被渗流水带出，或者是土料受到溶滤，而这些现象往往是管涌、内部冲刷等渗流破坏的先兆。因此，经常对渗流进行透明度检定，以了解排水设备工作是否正常，是很必要的。结合其他渗流观测，可以分析判断是否发生渗流破坏，从而可以及时地采取防护和处理措施，保证水库安全运行。

1）观测次数

渗水透明度，平常只需要一个月，甚至一个季度检定一次。但在渗流量观测和巡视检查时，要注意查看渗水是否透明清澈，如发现渗水混浊或有可疑时，应立即进行透明度检定。当出现浑水，应每天检定一次，甚至几次，以掌握其变化。

2）观测设备

渗水透明度的检定通常用透明度管来进行。透明度管为一高35cm、直径3cm的平底玻璃管，管壁刻有厘米刻度，零点在管底处，靠管底的管壁有一个放水口。

3）观测方法

在渗水出口处取水样摇匀后注入透明度管内；预制一块印有五号汉语拼音铅印字体的底板，置于管底下4cm处；从管口通过水样观看铅印字体，如看不清字样，即开阀门放水，降低管中水柱，直至看清字样为止；看清字样后，即可从管壁刻度上读出水柱高度，即为渗水透明度。透明度越小，说明水样中含沙量越大，渗水越混浊；有条件的单位，可事先率定出透明度和含沙量的关系，检定渗水透明度，即可查得渗水的含沙量。

4）观测精度

渗水透明度检定应固定专人负责进行，以免因视力不同而引起误差。检定工作应在同光亮条件下进行。检定应做两次，两次读数差不大于1cm。

3. 应力、温度观测

（1）基础内容

混凝土重力坝或拱坝建成蓄水后，在各种荷载作用和周围环境影响下，坝体和坝基将产生相应的应力，这些应力随着荷载变化而导致应变的产生，当应变值超过了容许值，坝体将发生变形。

同时，混凝土坝在施工期由于水泥水化热而引起混凝土浇筑体的温度急剧上升，坝体内外形成较大温差。同样，混凝土坝在运行期上游受库水温度影响，下游受气温和太阳辐射影响，也会在坝体不同部位形成温差。由于温差产生的荷载为温度荷载，温度荷载导致温度应力的产生，致使坝体发生应变即变形。

由应力而引起的应变，是混凝土坝坝体产生裂缝的主要原因，是影响混凝土坝整体稳定性和安全的主要因素。为了解混凝土坝内部应力和温度的分布和变化情况，分析其状态变化和工作情况是否正常，并为工程的控制运用、验证设计和科学研究提供资料，需要进行应力和温度观测。

（2）观测原理

受观测仪器的限制，混凝土坝的应力观测，主要依靠观测其应变量来间接地求得应力值。其原理是：施工期间在坝内埋设应变计，用电缆引到观测站，接到集线箱上，用比例电桥测读仪器的电阻和电阻比，计算出坝体在应力、温度、湿度及化学作用下所产生的总变形。同时在测点附近埋设无应力计，以观测体的非应力变形量（在温度、湿度及化学作用下的变形），并从总变形量中扣除非应力产生的变形量，即可求得坝体的应力应变，再通过混凝土徐变及弹性模数等关系，最后将应变换算成应力。对于只需观测压应力，同时压力方向又比较明确的部位，也可以采用应力计直接观测压应力。

四、水库大坝安全监测资料整编及分析基础

1. 基础内容

水库大坝安全监测工作包括：现场观测、资料整编、资料分析三个环节。

许多水库大坝都安装埋设了大量监测仪器，用于监测水库大坝的运行状态，甚至建立自动化监测系统，以此对建筑物进行安全监控。但从技术上和实际应用分析，只埋设了监测仪器或建立了自动化监测系统，如不及时对监测资料进行整理分析，则不一定能实现及时的安全监控。美国 1964 年失事的巴勒文山坝曾安装了大量监测仪器，并逐日监测，资料十分丰富，可是，由于整理分析工作量太大，直到大坝失事，监测资料尚未发挥作用。因此，对监测资料的及时分析，对水库大坝的运行状态进行及时的诊断和评价就显得十分重要。

以往通常采用分析观测资料，建立数学监控模型的方法对大坝的工作形态进行分析和监控。然而，由于水库大坝工作条件复杂，特别对有些地质条件复杂的高坝大库，仅仅采用上述方法监控还有其局限性，最终的综合分析仍需由经验丰富的专家或专家小组来完成。与此同时，水库大坝的监测资料很多，处理和分析工作量很大，由于各种条件的限制，水电站和水库的管理人员很难进行及时处理，一般要委托有关单位用 1 ～ 2 年的时间来完成，从而不能将分析成果及时用于监控水库大坝的安全运行，也不能及时发现隐患，延误时机，造成不必要的损失。因此，在平时进行各项观测工作之后，应立即对监测资料进行整理分析，每隔一定时期应将监测资料进行整编。

能真实反映实际情况并具有一定精度的现场观测是整理分析工作的基础和前提，而将观测数据加工成理性认识的分析成果，则是安全监测工作目的的体现。根据现场记录，核对数据，及时填写整理表，并绘制相关图、过程线，称为监测资料平时整理工作。

将土石坝安全监测的各种原始数据和有关文字、图表（含影像、图片）等材料经过审查、考证，综合整理成系统化、图表化的监测成果，并汇编刊印成册或刻录成盘，称为监测资料整编工作。

对水工建筑物进行各种项目的观测，为了解水工建筑物的工作情况和状态变化提供了第一手资料。但是，原始的观测成果往往只展示了事物的直观表象。要深刻揭示规律和作出判断，从繁多的监测资料中找出关键问题，还必须对观测数据进行分辨、解析、提炼和概括，这就是监测资料分析工作。

2. 监测资料整编工作

（1）资料整编工作内容和步骤

1）平时资料整理

这是各监测阶段负责观测工作单位的一种经常性工作。重点是计算、查证原始观测数据的可靠性与准确性，如有异常或疑点应及时复测、确认。如影响工程安全运行，应及时上报主管部门。

2）定期整编刊印

这是在平时资料整理基础上，按规定时段对监测资料进行全面整理、汇编和分析，并附以简要安全分析意见和编印说明后刊印成册。整编和刊印时段，在施工期和初蓄期，视工程施工或蓄水进程而定，最长不超过 1 年。在运行期，一般 1 ～ 5 年为宜，其中的整编工作应至少每年做一次，刊印时段可视具体情况，但最长不得超过 5 年。

监测资料的整编工作，在工程施工期，由水库施工单位负责，工程竣工验收时应提交完整的符合本规程要求的监测设施竣工资料和安全监测资料整编文件。工程竣工验收后，由水库管理单位负责按规定时段进行整编，并按分级管理原则，由上一级业主管部门负责审查。

刊印的整编资料，各单位除应建档、妥善保存外，还应按分级管理制度报送有关部门备案。使用计算机做监测资料整编的，其整编成果也应符合《整编规程》的要求，并有磁盘备份。

（2）资料整编工作的一般规定

监测资料整编包括平时资料整理与定期资料编印。

1）平时资料整理工作的主要内容

适时检查各观测项目原始观测数据和巡视检查记录的正确性、准确性和完整性。如有漏测、误读（记）或异常，应及时补（复）测、确认或更正；及时进行各观测物理量的计（换）算，填写数据记录表格；随时点绘观测物理量过程线图，考察和判断测值的变化趋势。如有异常，应及时分析原因，并备忘文字说明。原因不详影响工程安全时，应及时上报主管部门；随时整理巡视检查记录（含摄像资料），补充或修正有关监测系统及观测设施的变动或检验、校（引）测情况，以及各种考证图、表等，确保资料的衔接与连续性。

2）定期资料编印工作的主要内容

汇集工程的基本概况（含各种运控指标）、监测系统布置和各项考证资料，以及各次巡检资料和有关报告、文件等；在平时资料整理基础上，对整编时段内的各项观测物理量按时序进行列表统计和校对。此时如发现可疑数据，一般不宜删改，应加注说明，提醒读者注意；绘制能表示各观测物理量在时间和空间上的分布特征图，以及有关因素的相关关系图；分析各观测物理量的变化规律及其对工程安全的影响，并对影响工程安全的问题提出运行和处理意见；对上述资料进行全面复核、汇编，并附以整编说明后，刊印成册，建档保存。采用计算机数据库系统进行资料存储和整编者，整编软件应具有数据录入、修改、查询，以及整编图、表的输出打印等功能，还应拷贝磁盘备份。

3）整编资料的刊印编排顺序

封面→目录→整编说明→工程概况→考证资料→巡视检查资料→观测资料→分析成果→封底。

封面内容。工程名称、整编时段、卷册名称与编号、整编单位、刊印日期等。

　　整编说明。本时段内的工程变化和运行概况，巡视检查和观测工作概况，资料的可信程度；观测设备的维修、检验、校测及更新改造情况，监测中发现的问题及其分析、处理情况（含有关报告、文件的引述），对工程管理运行的建议，以及整编工作的组织、人员等。

　　观测资料内容和编排顺序，一般可根据本工程的实有观测项目的编排次序编印。每一项目中，统计表在前，整编图在后。

　　资料分析成果，主要是整编单位对本时段内各观测资料的常规性简单分析结果，包括分析内容和方法，得出（或使用）的图、表和简要结论及建议。委托其他单位所作的专门研究分析、论证，仅简要引用其中已被采纳的、与工程安全监测和运行管理有关的内容及建议，并注明出处备查。

　　4）整编资料审查的主要内容

　　整编资料在交印前需经整编单位技术主管全面审查，审查工作的主要内容如下（见表3-9）：

表3-9　整编资料审查的主要内容

审查项目	内容
整编说明的审查	整编说明是否符合《整编规程》的规定内容，尤其注重工程存在的问题、分析意见和处理措施等是否正确，以及需要说明的其他事项有无疏漏等
连续性审查	各项观测资料整编的时间与前次整编是否衔接，整编图所选工程部位、测点及坐标系统等与历次整编是否一致
完整性审查	整编资料的内容、项目、测次等是否齐全，各类图表的内容、规格、符号、单位，以及标注方式和编排顺序是否符合规定要求等
合理性审查	各观测物理量的计（换）算和统计是否正确、合理，特征值数据有无遗漏、谬误，有关图件是否准确、清晰，以及工程性态变化是否符合一般规律等

　　5）刊印要求

　　刊印版本采用787mm×1092mm，16（或A4复印纸）开本，铅印或激光照排胶印。体例统一，图表完整，线条清晰，装帧美观，查阅方便。一般不应有印刷错误。如发现印刷错误，必须补印勘误表装于印册目录后。

　　3．监测资料分析

　　（1）分析方法

　　1）比较法

　　比较各次巡视检查资料，定性考察土石坝外观异常现象的部位、变化规律和发展趋势；比较同类效应量观测值的变化规律或发展趋势，是否具有一致性和合理性；

将监测成果与理论计算或模型试验成果相比较,观察其规律和趋势是否有一致性、合理性;并与工程的某些技术警戒值(大坝在一定工作条件下的变形量、抗滑稳定安全系数、渗透压力、渗漏量等方面的设计或试验容许值,或经历史资料分析得出的推荐监控值)相比较,以判断工程的工作状态是否异常。

2)作图法

通过绘制各观测物理量的过程线及特征原因量(如库水位等)下的效应量(如变形量、渗流量等)过程线图,考察效应量随时间的变化规律和趋势;通过绘制各效应量的平面或剖面分布图,以考察效应量随空间的分布情况和特点(必要时可加绘相关物理量,如坝体填筑过程、蓄水过程等);通过绘制各效应量与原因量的相关图,以考察效应量的主要影响因素及其相关程度和变化规律。

3)特征值统计法

对各观测物理量历年的最大值和最小值(含出现时间)、变幅、周期、年平均值及年变化率等进行统计、分析,以考察各观测量之间在数量变化方面是否具有一致性、合理性,以及它们的重现性和稳定性等。

4)数学模型法

建立描述效应量与原因量之间的数学模型,确定它们之间的定量关系,以检验或预测工程的观测效应量是否合理、异常和超限。对已有较长系列观测资料的土石坝,一般宜采用统计学模型(回归分析),有条件时亦可采用确定性模型或混合模型。

(2)分析内容

1)分析历次巡视检查资料,通过土石坝外观异常现象的部位、变化规律和发展趋势,以定性判断与工程安危的可能联系,为加强定量观测和观测数据的全面分析提供依据。分析时应特别注意以下内容:

土石坝在施工期、初蓄期,以及 遭受特大暴风雨和有感地震后各主体建筑物的异常表现;各阶段中坝体、坝基在变形(如裂缝、沉陷或隆起、滑坡等)和渗流(如发展性集中渗漏、涌水翻砂、水质混浊和浸润线异常等)两大方面的主要表现。

2)分析效应量随时间的变化规律(利用观测值的过程线图或数学模型),尤其注意相同外因条件(如特定库水位)下的变化趋势和稳定性,以判断工程有无异常和向不利安全方向发展的时效作用。

3)分析效应量在空间分布上的情况和特点(利用观测值的各分布图或数学模型),以判断工程有无异常区和不安全部位(或层次);分析效应量的主要影响因素及其定量关系和变化规律(利用各种相关图或数学模型),以寻求效应量异常的主要原因;考察效应量与原因量相关关系的稳定性;预报效应量的发展趋势并判断其是否影响工程的安全运行；分析各效应观测量的特征值和异常值，并与相同条件下的设计值、试验值、模型预报值，以及历年变化范围相比较。当观测效应量超出它们的技术警戒值时，应及时对工程进行相应的安全复核或专题论证。

第三节　水库养护修理与除险加固

一、基础内容

1. 目的和意义

水工建筑物长期运行在复杂的自然条件中，并经受各种荷载作用，其状态随时都在变化。如其工程设计不够合理、施工质量不高或者管理运用不当等，都很容易发生缺陷或隐患。而在水库的管理运用中如不及时养护修理，缺陷必将逐渐恶化，影响水库工程的安全运用，严重的甚至会导致失事。由于设计洪水标准低、施工质量差和管理运用不当等原因，我国尚有数以万计的病险水库。这些水库带病、带险运行，往往限制其蓄水甚至空库运行，不仅使工程效益难以发挥，而且不能保证水库安全度汛。

截至 2009 年底，我国已建各类水库 87873 座。这些水库在我国防洪、灌溉、供水、发电、航运、水产养殖、保护生态等方面发挥着重要的作用，社会、经济、环境效益显著，是我国防洪工程体系和水利基础设施的重要组成部分，特别是对改善人民生活条件和经济持续发展起着不可替代的重要作用。但是，截至 2010 年底我国大中型水库大坝安全达标率为 91.6%，小型水库大坝安全达标率更低，水库安全管理工作任重而道远。要使已建水库能充分发挥工程综合效益，首先要保证工程完整和安全，其途径包括：一是通过日常养护工作，保持水库工程完整和正常运用状态；二是当工程受到损坏或较大程度破坏时，通过及时维修，恢复工程的完整性，使其可正常运行；三是使病险水库能及时除险加固，消除不安全因素，充分发挥效益。

水工建筑物发生缺陷后，要及时进行养护修理。小坏小修，随坏随修，防止缺陷扩大。在制定养护修理方案时，必须根据安全监测成果，因地制宜，就地取材，力求经济合理和技术科学。

2. 工作内容和分类

水库大坝的养护修理，必须坚持"经常养护，随时维修，养重于修，修重于抢"的原则，以达到恢复或局部改善原有工程结构状况的目的。

水库大坝的养护是指保持工程完整状态和正常运用的日常维护工作，包括一般的小修小补，它是经常、定期、有计划、有次序地进行的工作；修理是指工程受到损坏或较大程度破坏的修复工作，涉及面广，工作量较大；除险加固则是指当水库存在问题或出现病态、险情时所采取的工程措施。养护、修理、除险加固之间没有严格界限，工程的某些缺陷及轻微损害，如不及时养护修理，就会发展成为严重的破坏。反之，加强经常性的养护修理工作，发现问题及时处理，工程的破坏现象就可以防止或减轻。

水库大坝的修理分为大修、抢修和岁修，其划定界限见表3-10：

表3-10　水库大坝的修理分类

类型	主要内容
大修	当工程发生较大损坏、修复工作量大、技术性较复杂的工程问题，或经过临时抢修未作永久性处理的工程险情时，进行工程量较大的整修工作
抢修	当突然发生危及水库大坝安全的各种险情时，必须立即进行抢修
岁修	根据水库大坝运行中所发生的和巡视检查所发现的工程损坏和问题，每年进行必要的修理和局部改善

岁修、大修所进行的工程是永久性工程；抢修都属临时性的抢护工程，事后还要进行大修处理。修理只是对原有工程进行修复或加固，不改变原有工程型式和结构；如果改变原有工程结构、型式和规模，则属于改建或扩建性质。

二、水库大坝养护

1. 水库大坝养护一般规定

（1）养护工作应做到及时消除水库大坝表面的缺陷和局部工程问题，随时防护可能发生的损坏，保持水库大坝工程和设施的安全、完整和正常运用。

（2）坝面上不得种植树木、农作物，不得放牧、铲草皮以及搬动护坡和导渗设施的砂石材料等。

（3）严禁在水库大坝管理和保护范围内进行爆破、打井、采石、采矿、挖沙、取土、修坟等危害水库大坝安全的活动。

（4）严禁在坝体修建码头、渠道，严禁在坝体堆放杂物、晾晒粮草。在水库大坝管理和保护范围内修建码头、鱼塘，必须经水库大坝主管部门批准，并与坝脚和泄水、输水建筑物保持一定距离，不得影响水库大坝安全、工程管理和抢险工作；水库大坝坝顶严禁各类机动车辆行驶。若水库大坝坝顶确需兼作公路，必须经科学论证和上级主管部门批准，并应采取相应的安全维护措施。

2. 坝顶、坝端的养护

（1）坝顶、坝端的养护应达到坝顶平整，无积水，无杂草，无弃物；防浪墙、坝肩、踏步完整，轮廓鲜明；坝端无裂缝，无坑凹，无堆物。

（2）坝顶出现坑洼和雨淋沟缺，应及时用相同材料填平补齐，并应保持一定的排水坡度；对经主管部门批准通行车辆的坝顶，如有损坏，应按原路面要求及时修复，不能及时修复的，应用土或石料临时填平；坝顶的杂草、弃物应及时清除。

（3）防浪墙、坝肩和踏步出现局部破损，应及时修补或更换；坝端出现局部裂缝、坑凹，应及时填补，发现堆积物应及时清除。

3. 坝坡的养护

（1）坝坡养护应达到坡面平整，无雨淋沟缺，无荆棘杂草滋生现象；护坡砌块应完好，砌缝紧密，填料密实，无松动、塌陷、脱落、风化、冻毁或架空等现象。

（2）干砌块石护坡的养护，有以下方面：

及时填补、楔紧脱落或松动的护坡石料；及时更换风化或冻毁的块石，并嵌砌紧密；块石塌陷、垫层被淘刷时，应先翻出块石，恢复坝体和垫层后，再将块石嵌砌紧密。

（3）混凝土或浆砌块石护坡的养护，有以下内容：

及时填补伸缩缝内流失的填料，填补时应将缝内杂物清洗干净。护坡局部发生侵蚀剥落、裂缝或破碎时，应及时采用水泥砂浆表面抹补、喷浆或填塞处理，处理时表面应清洗干净；如破碎面较大，且垫层被淘刷、砌体有架空现象时，应用石料进行临时性填塞，岁修时进行彻底整修。排水孔如有不畅，应及时进行疏通或补设。

（4）对于堆石护坡或碎石护坡，石料如有滚动，造成厚薄不均时，应及时进行平整。

（5）草皮护坡的养护，有以下内容：

应经常修整、清除杂草，保持完整美观；草皮干枯时，应及时洒水养护；出现雨淋沟时，应及时还原坝坡，补植草皮。

（6）严寒地区护坡的养护。在冰冻期间，应积极防止冰凌对护坡的破坏。可根据具体情况，采用打冰道或在护坡临水处铺放塑料薄膜等办法减少冰压力；有条件的，可采用机械破冰法、动水破冰法或水位调节法，破碎坝前冰盖。

4. 排水设施的养护

各种排水、导渗设施应达到无断裂、损坏、阻塞、失效现象，排水畅通；必须及时清除排水沟（管）内的淤泥、杂物及冰塞，保持通畅；对排水沟（管）局部的松动、裂缝和损坏，应及时用水泥砂浆修补；排水沟（管）的基础如被冲刷破坏，应先恢复基础，后修复排水沟（管）；修复时，应使用与基础同样的土料，恢复到原来断面，并应严格夯实；排水沟（管）如设有反滤层时，也应按设计标准恢复；随时检查修补滤水坝趾或导渗设施周边山坡的截水沟，防止山坡浑水淤塞坝址导渗排水设施；减压井应经常进行清理疏通，保持排水畅通；周围如有积水渗入井内，应将积水排干，填平坑洼，保持井周无积水。

5. 观测设施的养护

（1）各种观测设施应保持完整，无变形、损坏、堵塞现象。

（2）经常检查各种变形观测设施的保护装置是否完好，标志是否明显，随时清除观测障碍物；观测设施如有损坏，应及时修复，并应重新进行校正。

（3）测压管口及其他保护装置，应随时加盖上锁；如有损坏应修复或更换。

（4）水位观测尺若受到碰撞破坏，应及时修复，并重新校正；量水堰板上的附着物和量水堰上下游的淤泥或堵塞物，应及时清除。

6. 坝基和坝区的养护

对坝基和坝区管理范围内一切违反水库大坝管理规定的行为和事件，应立即制止并纠正；设置在坝基和坝区范围内的排水、观测设施和绿化区，应保持完整、美观，无损坏现象；发现绿化区内的树木、花卉缺损或枯萎时，应及时补植或灌水养护；发现坝区范围内有白蚁活动的迹象时，应按要求进行治理；发现坝基范围内有新的渗漏逸出点时，不要盲目处理，应设置观测设施进行观测，待弄清原因后再进行处理。

7. 隧洞与涵管的检查养护

隧洞与涵管的检查养护主要有以下内容：

（1）平时要检查隧洞的衬砌或涵管有无蜂窝、麻面、裂缝、漏水或空蚀等病害，要分析原因，及时处理。还要检查隧洞进出口有无可能崩塌的山坡或危石，无衬砌隧洞有无可能坍落的岩块，要及时清除或妥善处理。

（2）经常清除拦污栅上的杂草、污物，以防阻水；易被泥沙淤积的进水口，要定期进行泄水冲沙，防止闸门被砂石卡阻。

（3）加强管理，禁止在建筑物附近采石爆破或炸鱼，以免因振动而使隧洞衬砌或涵管断裂；顶部岩石厚度小于3倍洞径的隧洞或涵管顶部禁止堆放重物或修建其他建筑物。

（4）操作运用正确，避免在明、满流交替的流态下运行；闸门启闭要缓慢进行，避免流量猛增或骤减，防止洞内产生超压、负压或水锤等现象而引起破坏；无压洞严禁在受压情况下运用；运用期间要经常注意洞内有无异常声响，水流是否混浊；

对坝下涵管，要注意观察附近的上下游坝坡有无塌坑、裂缝、湿软及漏水等现象，如有异常，应及时处理。对通气孔亦应及时清理吸入的杂物和冬季的冰封现象。

8. 混凝土坝与浆砌石坝的日常养护

混凝土坝与浆砌石坝的日常养护工作，主要有以下内容：

（1）经常保持坝的表面清洁完整，如有磨损、剥蚀、风化、漏筋或裂缝等缺陷，应及时修补，防止继续发展。

（2）坝身排水孔、廊道排水和周围的排水沟、排水管、集水井等各种排水系统，均应保持畅通，如有堵塞、淤积或破坏，应加以疏通、修复或增设新的排水设施。

（3）定期检查伸缩缝的工作情况，注意防止杂物堵塞、填料流失或止水损坏。填料流失的要加以补充；设有沥青井并在井内预埋钢管或钢筋导体的，要定期用蒸气或通电加热熔化。对各种观测设备要严加保护，如有损坏或失效，应及时处理。

（4）做好安全管理。禁止在溢流坝、消力池、公路桥、工作桥上堆放重物及大体积杂物；严禁在水库大坝附近爆破；注意防止漂浮物或船只对坝体的撞击；泄洪及高水位时，应加强对坝体的检查和观测。

三、水库大坝修理

1. 水库大坝修理一般规定

（1）修理工程报批程序

修理工程报批程序的主要内容，见表3–11。

表3–11　修理工程报批程序

程序	主要内容
大修工程项目的设计	应由具有相应等级资格的设计单位设计
大修工程项目	应由水库管理单位提出大修工程的可行性研究报告，向上级主管部门申报立项，经上级主管部门审批后，水库管理单位应根据批准的工程项目组织设计和施工
岁修工程项目	应由水库管理单位提出岁修计划，上报主管部门审批；岁修计划经主管部门审批后，水库管理单位应根据批准的计划，组织好工程项目的施工

（2）修理工程施工管理

1）岁修工程的实施。应由具有相应技术力量的施工队伍承担；水库管理单位若具有相应技术力量，也可自行承担，但必须明确工程项目负责人，建立质量保证体系，严格执行各项质量标准和工艺流程，确保工程施工质量。

2）大修工程的实施。应由具有相应施工资质的施工队伍承担，并应按照招标投标制度和监理制度进行。

3）凡涉及安全度汛的修理工程应在汛前完成；汛前完成有困难的，应采取临时安全度汛措施。

（3）竣工验收

1）大修工程完工后，必须由工程项目审批部门严格按《水利基本建设工程验收规程》SD184—86 主持验收，并应由有经验的工程师和技术人员组成验收委员会或验收小组，负责具体验收工作。一般岁修工程可适当简化手续。

2）验收时有关单位应按下列规定提供验收资料：

水库管理单位应提交工程竣工报告、批准文件、全部设计文件图纸；施工单位应提交施工报告、竣工图纸和竣工决算、施工原始记录及质量检测记录等；监理单位应提交工程监理报告、工程监理原始记录及工程阶段验收鉴定书等资料；各有关单位应详细提供隐蔽工程部分的阶段验收（或检查）鉴定资料。

3）验收人员必须认真察看现场，审查资料和数据，对工程作客观评价，提出竣工验收鉴定书。

2. 护坡的修理

（1）砌石护坡的修理

1）砌石护坡包括干砌石和浆砌石。根据护坡损坏的轻重程度，进行修理的方法有以下内容：

出现局部隆起、底部淘空、垫层流失等现象时，可采用填补翻筑；出现局部破坏淘空，导致上部护坡滑动坍塌时，可增设阻滑齿墙；对于护坡石块较小，不能抗御风浪冲刷的干砌石护坡，可用细石混凝土灌缝和浆砌石或混凝土框格结构；对于厚度不足、强度不够的干砌石护坡或浆砌石护坡，可在原砌体上部浇筑混凝土盖面，增强抗冲能力；沿海台风地区和北方严寒冰冻地区，为抵御大风浪和冰层压力，修理时应按设计要求的块石粒径和重量的石料竖砌，如无大块径的石料，可采用细石混凝土填缝或框格结构加固。

2）材料要求有以下内容：

护坡石料应选用石质良好、质地坚硬、不易风化的新鲜石料，不得选用页岩作护坡块石；石料几何尺寸应根据水库大坝所在地区的风浪大小和冰冻程度来确定；垫层材料应选用具有良好的抗水性、抗冻性、耐风化和不易被水溶解的砂砾石、卵石或碎石，粒径和级配根据坝壳土料性质而定；浆砌材料中的水泥强度等级不低于32.5级；砂料应选用质地坚硬、清洁、级配良好的天然砂或人工砂；天然砂中含泥量要小于5%，人工砂中石粉含量要低于12%。

3）垫层铺设的规定有以下方面：

垫层厚度必须根据反滤层的原则设计，一般厚度为0.15～0.25m；严寒冰冻地区的垫层厚度应大于冻层的深度。

根据坝坡土料的粒径和性质，按碾压式土石坝相关的设计规范设计垫层的层数及各层的粒径，由小到大逐层均匀铺设。

4）铺砌石料的要求有以下内容：

砌石应以原坡面为基准，在纵、横方向挂线控制，自下而上，错缝竖砌，紧靠密实，塞垫稳固，大块封边，表面平整，注意美观；浆砌石应先坐浆，后砌石；水泥砂浆强度等级：无冰冻地区不低于M5，冰冻地区根据抗冻要求选择，一般不低于M7.5；砌缝内砂浆应饱满，缝口应用比砌体砂浆高一等级的砂浆勾平缝；修补的砌体，必须洒水养护。

5）采用浆砌框格或增建阻滑齿墙时，应符合以下规定：

浆砌框格护坡一般应做成菱形或正方形，框格用浆砌石或混凝土筑成，其宽度一般不小于0.5m，深度不小于0.6m，冰冻区按防冻要求加深，框格中间砌较大石块，框格间距视风浪大小确定，一般不小于4m，并每隔3～4个框格设变形缝，缝宽1.5～2cm；阻滑齿墙应沿坝坡每隔3～5m设置一道，平行坝轴线嵌入坝体；齿墙尺寸，一般宽0.5m、深1m（含垫层厚度）；沿齿墙长度方向每隔3～5m应留排水孔。

6）采用细石混凝土灌缝时，应满足以下要求：

灌缝前，应清除块石缝隙内的泥沙、杂物，并用水冲洗干净；灌缝时，缝内要灌满捣实，缝口抹平；每隔适当距离，应留一狭长缝口不灌注，作为排水出口。

7）采用混凝土盖面方法修理时，应满足以下要求：

护坡表面及缝隙应刷洗干净；混凝土盖面厚度根据风浪大小确定，一般厚5～7cm；混凝土强度等级：无冰冻地区不低于C10；严寒冰冻地区要根据抗冻的要求，一般在C15以上；盖面混凝土应自下而上浇筑，仔细捣实；每隔3～5m应分缝；如原护坡垫层遭破坏时，应补做垫层，修复护坡，再加盖混凝土。

（2）混凝土护坡的修理

1）混凝土护坡包括现浇混凝土护坡和预制混凝土块护坡。根据护坡损坏情况，可采用局部填补、翻修加厚、增设阻滑齿墙和更换预制块等方法进行修理。

2）当护坡发生局部断裂破碎时，可采用现浇混凝土局部填补，填补修理时应满足以下要求：

凿除破损部分时，应保护好完好的部分；新旧混凝土结合处，必须凿毛清洗干净；新填补的混凝土标号应不低于原护坡混凝土的标号；严格按照混凝土施工规范拌制混凝土；结合处先铺厚 1 ~ 2cm 砂浆，再填筑混凝土；填补面积大的混凝土应自下而上浇筑，认真捣实；新浇混凝土表面应收浆抹光，洒水养护；应处理好伸缩缝和排水孔；垫层遭受淘刷，致使护坡损坏的，修补前应按设计要求将垫层修补好；严寒冰冻地区垫层下还应增设防冻保护层。

3）当护坡破碎面积较大、护坡混凝土厚度不足、抗风浪能力差时，可采用翻修加厚混凝土护坡的方法，但应符合以下规定：

按满足承受风浪和冰推力的要求，重新设计，确定护坡尺寸和厚度；原混凝土板面应凿毛清洗干净，先铺一层厚 1 ~ 2cm 的水泥砂浆，然后再用 C10 ~ C15 混凝土绕筑厚 5 ~ 7cm 的混凝土盖面，每隔 3 ~ 5m 用浙青木板分缝；严格按设计要求处理好伸缩缝和排水孔。

4）当护坡出现滑移现象或基础淘空、上部混凝土板坍塌下滑时，可采用增设阻滑齿墙的方法修理，但应符合以下规定：

阻滑齿墙应平行坝轴线布置，并嵌入坝体；严寒冰冻地区，应在齿墙底部及两侧增填防冻保护层；齿墙两侧应按原坡面平整夯实，铺设垫层后，重新浇筑混凝土护坡板，并应处理好与原护坡板的接缝。

5）更换预制混凝土板时，应满足以下要求：

拆除破损部分预制板时，应保护好完好部分；垫层应按符合防止冲刷的要求铺设；更换的预制混凝土板必须铺设平稳、接缝紧密。

（3）草皮护坡的修理

1）护坡的草皮遭雨水冲刷流失和干枯坏死时，可采用添补、更换的方法进行修理；修理时，应按照准备草皮、整理坝坡、铺植草皮和洒水养殖的工艺流程进行施工。

2）添补更换草皮时，应带土成块移植，移植时间以春、秋两季宜。

3）移植时，应扒松坡面土层，洒水铺植，贴紧拍实，定期洒水，确保成活。坝坡若是砂土，则先在坡面铺一层壤土，再铺植草皮。

4）当护坡的草皮中有大量的杂草或灌木时，可采用人工挖除或化学药剂除杂净草的方法。使用化学药剂时，应防止污染库水，同时还应注意以下问题（见表3-12）：

表 3-12　防止污染库水应注意问题

注意问题	主要内容
药效检验	喷药后 7 ~ 10 天，杂草开始凋萎枯黄，半月后死亡

续表

注意问题	主要内容
施药方法	用喷雾器均匀喷洒，以杂草叶面附满水珠为准
施药时间	以杂草生长旺盛至成熟的七八月为好，喷药时间要选择露水干后的晴热高温天气，这样有利于药液的吸收与传导
药液配比	草甘膦：清水为 1 : 2 ~ 1 : 4，为增强药液附着力，可在每公斤药液中掺配 0.2kg 洗衣粉

3．土坝裂缝的修理

（1）坝体发生裂缝时，应根据裂缝的特征，按以下原则进行修理：

对表面干缩、冰冻裂缝以及深度小于 1m 的裂缝，可只进行缝口封闭处理；对深度不大于 3m 的沉陷裂缝，待裂缝发展稳定后，可采开挖回填方法修理；对非滑动性质的深层裂缝，可采用充填式黏土灌浆或采用上部开挖回填与下部灌浆相结合的方法处理。

（2）用开挖回填方法处理裂缝时，应符合下列规定：

裂缝的开挖长度应超过裂缝两端 1m、深度超过裂缝尽头 0.5m；开挖坑槽底部的宽度至少 0.5m，边坡应满足稳定及新旧填土结合的要求；坑槽开挖应做好安全防护工作；防止坑槽进水、土壤干裂或冻裂；挖出的土料要远离坑口堆放；回填的土料要符合坝体土料的设计要求；对沉陷裂缝要选择塑性较大的土料，并控制含水量大于最优含水量的 1% ~ 2%；回填时要分层夯实，要特别注意坑槽边角处的夯实质量，要求压实厚度为填土厚度的 2/3；对贯穿坝体的横向裂缝，应采用横墙隔断法（或称十字梯形法）。即沿裂缝方向，每隔 5m 挖十字结合槽一个，开挖的宽度、深度与裂缝开挖的要求一致。

4．土坝坝体滑坡的修理

（1）土坝坝体滑坡修理的一般规定

凡因坝体渗漏引起的坝体滑坡，修理时应同时进行渗漏处理；滑坡处理前，应严格防止雨水渗入裂缝内，可用塑料薄膜等覆盖封闭滑坡裂缝，同时应在裂缝上方开挖截水沟，拦截和引走坝面的雨水；滑坡的修理应根据滑坡产生的原因和具体情况，采用开挖回填、加培缓坡、压重固脚、导渗排水等多种方法进行综合处理。

（2）开挖回填的一般要求

应彻底挖除滑坡体上部已松动的土体，再按设计坝坡线分层回填夯实；若滑坡体方量很大，不能全部挖除时，可将滑弧上部能利用的松动土体移做下部回填土方，回填时由下至上分层回填夯实；开挖时，对未滑动的坡面要按边坡稳定要求放足开口线；回填时，应将开挖坑槽时的阶梯逐层削成斜坡，做好新老土的结合；恢复或修好坝坡的护坡和排水设施。

（3）加培缓坡的一般要求

应按坝坡稳定分析确定放缓坝坡的坡比；修理时，应将滑动土体上部进行削坡，按放缓的坝坡加大断面，分层回填夯实；回填前，应先将坝趾排水设施向外延伸或接通新的排水体；回填后，应恢复和接长坡面排水设施和护坡。

（4）压重固脚的一般要求

1）压重固脚适用于滑坡体底部脱离坝脚的深层滑动情况。

2）压重固脚常用的有镇压台和压坡体两种形式，应根据当地土料、石料资源和滑坡的具体情况采用。

3）镇压台或压坡体应沿滑坡段全面铺筑，并伸出滑坡段两端 5 ~ 10m，其高度和长度应通过稳定分析确定。一般石料镇压台的高度为 3 ~ 5m；压坡体的高度一般为滑坡体高度的 1/2 左右，边坡为 1∶3.5 ~ 1∶5。

4）当采用土料压坡体时，应先满铺一层厚 0.5 ~ 0.8m 的砂砾石滤层，再回填压坡体土料；镇压台和压坡体的布置不得影响坝容坝貌，并应恢复或修好原有排水设施。

（5）导渗排水的一般要求

导渗排水适用于排水体失效、坝坡土体饱和而引起的滑坡；导渗沟的下部必须伸到坝坡稳定的部位或坝脚，并与排水设施相通；导渗沟之间滑坡体的裂缝，必须进行表层开挖、回填封闭处理。

5．土坝坝体渗漏的修理

（1）修理原则

坝体发生渗漏时，应遵照"上截下排"的原则进行修理。在上游坝坡采取防渗措施，堵截渗漏途径；在下游坝坡采取导渗排水措施，将坝体内的渗水导出，以增强坝坡稳定。

（2）修理方法

应视渗漏成因及具体情况，有针对性地采取相应的经济可靠的措施。上游截渗常用的方法有抽槽回填、铺设土工膜、冲抓套井回填和坝体劈裂灌浆等方法，有条件的地方也可采用混凝土防渗墙和倒挂井混凝土圈墙等方法；下游导渗排水可采用导渗沟、反滤层导渗等方法。

混凝土防渗墙、劈裂灌浆方法、冲抓套井回填方法详见本章第四节内容。常规的坝体渗漏修理方法有以下五种。

（1）抽槽回填法

适用于渗漏部位明确且高程较高的均质坝和斜墙坝；库水位必须降至渗漏通道高程以下1m；抽槽范围必须超过渗漏通道高程以下1m和渗漏通道两侧各2m，槽底宽度不小于0.5m，边坡应满足稳定及新旧填土结合的要求，必要时应加支撑，确保施工安全；回填土料应与坝体土料一致；回填土应分层夯实，每层厚度10～15cm，要求压实厚度为填土厚度的2/3；回填土夯实后的干密度不得低于原坝体设计值。

（2）铺设土工膜

适用于均质坝和斜墙坝；土工膜厚度选择应根据承受水压力大小而定。承受30m以下水头的，可选用非加筋聚合物土工膜，铺膜总厚度0.3～0.6mm；承受30m以上水头的，宜选用复合土工膜，膜厚度不小于0.5mm；土工膜铺设范围，应超过渗漏范围上下左右各2～5m；土工膜的连接，一般采用焊接，热合宽度不小于0.1m；采用胶合剂粘接时，粘接宽度不小于0.15m；粘接可用胶合剂也可用双面胶布粘贴，要求粘接均匀、牢固、可靠；铺设前应进行坡面处理：先将铺设范围内的护坡拆除；再将坝坡表层土挖除30～50cm，要求彻底清除树根杂草，坡面修整平顺、密实；然后在坡面上铺垫一层砂壤土（清除可能夹带的石子和杂物），防止土工膜在施工过程中被硬物戳破；最后沿坝坡每隔5～10m挖防滑沟一道，沟深1m，沟底宽0.5m；土工膜铺设，将卷成捆的土工膜沿坝坡由下而上纵向铺放，同时周边用V形槽形式埋固好；铺膜时不能拉得太紧，以免受压破坏；施工人员不允许穿带钉鞋进入现场；回填保护层要与土工膜铺设同步进行；保护层可采用砂壤土或砂，厚度不小于0.5m；先回填防滑槽，再填坡面，边回填边压实；保护层上面再按设计恢复原有护坡。

（3）导渗沟法

1）适用于均质土坝下游坝坡发生散浸渗漏的处理。

2）导渗沟的形状可采用"Y""W""I"等形状，但不容许采用平行于坝轴线的纵向沟。

3）导渗沟的长度以坝坡渗水出逸点至排水设施为准，深度为0.8～1m，宽度为0.5～0.8m，间距视渗漏情况而定，一般为3～5m。

4）沟内按滤层要求回填砂砾石料，填筑顺序按渗流方向粒径由小到大、周边到内部，填成封闭的棱柱体，不同粒径的滤料要严格分层不许混淆；也可用无纺布（土工织物）包裹砾石或砂卵石料，填成封闭棱柱体；导渗沟的顶面应铺砌块石或回填黏土保护层，厚度为 0.2 ~ 0.3m。

（4）贴坡式砂石反滤层导渗法

铺设范围应超过渗漏部位四周各 1m。铺设前应进行坝坡清理，将坡面的草皮杂物清除干净，深度为 0.15 ~ 0.2m。滤料铺设按砂、小石、大石、块石保护层的次序由下至上逐层铺设，不得混淆；砂、小石、大石各层厚度为 0.15 ~ 0.2m，块石保护层厚度为 0.2 ~ 0.3m。经反滤层导出的渗水必须引入集水沟或滤水坝趾内排出。

（5）土工织物反滤层导渗法

1）铺设范围、坡面清理同贴坡式砂石反滤层导渗方法。

2）在清理好的坡面上满铺土工织物。铺设时，沿水平方向每隔 5 ~ 10m 做一道 V 形防滑槽加以固定，以防滑动；然后再满铺一层透水砂砾料，其厚度为 0.4 ~ 0.5m；最后再压厚 0.2 ~ 0.3m 的块石保护层；铺设时严禁施工人员穿带钉鞋进入现场。

3）土工织物连接可采用缝接、搭接或粘接。缝接时，土工织物边重压宽度 0.1m，用各种化纤线手工缝合 1 ~ 2 道即可；搭接面宽度 0.5m；胶接面宽度 0.1 ~ 0.2m；导出的渗水必须引入集水沟或滤水坝趾内排出。

6. 坝基渗漏和绕坝渗漏的修理

（1）修理原则

在弄清地基工程地质和水文地质条件的前提下，进行渗流复核计算，选择经济、合理、可靠的修理方案。

（2）修理方法

应根据地基工程地质和水文地质、渗漏、当地砂石、土料资源等具体情况，采用加固上游黏土防渗铺盖、建造混凝土防渗墙、高压喷射灌浆、灌浆帷幕、下游导渗及压渗等方法。

1）加固上游黏土防渗铺盖

适用于水库具有放空条件，当地有做防渗铺盖的土料资源。其作用是覆盖渗漏部位，加长渗径，减小坝基渗透比降，保证坝基渗透稳定。

黏土铺盖的厚度应保证不致因受渗透压力而破坏，一般铺盖前端厚度不小于 0.5 ~ 1m；与坝体相接处为 1/6 ~ 1/10 水头，一般不小于 3m。

对于砂料含量少、层间系数不合乎反滤要求、透水性较大的地基，必须先铺筑滤水过渡层，再回填铺盖土料；铺盖土料应选用相对不透水土料，其渗透系数应比地基砂砾石层小 100 倍以上，并在等于或略高于最优含水量的情况下压实。

2）高压喷射灌浆

适用于最大工作深度不超过 40m 的软弱土层、砂层、砂砾石层渗漏的处理，也可用于含量不多的大粒径卵石层和漂石地基的渗漏处理，在卵石、漂石层过厚、含量过多的地层不宜用。

灌浆处理前，应详细了解地基的工程地质和水文地质资料，选择相似的地基做灌浆围井试验，取得可靠技术参数后，进行灌浆设计。

灌浆孔的布置。灌浆孔轴线一般沿坝轴线偏上游布置；有条件放空的水库，灌浆孔位也可布置在上游坝脚部位；凝结的防渗板墙应与坝体防渗体连成整体，伸入坝体防渗体内的长度不小于1/10的水头；防渗板墙的下端，应落到相对不透水层的岩面。

孔距和喷射形式。根据山东省和各地高喷灌浆经验，单排孔孔距一般为1.6 ~ 1.8m，双排孔孔距可适当加大，但不超过2.5m；喷射形式一般采用摆喷、交叉折线等连接形式；喷射角度一般为20° ~ 30°。

喷射设备应选用带有质量控制自动检测台的三管喷射装置。主要技术参数：水压力25 ~ 30MPa，水量60 ~ 80L/min，气压0.6 ~ 0.8MPa，气量3 ~ 6m³/min，灌紫压力0.3MPa以上，浆量70 ~ 80m³/min，喷射管提升速度6 ~ 10cm/min，摆角20° ~ 30°，喷嘴直径1.9 ~ 2.2mm，气嘴直径9mm，水泥浆比重1.6左右。

坝体钻孔应采用干钻套管跟进方法进行，管口应安设浆液回收设施，防止灌浆时浆液破坏坝体；地基灌浆结束后，坝体钻孔应按规定进行封孔。

高喷灌浆的施工应按照布孔→钻孔→安设喷射装置→制浆→喷射→定向→摆动→提升→成板墙→冲洗→静压灌浆→拔套管→封孔的工艺流程进行。

检查验收。质量检查一般采用与墙体形成三角形的围井，布置在施工质量较差的孔位处，做压水试验，测定ω值或K值；验收工作可参《水工建筑物水泥灌浆施工技术规范》（SDJ210—83）中有关规定进行。

3）帷幕灌浆

采用帷幕灌浆防渗时，除应进行帷幕灌浆设计外，还应符合以下规定：

非岩性的砂砾石坝基和基岩破碎的坝基可采用此法；帷幕灌浆的位置应与坝身防渗体接合在一起；帷幕深度应根据地质条件和防渗要求而定，一般应落到相对不透水层。

浆液材料应通过试验确定。一般可灌比M ≥ 10、地基渗透系数超过每昼夜40 ~ 50m时，可灌注黏土水泥浆，浆液中水泥用量占干料的20% ~ 40%；可灌比M ≥ 15、渗透系数超过每昼夜60 ~ 80m时，可灌注水泥浆。

造孔时，要求坝体部分干钻、套管跟进方式进行；在坝体与坝基接触面没有混凝土盖板时，要求坝体与基岩接触面先用水泥砂浆封固套管管脚后，再进行坝基部分的钻孔灌浆工序；施灌时，严格按钻灌工程施工规范和操作规程进行。

4）坝后导渗、压渗方法

当坝基为双层结构，坝后地基湿软，根据地基地质情况，可开挖排水明沟导渗或打减压井；坝后土层较薄、有明显翻水冒砂及隆起现象时，应采用压渗处理；排水明沟可采用平行坝轴线或垂直坝轴线布置，并与坝趾排水体连接；垂直坝轴线布置的导渗沟的间距视地基渗漏程度而定，一般为 5～10m，在沟的尾端设横向排水干沟，将各排水沟的水集中排走；排水沟的底部和边坡，均应采用滤层保护。

压渗台的范围和厚度应根据渗水出露范围和渗水压力确定。压渗台的形式应根据当地土料或石料资源情况，可采用土料压渗台或石料压渗台；实施时，应先铺设滤料垫层，再铺填石料或土料。

7. 排水设施的修理

（1）排水沟（管）的修理

当部分沟（管）段发生破坏或堵塞时，应将破坏或堵塞的部分挖除，按原设计断面进行修复；排水沟（管）修理时，应根据沟（管）的结构类型（浆砌石、砖砌、预制或现浇混凝土），分别按相应的材料及施工规范进行施工；当沟（管）的基础（坝体）被冲刷破坏时，应使用与坝体同样的土料，先修复坝体，后修复沟（管）设计断面。

（2）坝下游减压井、导渗体和滤水坝的修理

1）当减压井发生堵塞或失效时，可采用洗井冲淤的方法进行修理；修理时按照掏淤清孔、洗孔冲淤、安装滤管、回填滤料、安设井帽、疏通排水道等程序进行。

2）当导渗体和滤水坝发生堵塞或失效时，可采用翻修清洗的方法进行修理；修理时必须先拆除堵塞部位的导渗体或滤体，清洗疏通渗水通道，按设计重新铺设反滤料，按原断面恢复导滤体。

3）贴坡式和堆石坝趾滤水体的顶部要进行封闭，或沿与坝体接触部位设截流沟或矮挡土墙，防止坝坡土粒进入滤水体内发生堵塞现象；做好坝下游周边的防护工程，防止山坡雨水倒灌影响导渗排水效果。

8. 混凝土面板坝的修理

（1）修理方法

根据面板裂缝和损坏情况，可分别采用表面涂抹、表面粘补、凿槽嵌补等方法进行修理。

当面板出现裂缝或破损时，可采用水泥砂浆、环氧砂浆、H52 系列特种涂料等防渗堵漏材料进行表面涂抹；当面板出现的裂缝较宽或伸缩缝止水遭破坏时，可采用表面粘补或凿槽嵌补方法进行修理。

（2）表面涂抹技术要求

1）采用水泥砂浆进行表面涂抹修理裂缝时，应满足以下要求：

一般应将裂缝凿成深 2cm、宽 20cm 的毛面，清洗干净并洒水保持湿润；处理时，应先用纯水泥浆涂刷一层底浆，再涂抹水泥砂浆，最后用铁抹压实、抹光；涂抹后，应及时进行洒水养护，并防止阳光直晒或冬季受冻；水泥强度等级不低于 32.5 级；水泥砂浆配比可采用 1 : 1 ~ 1 : 2。

2）采用环氧砂浆进行表面涂抹修理裂缝时，应满足以下要求：

沿裂缝凿槽，一般槽深 1 ~ 2cm，槽宽 5 ~ 10cm，槽面应尽量平整，并清洗干净，要求无尘粉，无软弱带，坚固密实，待干燥后用丙酮擦一遍；涂抹环氧砂浆前，先在槽面用毛刷涂刷一层环氧基液，要求涂刷均匀，无浆液流淌堆积现象；已涂刷基液的部位，应注意保护，严防灰尘、杂物掉入；待基液中的气泡消除后，再涂抹环氧砂浆，间隔时间一般为 30 ~ 60min。

涂抹环氧砂浆，应分层均匀铺摊，每层厚度一般为 0.5 ~ 1cm，用铁抹反复用力压抹，使其表面翻出浆液，如有气泡必须刺破压实；表面用铁抹压实抹光，应与原混凝土面齐平，结合紧密。

环氧砂浆涂抹完后，应在表面覆盖塑料布及模板，再用重物加压，使环氧砂浆与混凝土结合完好，并应注意养护，控制温度，一般养护温度以（20±5）℃为宜，避免阳光直接照射；环氧砂浆涂抹施工，应在气温 15 ~ 40℃的条件下进行；环氧砂浆的配比，应根据修理对象和条件，按设计要求配制；环氧砂浆每次配制的数量，应根据施工能力确定，做到随用随配。

施工现场必须通风良好，施工人员必须戴口罩和橡皮手套操作，严禁皮肤直接接触环氧材料；使用工具及残液不得随便抛弃或投入水库中，以防水质污染和发生中毒事故。

3）采用 H52 系列防渗堵漏涂料处理面板裂缝，应满足以下要求：

混凝土表面处理。应铲除疏松物，清除污垢，沿裂缝一般凿成深 0.5cm、口宽 0.5cm 的 V 形槽，裂缝周围 0.2m 范围内的混凝土表面轻微加糙。

涂料配制。将甲乙两组原料混合，并搅拌均匀，若发现颗粒和漆皮，要用 80 ~ 120 目的铜丝网或不锈钢丝网过滤。

涂料涂抹。用毛刷将配制好的涂料，直接分次分层均匀涂刷于裂缝处混凝土表面，每次间隔 1 ~ 3h。

涂料配制数量。应根据施工能力，用量按 $0.32kg/m^2$，每次配料 1h 内用完的原则配制。

涂抹后的养护。在涂料未实干前，应避免受到雨水或其他液体冲洗和人为损坏。

涂料应存放于温度较低、通风干燥之处，远离火源，避免日光直接照射；涂料配制地点和施工现场应通风良好；施工人员操作时，应戴口罩和橡皮手套。

（3）表面粘补技术要求

1）表面粘补材料。应根据具体情况和工艺水平，选用橡皮、玻璃布等止水材料及相应的胶黏剂进行表面粘补。

2）采用橡皮进行表面粘补时，应满足以下要求：

粘贴前应进行凿槽，一般槽宽14～16cm，槽深2cm，长度超过损坏部位两端各15cm，并清洗干净，保持干燥。

基面找平。在干燥后的槽面内，先涂刷一层环氧基液，再用膨胀水泥砂浆找平，待表面凝固后，洒水养护3天。

粘贴前橡皮的处理。按需要尺寸准备好橡皮，先放入比重为1.84的浓硫酸液中浸5～10min，再用水冲洗干净，待晾干后才粘贴。

粘贴橡皮。先在膨胀水泥砂浆表面涂刷一层环氧基液，再沿伸缩缝走向放一条高度与宽度均为5mm的木板条，其长度与损坏长度一致；再按板条高度铺填一层环氧砂浆，然后将橡皮粘贴面涂刷一层环氧基液，从伸缩缝处理部位的一端开始，将橡皮铺贴在刚铺填好的环氧砂浆上，铺贴时要用力压实，直至环氧砂浆从橡皮边缘挤出来为止。

加重加压。在粘贴好的橡皮表面，盖上塑料布，再堆沙加重加压，增强粘结质量。

护面。待粘贴的环氧砂浆固化后，撤除加压物料，沿橡皮表面再涂刷一层环氧基液，其上再铺填一层环氧砂浆，并用铁抹压实抹光，表面与原混凝土面齐平。

3）采用玻璃布进行表面粘补时，应满足下列要求：

粘补前，应对玻璃布进行除油蜡处理；可将玻璃布放置在碱水中煮沸0.5～1h，用清水漂净，然后晾干待用；先在混凝土表面凿毛，并冲洗干净；凿毛面宽40cm，长度应超过裂缝两端各20cm；待凿毛面干燥后，用环氧砂浆抹平；玻璃布粘贴层数视具体情况而定，一般2～3层即可，事先按需要尺寸将玻璃布裁剪好，第一层宽30cm，长度按裂缝实际长度加两端压盖长各15cm，第二、三层每层长度递增4cm，以便压边；玻璃布的粘贴，应先在粘贴面均匀刷一层环氧基液，然后将玻璃布展开拉直，放置于混凝土面上，用刷子抹平玻璃布使其贴紧，并使环氧基液浸透玻璃布，接着再在玻璃布上刷环氧基液，按同样方法粘贴第二、三层。

（4）凿槽嵌补技术

1）嵌补材料。根据裂缝和伸缩缝的具体情况，可选用 PV 密封膏、聚氯乙烯胶泥、沥青油膏等材料。

2）凿槽处理。嵌补前应沿混凝土裂缝或伸缩缝凿槽，槽的形状和尺寸根据裂缝位置和所选用的嵌补材料而定；槽内应冲洗干净，再用高标号水泥砂浆抹平，干燥后进行嵌补。

3）采用 PV 密封膏嵌补时，应满足以下要求：

混凝土表面必须干燥、平整、密实，无油污、浮灰。嵌填密封膏前，先用毛刷薄薄涂刷一层 PV 黏结剂，待黏结剂基本固化后，即可嵌填密封膏；黏结剂基本固化（时间一般不超过 1 天）。密封膏分 A、B 两组，各组先搅拌均匀，按需要数量分别量称，倒入容器（量杯或桶）中搅拌，搅拌时速度不宜太快，并按同一方向旋转；搅拌均匀后（2～5mm）即可嵌填。嵌填时，应将密封膏从下至上挤压入缝内；待密封膏固化后，再在密封膏表面涂刷一层面层保护胶。

9. 混凝土坝渗漏修理

（1）基础内容

1）分类

渗漏按发生的部位可分为坝体渗漏、伸缩缝渗漏、基础及绕坝渗漏，坝体渗漏按现象可分为集中渗漏、裂缝渗漏和散渗。

2）判断

混凝土坝渗漏有下列情况之一的应判断为需要处理：

作用（荷载）、变形、扬压力值超过设计允许范围；影响大坝耐久性、防水性；基础出现管涌、流土及溶蚀等渗透破坏；伸缩缝止水结构、基础帷幕、排水等设施损坏；基础渗漏量突变或超过设计允许值。

3）处理规定

渗漏处理的基本原则是"上截下排"，以截为主、以排为辅。渗漏宜在迎水面封堵，不能降低上游水位时宜采用水下修补，不影响结构安全时也可在背水面封堵。

（2）集中渗漏处理

当水压小于 0.1MPa 时可采用直接堵漏法、导管堵漏法、木楔堵塞法；当水压大于 0.1MPa 时，可采用灌浆堵漏法。堵漏材料可选用快凝止水砂浆或水泥浆材、化学浆材。

1）直接堵漏法施工应符合下列要求：

把孔壁凿成口大内小的楔形状，并冲洗干净；将快凝止水砂浆捻成与孔相近的形状，迅速塞入孔内，堵住漏水。

2）导管堵漏法施工应符合下列要求：

清除漏水孔壁的松动混凝土，凿成适合下管的孔洞；将导管插入孔中，导管四周用快凝止水砂浆封堵，凝固后拔出导管；用快凝止水砂浆封堵导管孔。

3）木楔堵塞法施工应符合下列要求：

把漏水处凿成圆孔，将铁管插入孔中，管长应小于孔深；铁管四周用快凝止水砂浆封堵，凝固后将裹有棉纱的木楔打入铁管堵水。

4）灌浆堵漏法施工应符合下列要求：

将孔口扩成喇叭状，并冲洗干净；用快凝砂浆埋设灌浆管，使漏水从管内导出，用高强砂浆回填管口四周至原混凝土面；砂浆强度达到设计要求后进行顶水灌浆；灌浆压力为 0.2 ~ 0.4MPa。

5）漏水封堵后表面应选用水泥防水砂浆、聚合物水泥砂浆或树脂砂浆保护。

（3）裂缝渗漏处理

裂缝渗漏处理应先止漏后修补。裂缝漏水的止漏可采用直接堵塞法、导渗止漏法。

1）直接堵塞法施工应符合下列要求：

适用于水压小于0.1MPa的裂缝漏水处理；沿缝面凿槽，并冲洗干净；把快凝砂浆捻成条形，逐段迅速堵入槽中，挤压密实，堵住漏水。

2）导渗止漏法施工应符合下列要求：

适用于水压大于0.01MPa的裂缝漏水处理；用风钻在缝的一侧钻斜孔，穿过缝面并埋管导渗；裂缝修补后封闭导水管。

3）对大坝上游面水平裂缝的渗漏处理应进行专项设计。

（4）散渗处理

散渗处理可采用表面涂抹粘贴法、喷射混凝土(砂浆)法、防渗面板法、灌浆法等。

1）表面涂抹粘贴法适用于混凝土轻微散渗处理，材料可选用各种有机或无机防水涂料及玻璃钢等，施工应符合下列要求：

混凝土表面凿毛，清除破损混凝土并冲洗干净；采用快速堵漏材料对出渗点强制封堵，使混凝土表面干燥。

2）喷射混凝土（砂浆）应符合下列要求：

喷射混凝土（砂浆）适用于迎水面大面积散渗的处理；施工方法有干式、湿式和半湿式三种。对有渗水的受喷面宜采用干式喷射，无渗水的受喷面宜采用半湿式或湿式喷射；喷射厚度在 5cm 以下时，宜采用喷射砂浆；厚度为 5 ~ 10cm 时，宜采用喷射混凝土或钢丝网喷射混凝土；厚度为 10 ~ 20cm 时，宜采用钢筋网喷射混凝土或钢纤维喷射混凝土。

3）灌浆处理适用于建筑物内部混凝土密实性较差或网状深层裂缝产生的散渗。灌浆材料可选用水泥浆材或化学浆材，施工应符合以下要求：

灌浆孔可设置在坝上游面、廊道或坝顶处，孔距根据渗漏状况确定；灌浆压力为 0.2 ~ 0.5MPa；灌浆结束后散渗面可用防水涂层防护。

（5）伸缩缝渗漏修理

伸缩缝渗漏修理可采用嵌填法、粘贴法、锚固法、灌浆法及补灌沥青等。

1）嵌填法的弹性嵌缝材料可选用橡胶类、沥青基类或树脂类等，施工应符合下列要求：

沿缝凿宽、深均为 5 ~ 6cm 的 V 形槽；清除缝内杂物及失效的止水材料，并冲洗干净；槽面涂刷胶黏剂，槽底缝口设隔离棒，嵌填弹性嵌缝材料；回填弹性树脂砂浆与原混凝土面齐平。

2）粘贴法的粘贴材料可选用厚 3 ~ 6mm 的橡胶片材，施工要求参见前述混凝土坝裂缝修理。

3）锚固法施工应符合下列要求：

适用于迎水面伸缩缝处理，局部修补时应做好伸缩缝的止水搭接。

防渗材料可选用橡胶、紫铜、不锈钢等片材，锚固件采用锚固螺栓、钢压条等。

锚固金属片材施工工艺：①沿缝两侧凿槽，槽宽 35cm，槽深 8 ~ 10cm；②在缝两侧各钻一排锚栓孔，排距 25cm、孔径 22 ~ 25mm、孔距 50cm、孔深 30cm，并冲洗干净，预埋锚栓；③清除缝内堵塞物，嵌入沥青麻丝；④挂橡胶垫，再将金属片材套在锚栓上；⑤安装钢垫板、拧紧螺母压实；⑥片材与缝面之间充填密封材料，片材与坝面之间充填弹性树脂砂浆。

锚固橡胶板施工工艺：①沿缝两侧各 30cm 范围将混凝土面修理平整；②凿 V 形槽，槽宽、深均为 5 ~ 6cm，并冲洗干净；③在缝两侧各钻一排锚栓孔，排距 50cm、孔径 40mm、孔深 40cm、孔距 50cm；④用高压水冲洗钻孔，将树脂砂浆放入孔内，插入直径 20mm，长 45cm 的锚栓，锚栓必须垂直迎水面；⑤ V 形槽内涂刷胶黏剂，铺设隔离棒再嵌填嵌缝材料；⑥在锚栓部位浇一层宽 12cm 树脂砂浆垫层找平；⑦根据锚栓位置，在橡胶片上开孔，将宽 60cm、厚 6mm 的橡胶片准确地套在锚栓上，及时安装压板，拧紧螺母。

4）灌浆法适用于迎水面伸缩缝局部处理。灌浆材料可选用弹性聚氨酯、改性沥青浆材等。灌浆施工应符合下列要求：

沿缝凿宽、深均为 5 ~ 6cm 的 V 形槽；在处理段的上、下端骑缝钻止浆孔，孔径 40 ~ 50mm，孔深不得打穿原止水片，清洗后用树脂砂浆封堵；骑缝钻灌浆孔，孔径 15～20mm、孔距 50cm、孔深 30～40cm；用压力水冲洗钻孔，将直径 10～15mm、长 15～20cm 灌紫管理入钻孔内 5cm，密封灌浆管四周；冲洗槽面，用快凝止水砂浆嵌填；逐孔洗缝，控制管口风压 0.1MPa，水压 0.05～0.1MPa；灌浆前对灌浆管作通风检查，风压不得超过 0.1MPa；灌浆自下而上逐孔灌注，灌浆压力为 0.2～0.5MPa，灌至基本不吸浆时并浆，后结束灌浆。

5）补灌沥青适用于沥青井止水结构的渗漏修理，施工应符合下列要求：

沥青井加热可采用电加热法或蒸汽加热法；蒸汽加热时，加热前用风水轮换冲洗加热管，加热的进气压力为 0.3～0.4MPa，回气压力为 0.1～0.2MPa，持续加热 24～36h；电加热时应有 2000～3000A 的电源；井内沥青膏加热温度控制在 120～150℃；打开出流管检查沥青熔化和老化程度；补灌的沥青膏配比由试验确定；补灌的沥青膏经熔化熬制后灌注井内，灌注后膏面应低于井口 0.5～1m；灌后应对井口、管口加盖保护。

10. 输水建筑物与泄洪建筑物的修理

（1）溢洪道常见病害的修理

溢洪道虽然过水机会不多，但一旦出了问题，就会造成严重后果。因此，必须加强溢洪道的养护维修工作，确保水库的安全和正常运用。溢洪道的溢流堰、闸墩、边墙、泄槽及消能设施等，通常都由混凝土、浆砌石或钢筋混凝土建成。对常见的表层损坏及裂缝等病害的修理方法，与重力坝的修理方法相同。

1）溢洪道过水以后的常见病害

溢洪道过水以后的常见病害，见表 3-13。

表 3-13　溢洪道过水以后的常见病害

危害	主要内容
消力池的破坏	由于消力池出口水流受阻，或受进口弯道的影响，水流条件恶化，减低消能作用，产生破坏
挑流鼻坎的破坏	通常由于鼻坎的体形设计不佳，过洪时产生严重的空蚀而破坏
泄槽段底板损坏	造成泄槽段底板损坏的主要原因是底板接缝止水不良或失效，底板下面未做排水或排水系统被堵塞，使底板下面产生很大的扬压力，造成底板被掀起、折断或淘空。另外，底板表面不平整，或横向连接处下游升坎，在高速水流作用下往往会产生空蚀破坏

2）溢洪道修理方法

溢洪道过洪以后，应及时检查，发现问题，分析原因，采取相应的措施。如果局部损坏程度较轻，可进行局部维修，对已经冲刷淘空的部位应进行填补。若由于基础扬压力增加，导致底板破坏时，则应加强排水，降低扬压力，并加厚底板；也可进行基础固结灌浆，使底板与基础连成一体，并将底板钻孔排水减压。如因体型设计不当，或防渗、排水设计不周而导致严重破坏的，则应修改原设计，进行翻修。此外，对于底板的凸凹不平处，应进行平整，以免产生空蚀破坏。

（2）隧洞与涵管的修理

隧洞与涵管是水库枢纽的重要组成部分。由于设计、施工或管理等各方面的原因，常会出现裂缝，甚至断裂、漏水；当建筑物体型不能满足高速水流的要求时，还会引起空蚀破坏，严重时将影响正常使用。特别是坝下涵管的断裂漏水，不仅影响水库的效益，而且有可能引起垮坝事故的发生。因而，必须加强经常性的养护，并及时对病害进行处理，杜绝发生事故。

1）涵管断裂的修理

坝下涵管常因地质条件不同，地基产生不均匀沉陷，承受不均匀或集中荷载，或设计考虑不周、运用管理不当，引起洞内流态改变等原因，造成涵管断裂。涵管断裂原因确定后，要选择适当的加固处理方案。主要是地基加固和加强洞身结构强度。如无法加固的，就要考虑另行新建。

地基加固。由于地基不均匀沉陷而断裂的涵管，除加强洞身结构强度外，更重要的首先是加固地基，加固的方法视地质条件和断裂位置而有所不同。当坝较低，断裂发生在洞口附近时，可直接开挖坝体进行翻修。对于土基，要先拆除地基处理段的涵管，挖去松软土至坚实土层，再用浆砌石或混凝土埋块石回填密实。当坚实土层较深，全部挖去松软土有困难时，可考虑采用打桩或电硅化加固等办法来提高地基的承载力。对于岩基因裂隙发育，承载能力不足时，可采用固结灌浆；若为断层带，则应挖去上部破碎岩石，用混凝土做断层塞来提高地基承载力。

对于断裂发生在涵洞中部，坝又较高的工程，全部开挖处理不经济，可在洞内进行基础钻孔压力灌浆处理。有条件的也可以在洞内进行局部开挖处理，最后进行回填灌浆。地基加固后，则可进行涵管加固，在该处应设置沉陷缝，并做好止水。

加强洞身结构强度。由于涵管强度不够，洞顶产生的纵向断裂，可用套管加固或从洞身外部加强。有时管径很小，无法在管内加固，可开挖坝体，在涵管外部包一层混凝土或浆砌块石，对个别断裂严重的管段可以拆除，重新砌筑。一般微小的温度裂缝不影响工程安全，可以不做加固处理。较大的温度裂缝可用水泥砂浆或沥青砂浆填满抹平即可。

预制混凝土管接头断裂处理。接头处一般都用沥青砂浆填塞，内壁用水泥砂浆抹平，外壁涂沥青后，再包一层混凝土管箍。如果接头处断裂，可将接头处的砂浆缝剔掉 2～3cm，用沥青麻丝塞紧，止住漏水后再用水泥砂浆勾缝。也可以采用水玻璃速凝剂及环氧砂浆涂抹。断裂严重的，最好是开挖坝体，在接头部位的外部灌沥青砂浆后，再浇筑一层厚 20～30cm 的混凝土。

另建新管。当管径很小，无法加固时，可废弃旧管，另建新管。通常可挖开坝体重建或利用顶管法进行。顶管法是用油压千斤顶支承于工作坑的座墙上，把涵管逐节顶入土内。可以大大减少挖填土石方量，节约钢材、水泥和投资，缩短工期，保证工程质量。

2）涵管漏水的修理

涵管由于施工质量差或材料性能不好，虽未发生断裂，也会出现漏水。主要是沿管壁外侧纵向漏水或穿过管壁横向漏水。处理方法应根据具体条件，因地制宜进行选择（见表 3–14）。

表 3–14　处理方法

方法	主要内容
灌浆处理	涵洞横向漏水严重，如果洞径较大，可在洞内采用灌浆处理，即在洞壁上钻孔，进行压力灌浆
局部堵漏	若管壁个别部位漏水，可将漏水砂眼凿开，用玻璃纤维或石棉绳填塞，用 1：1.5～1：2 的水泥砂浆抹面，砂浆中可掺合水玻璃，以加快凝固。也可以用环氧砂浆抹面，抹面前一定要将漏水处烘干，以免影响质量
钢丝网喷水泥砂浆处理	处理时先将洞内的保护层打掉，凿成高差 2～3cm 的毛面，冲洗干净后，铺好钢丝网，再喷水泥砂浆，处理后效果很好
套管和内衬处理	如漏水范围较大，可缩小洞径，采用套管处理或内部衬砌方法处理，不致影响用水要求

3）隧洞及涵管空蚀破坏的处理

隧洞及涵管由于体型设计不当，或洞壁表面凸凹不平等原因，使水流脱离边界产生局部低压，常常引起空蚀破坏。初期阶段只是表层的轻度剥蚀；若不及时处理，任其继续发展，则可能蚀穿洞壁，影响正常运用，甚至危及安全。空蚀的处理，必须分析产生局部低压的原因，采取措施改变产生低压的条件，从根本上解决空蚀问题，并对已被空蚀的部位进行修补。

4）改善边界轮廓

对隧洞或涵管的进水口、分岔段、弯道、渐变段、闸门槽及闸门底缘等边界的轮廓，应尽可能使其流线化或圆角化，并使边界表面达到平整和光洁。

11. 土坝白蚁的防治

（1）白蚁对土坝的危害性

白蚁的种类有很多，其中黑翅土白蚁和黄翅大白蚁是严重威胁我国南方地区水库安全的主要蚁种。白蚁对土坝的危害是水库防洪安全的重大隐患之一，其防治工作是水库安全管理的一项重要任务。

白蚁危害具有隐蔽性、广泛性和严重性的特点。土栖白蚁进入坝体后，在浸润线以上、坝面以下1～3m的坝体内营巢繁殖。由于生活和生存的需要，需找水寻食和自然繁殖，并随着巢龄的增长，群体日益增大，巢体逐渐扩大。有的主巢直径可达1m以上，副巢数量数十个，兼之蚁路四通八达。一旦库水位上涨，库水进入蚁路、蚁巢，成为漏水通道，或造成坝面塌坑。

（2）白蚁的活动规律

白蚁的繁殖速度非常快，一个大型蚁巢每年有3000～4000个有翅成虫飞出，少数交配成新巢，这些新巢在3～5年后又开始分群建巢。白蚁的活动有季节性特点，与各地的气温、湿度有着密切的关系。一般在3～4月天气转暖后，白蚁开始逐渐外出地表活动、寻食，在大坝表面开始有泥被、泥线，然后进行蛀食；4～5月泥被、泥线最多，是查找白蚁的最佳时期；之后，由于湿度升高白蚁停止活动；9月之后，随着湿度降低白蚁又开始活动；到冬季白蚁几乎全部集中到主巢、副巢里，停止外出活动。

每年春夏之交时节，经常是天气闷热时候，往往是白蚁移植分群之时。在分飞前，白蚁会在坝面修筑分飞孔（移植孔），分飞孔由泥土筑成，呈凸形高于地面2～4cm，孔口与坝体内"候飞室"相连，室下有较粗蚁路与蚁巢相接。白蚁的分飞孔往往为人们寻找蚁巢提供了有利条件。

（3）白蚁防治的一般规定

凡土栖白蚁分布区域内的土石坝，都应有固定的专业防治人员开展白蚁及其危害的防治工作；防治工作应坚持以防为主、防治结合、因地制宜、综合治理的方针；坚持常年查找、及时灭杀、隐患处理相结合的原则；防治范围应包括坝区管理范围及四周环境。坝区周围500～1000m范围内的山坡、荒坡、坟墓等是白蚁"安营扎寨"的基地，是土坝白蚁的主要来源地；水库管理单位每年应编制年度防治计划，做好普查、防治和处理隐患工作，建立防治工作档案，不断总结经验，提高防治效果；防治标准。在防治范围内，应达到连续3年以上无成年蚁巢、坝体无幼龄蚁巢。

（4）白蚁的防治方法

1）普查

普查规定。每年至少应进行1次白蚁危害普查，绘制白蚁分布图，做好危害情况记录，并存档备查；白蚁普查时间一般在每年 4 ~ 10 月进行。

普查方法。可采用地表活动迹象查找和利用引诱物查找等方法。其中：

①地表查找。主要是在水库大坝坡面、草根、枯树桩、林木等处查找泥被、泥线及分群孔等白蚁活动迹象。

②引诱查找。采用白蚁喜食的饵料，在坝体坡面上设置引诱桩、引诱坑或引诱堆等方法引诱白蚁觅食；引诱桩、堆、坑的设置标准是纵距 10m 左右，横距 5m 左右；发现白蚁活动迹象的桩、坑、堆后，应做好标记和记录。

引诱堆。就地铲下坝坡的杂草，与 1/3 的泥土混合堆放，堆的底径约 60cm、高 40 ~ 50cm，在坝坡呈梅花形堆放，堆底放置白蚁喜食的饵料，如茅草、松木片、甘蔗渣、桉树皮、棉籽壳等。引诱堆每隔 15 天翻堆检查一次，检查后予以还原。

引诱桩。将松树做成 30cm×5cm×3cm 的木桩，钉入坝坡土内 25cm，木桩的布置与引诱堆相同。

2）预防

认真做好清基工作。土坝进行加高培厚或改建、扩建工程，应认真清除基础表层的杂草，有白蚁隐患的必须先进行彻底处理后再施工；对取土场及周围都要认真进行检查和清除白蚁，严防有白蚁或菌圃的土料进入坝区；加强工程环境管理。在坝区和四周环境内，清除杂草，疏排水渍，定期喷药；在白蚁分飞期（4 ~ 6 月），应尽量减少坝区灯光，以免招来有翅成虫繁殖，从生态环境上防止白蚁滋生。

3）治理

对白蚁治理时应按照找巢、灭杀、灌填三个环节进行，常用方法有破巢除蚁、药物诱杀和药物灌浆等（见表 3-15）。

表 3-15　治理白蚁的常用方法

方法	主要内容
破巢除蚁	在沿蚁路追挖主巢时，应一鼓作气完成，活捉蚁王以后应及时将追挖的坑槽回填夯实；水库处于汛期或高水位时，不宜采用破巢除蚁方法；追挖主巢须穿越坝身时，应请示上级主管部门批准后方可进行
药物诱杀	主要是采用投放灭蚁灵等药物制成的诱饵来诱杀白蚁；诱饵投放时间要在白蚁地表活动季节，投药地点要选择有白蚁正在活动的位置；诱饵投放后 7　10 天要检查觅食情况，发现有觅食现象时，要做好标记和记录；20　30 天后，查找死巢的地面指示物（炭棒菌），及时破巢除蚁或灌填，不留隐患
药物灌浆	采用黏土和药剂制成的泥浆，利用找到的蚁道或锥探孔，用小型灌浆机将浆液灌注充填蚁道和蚁穴；药剂可选用对人畜无毒或毒性低微的品种，水土重量比为 1:2，药剂在水中的含量为 0.1%　0.2%，在进行药物灌浆时应防止污染水源

四、水库除险加固技术

1. 套井回填技术

（1）技术机理

利用冲抓式打井机具，在土坝渗漏范围内沿大坝纵向布设井位，井位套井位，相邻井位有效搭接，井位内用黏性土料分层回填，并用重锤夯实，在水库大坝内沿纵向形成一个连续的黏土防渗墙。同时，在重锤夯击时，对孔壁土层造成挤压，使井孔周围土体密实，有效截断渗漏通道，提高坝体防渗性能，从而达到了防渗加固的目的。

（2）适用条件

适用于均质坝和宽心墙坝；适用于筑坝土料质量差或填筑质量差，导致浸润线出逸点过高，背水坡出现大面积散浸（渗水）的隐患处理；适用于坝体分期施工时结合面未处理好，在坝体中形成水平薄弱层面，高水位时成为集中渗漏的隐患处理；适用于汛后对漏水通道的处理。汛期对于漏洞险情抢护，往往仅对漏洞进出口进行抢护，漏水通道的处理放在汛后进行；适用于坝下涵管严重破损而无法修理时，对管身进行回填处理；适用于土坝白蚁蚁害处理，掺加药物，对蚁路、蚁巢进行毒土回填。

套井回填技术也有局限性。对于砂砾透水地基的渗漏问题、坝体与两岸山坡接触面的渗漏问题，采用套井回填技术处理，效果不够理想。此外，为保证施工质量，要求井孔垂直，故套井深度不宜超过 30m。

（3）技术要求

1）井位布置

井位一般沿坝轴线偏上游布置，两端必须超过渗漏范围 3 ~ 5m，井底高程必须在渗漏高程以下 1 ~ 2m。

井位布置时，首先应通过渗流计算，从而确定防渗墙厚度 δ。采用冲抓式打井机具造孔，开孔直径一般在 1.1 ~ 1.2m。根据对采用套回填技术的黏性土防渗墙质量研究，当坝高 20m 以内时，如采用单排套井，有效厚度 0.8m，处理坝体渗漏效果良好。这是由于老坝体还有部分防渗功能，回填土料时对周围土体有挤密压实作用。

2）土料要求

回填土料应选用颗粒松散的黏壤土，质量应与碾压式土坝心墙土料的要求相同。参照土坝设计的要求，土料应进行的试验项目有：①有机质、水溶盐的化学性质；②颗粒组成及颗粒比重，套井回填土料的黏粒含量一般应大于 35%；③土料含水量及干密度；④土料的液限、塑限；⑤标准击实试验（求得最大干密度、最优含水量及压实功能）；⑥渗透系数。

每个料场一般应视土料多少，进行 1～3 组土料试验，每组土料取土 100kg（其中的原土应用环刀取土样），送到有资质的土工试验单位进行试验。各地在实际的套井回填施工中，选用的土料场：黏粒含量一般大于 30%～35%；含水量接近最优含水量；压实后渗透系数小于 1×10^{-5}cm/s。

3）造孔施工

造孔施工步骤如下：

造孔施工前，应将水库放空。

要严格按先主井后套井的顺序施工。套井沿施工轴线依次编号后，先施工 1 号、3 号孔，再回过头来施工 2 号孔。为保证回填防渗墙的有效厚度，当 2 号孔造孔完毕，应由施工监理人员下井检查，保证防渗墙达到设计的有效厚度。当出现由于套井偏斜造成套接厚度小于设计有效厚度的 90% 时，应在其下游侧补打 1 个孔，以符合有效厚度要求。

严格控制井孔的垂直度。造孔的关键是要求井孔垂直，一般在套井施工时可先造孔 2m 深，检测其倾斜度，确信钻机架设平稳后再向下抓进。虽然有的工程提出井的偏斜度应在 4/1000 以内，但是很难监测控制。

造孔应连续作业，不得停歇，以免坍孔。

监测记录。在造孔施工过程中，随时注意坝体老土的颜色、颗粒结构、有无杂物等，逐一做出记录。造孔结束后，由施工记录员缓缓下井观察井壁状况，做出描绘记录（如有否渗漏通道痕迹等）。每造 10 个孔，每个孔深 5m，取老坝体土样 1 个做干密度、含水量试验，作为以后水库大坝管理的基本资料。

在造孔施工时，从坝体内抓出的废土应及时运出，不准堆放在井周围，以防引发坍井事故。

4）回填施工

回填施工应注意以下事项：

打井完毕后，应立即连续进行分层回填黏土夯实；回填土料前，检查井的深度是否达到设计要求；清除井底浮土及杂质；如有积水应用松干土料回填吸干，再抓出松土，直至井底无水时才能开始回填；每层填土厚度、夯锤重量、落锤高度、夯击次数等参数，应先进行试验，以达到设计控制干密度（压实度）、渗透系数的要求，还要考虑夯击对坝体的振动小；回填土料应选用含水量符合设计要求、颗粒松散的黏壤土。如含水量不符合设计要求，应进行翻晒或洒水处理；分层回填厚度以 0.3～0.5m 为宜。回填土料夯实以压实度控制，一般要求压实度大于 0.95，即夯实后达到的干密度达到最大干密度的 95% 以上；夯击时夯锤落距 2～3m，夯击次数 20 ~ 25 次。当出现严重坍孔时，可用土回填击实后，再进行冲抓；套井回填施工结束后，应由上级质量监督机构主持，对套井施工质量进行抽查。

2. 混凝土防渗墙技术

混凝土防渗墙是在松散透水地基或土石坝体中连续造孔成槽，以泥浆固壁，在泥浆下浇筑混凝土而成的地下连续墙，即可作为土石坝体的防渗体，又可作为坝基的防渗手段，是为保证地基稳定和水库大坝安全的常用防渗工程措施。

（1）混凝土防渗墙技术的发展

混凝土防渗墙技术在 20 世纪 50 年代初起源于欧洲。在此之前，对埋藏较浅的覆盖层大多采用开挖截水齿墙的防渗措施，对于埋藏较深的覆盖层，常采用上游水平防渗，下游排水、减压的工程措施。

（2）混凝土防渗墙主要特点

1）混凝土防渗墙的优点

防渗性能和效果可靠；墙体的渗透和力学性能可根据地层和结构要求进行设计与控制；施工技术成熟，可以保证达到预期目的。

2）施工的限制条件和影响因素

防渗墙是隐蔽工程，施工质量与工作状态难以监视；一旦发生工程隐患，难以修理；防渗墙的设计与施工受大坝工程地质、水文地质条件的影响大；开工以后应保持连续作业，不允许中途停顿；防渗墙工程一般规模大、工期长、施工机械多、技术要求高，施工组织管理要求科学、合理。

（3）技术要求

用混凝土防渗墙截渗时，应符合以下规定：

1）适用于坝高 60m 以内、坝身质量差、渗漏范围较大的均质坝和心墙坝。

2）防渗墙型式主要分为桩柱型防渗墙和槽孔型（槽板型）两类，一般采用槽孔型防渗墙。

3）防渗墙应布置在坝体防渗体内，一般沿坝轴线偏上游布置；防渗墙底应支承在坚实的基岩上，而且要嵌入不透水或相对不透水岩面以下 0.5 ~ 1m；防渗墙的厚度应按抗渗、抗溶蚀的要求计算确定，一般为 0.8 ~ 1m；槽孔长度应根据坝体填筑质量、混凝土连续浇筑能力确定，一般为 4 ~ 9m。

4）槽孔建造。应设置测量控制基准点进行中心线和高程的控制；槽孔应分单、双号孔，先完成单号孔的建造及混凝土浇筑后，再进行双号孔的施工，间隔时间一般为 7 天；槽孔孔壁应保持平整垂直，孔斜率不得大于 0.4%；一、二期槽孔套接孔的孔位中心在任一深度的偏差值，不得大于设计墙厚的 1/3；槽孔水平断面上不应有梅花孔和小墙；有关机具安设、固壁泥浆、槽孔钻进、终孔工作应按《水利水电工程混凝土防渗墙施工技术规范》（SL174—96）规定执行。

5）防渗墙混凝土的材料。应根据抗渗要求确定，一般抗渗标号为 W6 ~ W8；水泥强度等级应采用 42.5 级；混凝土 28 天抗压强度应达 0.8 ~ 1kPa；混凝土的配合比应根据混凝土能在直升导管内自然流动和在槽孔内自然扩散的要求确定，一般入孔时的坍落度为 18 ~ 22cm，扩散度为 34 ~ 48cm，最大骨料粒径不大于 4cm。

6）混凝土的浇筑。泥浆下浇筑混凝土应采用直升导管法，导管直径一般为20 ~ 25cm，相邻导管间距不大于 2.5m，导管距孔端的距离为 1 ~ 1.5m，二期槽孔为 0.5 ~ 1m；导管底部孔口应保持埋在混凝土面下 1 ~ 6m；槽孔内混凝土面应均匀上升，高差不大于 0.5m，混凝土上升速度每小时不小于 1m；混凝土终浇面应高出墙顶设计要求 50cm 左右。

7）浇筑过程中应随时检测混凝土的各项性能指标；每 30mm 测一次槽孔内的混凝土面，每 2h 测一次导管内的混凝土面，防止导管提升时脱空。

8）当发现泥浆浸入混凝土内时，应立即停止浇筑，并抽出泥浆和清洗槽孔，再按开始浇筑时的工序进行浇筑。

9）防渗墙工程的验收。应按阶段分终孔验收、清孔验收和单位工程验收，具体验收办法按规定执行。

3．土坝灌浆技术

灌浆技术是利用压力将能固结的浆液通过钻孔注入岩土孔隙或建筑物的裂隙中，使其裂缝（裂隙）充填密实，坝体或坝基的防渗性能与整体性得到明显增强，是土石坝除险加固工程常用的工程措施。

（1）充填式黏土灌浆

1）灌浆分类

按照灌浆的作用划分为固结灌浆、充填灌浆、帷幕灌浆、接触灌浆。

按照基础的构成划分为砂砾石灌浆、岩石灌浆。

按照灌浆材料划分为水泥灌浆、黏土灌浆、水泥黏土灌浆、化学灌浆。

按照使用的压力划分为自重灌浆、压力灌浆。

按照灌浆工艺所依据的理论划分为渗入性灌浆、劈裂灌浆、压密灌浆。

2）灌浆材料

用于土坝的灌浆技术，是在灌浆压力作用下，浆液克服各种阻力而渗入孔隙和裂隙，压力越大，吸浆量及浆液扩散距离就大，因此又称渗入性灌浆。这种灌浆是在地层结构不被破坏的条件下渗入地层，因而浆液的颗粒尺寸必须小于土的孔隙尺寸，即浆液必须满足地层的可灌性条件，因此浆材的选用尤为重要。适合于土坝灌浆的材料主要有以下几种：

水泥浆。水泥浆是由水泥和水混合经搅拌而制成的浆液，为了改进浆液性能，有时需要在浆中加入少量的添加剂。水泥浆液具有来源丰富，价格便宜，浆液结石体抗压强度高、抗渗性能好、工艺设备简单、操作方便等优点，但是水泥浆液是一种颗粒状的悬浮材料，受到水泥颗粒粒径的限制，通常用于粗砂层的加固。

黏土浆。黏土浆是黏土的微小颗粒在水中分散，并与水混合形成的半胶体悬浮液。黏土浆的结石强度和黏结力都比较低，抗渗压和冲蚀的能力很弱，故仅在低水头的防渗工程上才考虑采用纯黏土浆灌浆。在黏土浆液中，加入水玻璃溶液，可配制成黏土水玻璃浆液，水玻璃加量为黏土浆的 10% ~ 15%，浆液的凝结时间可缩短为几十秒至几十分，固结体渗透系数为 10^{-5} ~ 10^{-6}cm/s。

水泥黏土浆。水泥黏土浆是由水泥和黏土两种基本材料相混合所构成的浆液。水泥和黏土混合可以互相弥补缺点，构成性能较好的灌浆浆液。水泥黏土浆液较单液水泥类浆液成本低，流动性、抗渗性好，结石率高，目前大坝的砂砾石基础的防渗灌浆帷幕，几乎都是采用水泥黏土浆灌注的。

水泥—水玻璃浆液。水泥—水玻璃浆液是以水泥和水玻璃溶液组成的一种灌浆材料。它克服了水泥浆液凝结时间过长的缺点，水泥—水玻璃浆液的胶凝时间可以缩短到几十分钟，甚至数秒钟。可灌性比纯水泥浆也有所提高，尤其适合在动水状态下粗砂层地基的防渗加固处理。

水泥砂浆。在对较大缺陷的部位灌浆时，可采用水泥砂浆灌浆，一般要求砂的粒径不大于 1mm，砂的细度模数不大于 2。在水泥砂浆中加入黏土，组成水泥黏土砂浆，水泥起固结强度作用，黏土起促进浆液的稳定作用，砂起填充空洞的作用。水泥黏土砂浆适用于静水头压力较大情况下的较大缺陷，大洞穴的充填灌浆。

水玻璃类浆液。水玻璃类浆液是由水玻璃溶液和相应的胶凝剂组成。灌入地层后，经过化学反应生成硅酸凝胶，在土（砂）的孔隙中充填，达到固结和防渗堵漏的目的。水玻璃浆液的黏度小，流动性好，在用水泥浆或黏土水泥浆难于处理的细砂层和粉砂层地基，可使用水玻璃浆液。

几种灌浆材料的主要特点，如表 3-16 所示。

表 3-16　几种灌浆材料的主要特点

名称	主要特点	适用范围	备注
水泥浆	施工简单、方便；浆液凝结时间较长	粗砂地基的防渗加固	可灌性差
黏土浆	材料来源广，价廉；强度低	坝体防渗、裂缝处理	
水泥黏土浆	价格低，使用方便	粗砂地基的防渗加固	可灌性比水泥浆好
水泥—水玻璃浆液	施工要求高，浆液凝结时间短，且容易调节	动水状态下粗砂地基的防渗加固	在特殊情况下使用
水泥砂浆	强度高，价格便宜，但施工要求较高	较大缺陷的充填加固和防渗处理	易沉淀，可灌性差，在特殊情况下使用
水玻璃浆液	浆液黏度与水接近，可灌性好，但价格较高	细砂层和粉砂层地基的防渗加固	在水泥等颗粒状浆液满足不了可灌性要求时采用

3）充填式黏土灌浆处理裂缝

采用充填式黏土灌浆处理裂缝时，应符合下列规定：

应根据隐患探测和分析成果做好灌浆设计。对孔位布置，每条裂缝都应布孔；较长裂缝应在两端和转弯处及缝宽突变处布孔；灌浆孔与导渗或观测设施的距离不应少于 3m。如单排布孔，其终孔孔距一般为 10m 左右；如双排布孔，宜梅花形，排距一般为 0.5 ~ 1m，孔距一般为 5m 左右。孔深一般应超过隐患 1 ~ 2m。

造孔时，必须采用干钻、套管跟进的方式进行。

浆液配制。黏土浆配制方法有两种：①干法，取土→风干→过筛→装袋。控制指标是水土比；②湿法，取土→浸泡→搅拌→过筛储浆池。控制指标是比重。

配制浆液的土料应选择具有失水性快、体积收缩小的中等黏性土料，一般黏粒含量在 20% ~ 45% 为宜；浆液的浓度，应在保持浆液对裂缝具有足够的充填能力条件下，稠度越大越好，泥浆的比重一般控制在 1.45 ~ 1.7；为使大小缝隙能良好地充填密实，可在浆液中掺入干料重的 1% ~ 3% 的硅酸钠（水玻璃）或采用先稀后浓的浆液；浸润线以下可在浆液中掺入干料重的 10% ~ 30% 的水泥，以便加速凝固。

灌浆压力，应在保证坝体安全的前提下，通过试验确定，一般灌浆管上端孔口压力采用 0.05 ~ 0.3MPa；施灌时灌浆压力应逐步由小到大，不得突然增加；灌浆过程中，应维持压力稳定，波动范围不得超过 5%。

施灌时，应采用"由外到里，分序灌浆"和"由稀到稠，少灌多复"的方式进行，在设计压力下，灌浆孔段经连续 3 次复灌，不再吸浆时，灌浆即可结束；施灌时并要密切注意坝坡的稳定及其他异常现象，发现突然变化应立即停止灌浆。

冒浆、串浆处理。如在灌浆过程中发生冒浆、串浆，应立即降低灌浆压力，开挖回填冒浆口，也可采用间歇灌浆的措施。

封孔，应在浆液初凝后（一般为 12h）进行封孔。先应扫孔到底，分层填入直径 2 ~ 3cm 的干黏土泥球，每层厚度一般为 0.5 ~ 1m，然后捣实；均质土坝可向孔内灌注浓泥浆或灌注最优含水量的制浆土料捣实；在雨季及库水位较高时，不宜进行灌浆。

（2）劈裂灌浆技术

劈裂灌浆是利用坝体的最小主应力面和堤坝轴线方向一致的规律，以土体水力劈裂原理，沿堤坝轴线布孔，在灌浆压力下，以适宜的浆液为能量载体，有控制地劈裂堤坝身，在堤坝身形成密实、竖直、连续、一定厚度的浆液防渗固结体，同时与浆脉连通的所有裂缝、洞穴等隐患均可被浆液充填密实。它具有机理明确、工艺合理、效果好、工期短、经济效益显著等优点。

1）技术发展过程

20 世纪 70 年代，山东省水利科学研究所在我国土坝灌浆安全加固的实践基础上，对土坝劈裂灌浆的机理进行了理论分析和试验研究，并将该技术在土坝除险加固中应用进行有益尝试。为了使这项技术广泛应用和深入研究，水利电力部下达了《土坝坝体劈裂灌浆加固技术》的研究课题。在进一步研究中，分别在黄前和西埠两水库埋设了观测仪器，进行了灌浆期前后的原型观测。并通过对已灌浆土坝的开挖检查，沿灌浆轴线形成了竖直而连续的浆体防渗帷幕，坝体中的裂缝和洞穴等隐患，均被泥浆充填密实，浆体与坝体结合牢固。浆体干密度达到 1.45 ~ 1.65g/m³，由上向下逐渐增大。浆体渗透系数达到 10^{-6} ~ 10^{-8}cm/s。浆体两侧坝体密度普遍比灌浆前有提高，渗透系数减小 10^{-1} ~ 10^{-2}cm/s，帷幕后坝体浸润线明显降低，渗流量显著减小。水利电力部于 1983 年 12 月通过了技术鉴定，并开始在全国推广应用。

坝体劈裂灌浆的工艺要点：坝体分段、区别对待、单排布孔、分序钻灌、自下而上、全孔灌注、少灌多复、综合控制。对于岸坡段和弯曲段，则还应采用小孔距，一序钻孔，轮流施灌，逐次逼近的技术措施。土坝坝体劈裂灌浆技术适用于中低水头的压实质量差的有裂缝、洞穴、夹水平砂层等隐患的均质土坝和宽心墙土坝的加固处理。

2）技术要求

用劈裂式灌浆截渗方法时，应符合以下规定：

应根据坝体土质、隐患性质和坝高等情况，合理确定劈裂后形成的防渗泥墙厚度，一般为 5 ~ 20cm。

孔位布置。灌浆孔一般布置在渗漏坝段的坝轴线或略偏上游的位置，两端超过渗漏范围 3 ~ 5m；首先按单排孔实施，河槽段终孔距离一般为 3 ~ 5m，弯曲坝段和岸坡段应缩小孔距，终孔距离一般为 2 ~ 3m；如果单排孔实施完毕仍达不到截渗要求时，可在第一排孔的上游侧增加灌浆排数，排距一般为 0.5 ~ 1m。

造孔。一般要分 1、2、3 序造孔，灌完第 1 序孔后，视情况再造第 2、3 序孔；造孔深度应大于隐患深度 2 ~ 3m，如副排孔处无隐患，则孔深应约为相应主排孔深的 1/3；坝体造孔必须采用干钻、套管跟进的方式进行。

劈裂灌浆钻孔均是一次成孔。在冲击钻进中一般采用取土钻头干钻钻进或冲击锤头锥击钻进。在回转钻进中最好采用泥浆循环钻进，特别是在一些较重要的水利工程堤坝施工中，应合理选用冲洗液循环钻进，采用清水钻进时，应依据堤坝的土质条件、渗透程度来慎重选用。钻孔孔径可小到 25mm，一般孔径在 60 ~ 130mm。所有灌浆钻孔均需埋设孔口管，使顶部灌浆压力由孔口管承担，可施加较大的灌浆压力，促使浆液析水固结，有利于提高浆液的固结速率和浆体结石的密实度。

浆液配制。浆液的土料应有 20% 以上的黏粒含量和 40% 以上的粉粒含量；浆液的密度一般为 12.7 ~ 15.7kg/m^3，黏度达到 30s 以上；具体要求可参阅有关规定。

灌浆压力。应通过现场试验确定，一般注浆管孔口上端压力值不超过 49kPa。

灌浆。应先灌河槽段，后灌岸坡段和弯曲段，采用孔底注浆全孔灌注的方式进行，开始先用稀浆，经过 3 ~ 5min 后再加大稠度；在灌浆中，应先对第一序采用"少灌多复"的方式轮灌，每孔每次平均灌浆量以孔深计，每米孔深控制在 0.5 ~ 1m^3，当浆液升至孔口，经连续 3 次复灌不再吃浆时，即可终止灌浆；每孔灌浆次数应在 5 次以上，两次灌浆间隔时间不少于 5 天。

封孔。每孔灌完后拔出注浆管，向孔内注满密度大于 14.7kg/m^3 的稠浆，直至浆面升至坝顶不再下降为止。

监测。在整个灌浆过程中应对坝体变形、渗流状况、灌浆压力、裂缝、冒浆等项目进行监测，保证灌浆期间坝体安全和灌浆质量；发现异常情况时，应立即停止灌浆，经查明原因、进行必要的处理后，才能继续再灌。

4. 提高水库防洪标准的加固工程措施

提高水库防洪标准的工程措施：①适当增高大坝、增加调蓄能力，有效的削减洪峰，减轻对下游危害；②扩宽和加深或增建溢洪道，增加下泄流量，对削减洪峰的作用不是太大，但对下游淹没影响却较大；③加高大坝与加大溢洪能力相结合等措施。据分析，单独采用加高大坝措施的水库，最大泄流量一般为最大入库洪峰流量的 40% 以下；单独采用扩建或增建溢洪道措施的水库，最大泄流量一般为最大入库洪峰流量的 70% 以上。因此，对下游防洪有重要要求的水库应尽可能采取以增加坝高为主，必要时再结合扩建泄洪设施的办法进行。

对已建成的水库，经过一段时间运行，要进行工程安全鉴定。如发现防洪标准偏低或较大的工程质量问题，要及时进行扩建加固。一般加固顺序，应先处理工程质量，然后提局防洪标准，也可结合提尚防洪标准，一并进行处理。

（1）大坝加高

适当加高水库大坝，可以较大地增加调蓄能力，提高防洪标准，一般采取以下措施：

1）戴帽加高。从坝顶上直接加高，而不是从背坡脚开始培厚加高。加高部分，迎水面可以利用防浪墙直立加高，背水面上部坡度加陡一些，与下游坡面相接，一般也应经过计算，在安全的条件下进行。限于坝坡稳定的要求，加高的高度有一定限制，不能加高过大，影响坝坡稳定。一般加高 1～2m，最大不宜超过 3m。如加高过多，则必须加宽坝身。一般从背水坡脚加宽加厚，保证坝坡稳定。

2）从水库大坝背水坡培厚加高。这一措施，比戴帽加高工程量要大，造价也高。但为了满足水库大坝坝坡稳定的要求，也只有采取这一措施。加高水库大坝可以超过 3m，根据需要来定。

（2）溢洪道拓宽、加深或增建

1）溢洪道拓宽，并增设闸门。在地形、地质条件许可而且增加开挖量不大的情况下，将原溢洪道拓宽，而不降低堰顶高程，这是增加下泄流量、提高防洪标准的一项措施，投资也比较少，但不应增加泄流量过多，以免加重下游河道的负担。

2）溢洪道加深，并安设闸门。对于开敞式溢洪道，可将原有溢流堰堰顶降低，并增建闸门，以加大下泄流量。

3）溢洪道拓宽、堰顶降低并增设闸门。采取这一措施提高防洪标准，经过洪水复核，设计洪水位超过坝顶。为了提高防洪标准，将溢洪道拓宽，堰顶降低，并安设闸门，不仅可以提高防洪标准，还可以把正常高水位提高，相应增加兴利库容。

4）增设溢洪道。在地形条件许可的情况下，开挖工程量不大，也可考虑增设溢洪道。投资可能大一些，但施工不受已建工程制约。

（3）水库大坝加高与溢洪道改建或增建相结合

1）水库大坝适当加高结合溢洪道拓宽。为提高水库防洪标准，增加水库调蓄库容，加大下泄流量，可采用适当加高水库大项与改建溢洪道的综合措施。

2）水库大坝适当加高与溢洪道堰顶降低并更换闸门。为提高防洪标准，水库大坝加高，并充分考虑了水库大坝抗震要求；溢洪道过水宽不变，将堰顶的堰槛拆除，更换闸门，以加大泄洪流量，提高水库防洪标准。

3）水库大坝加高与溢洪道增设闸门。充分利用水库有利条件，提高水库防洪标准。主坝和副坝加高，溢洪道由原来无闸宽顶堰改为有闸实用堰，宽度和深度不变，正常水位适当提高。

4）水库大坝适当加高并增设新溢洪道。即将主副坝同时适当加高，并在合适部位开挖新溢洪道，以提高水库防洪标准。

5．提高重力坝和拱坝稳定性的加固工程措施

（1）提高重力坝稳定性的措施

中低高度的重力坝，强度条件一般容易满足要求，而抗滑稳定则是保证坝体安全的关键。通过观测资料分析，如果基岩浸水后发现坝底水平位移显著增加；或防渗、排水设施失效，扬压力明显加大，经核算坝体抗滑稳定安全系数小于规范规定数值；或发现坝体存在稳定性不足的迹象时，应及时查明原因，采取必要的加固措施。

根据重力坝抗滑稳定分析，一般增加抗滑稳定性的措施有减小扬压力、增加坝体重力、增大摩擦系数和减小水平推力四种（见表3-17）。

表 3-17　增加抗滑稳定性的措施

措施	主要内容
增加坝体重力的措施	加大坝体断面可在坝的上游面也可在下游面。从上游面加大断面时，既可增加重力，又可增加垂直水重，还可改善防渗条件，但必须降低库水位或修筑围堰挡水，才能施工。有时可在坝体上适当部位浇混凝土，增加重量，以维持平衡
减小水平推力的措施	在主坝下游适当距离修建低坝，利用其壅水可抵消主坝承受的部分水压力，但扬压力也将相应增大。亦可在坝体下游面增设支墩或坝后混凝土齿墙，利用其反力可以减小坝体的水平推力
减小扬压力的措施	减小扬压力通常可在坝基上游部分补强灌浆或在下游部分加强排水能力，两者配合使用，效果更好。加强排水能力的方式主要是在帷幕下游设置排水孔，如果原有的排水孔堵塞，可用钻机扫通，恢复其排水能力
增大摩擦系数的措施	在加大坝体断面的同时，对加大部分的坝基面严格清基，注意施工质量，并在坝体与基岩的接触面进行接触灌浆，可以增大摩擦系数提高坝体的抗滑稳定性

（2）提高拱坝稳定性的措施

拱坝是一种高次超静定的空间壳体结构，本身的安全性很高。但是，由于拱的作用，将荷载产生的推力传给坝肩岩体，依靠岩体的反力维持自身的稳定。坝肩岩体承受巨大的推力，如果岩体产生过大变形或滑移，就会导致拱坝的失稳破坏。

坝肩岩体难免存在不同程度的节理裂隙、局部断层破碎带或软弱夹层，若未经

查明或未经处理，则可能引起严重后果。如果发现坝端位移增大、坝壳出现竖向或接近竖向的裂缝、坝头岩缝漏水量增加甚至发现有滑移迹象等异常情况时，应尽快降低库水位，即时查明原因，采取有效措施消除隐患。对坝肩岩体的节理裂隙、破碎带等可以进行固结灌浆，也可采用锚固措施。

五、闸门与启闭设备养护修理

1. 闸门的养护修理

（1）闸门表面附着的水生物、泥沙、污垢、杂物等应定期清除，闸门的联结紧固件应保持牢固。

（2）运转部位的加油设施应保持完好、畅通，并定期加油。

（3）钢闸门防腐蚀可采用涂装涂料和喷涂金属等措施。

（4）钢闸门采用涂料作防腐蚀涂层时，应符合下列要求：

涂料品种应根据钢闸门所处环境条件、保护周期等情况选用，如表 3-18 所示；面、中、底层必须配套性能良好；涂层干膜厚度。淡水环境不宜少于 200μm，海水环境不宜少于 300μm。涂层厚度值见表 3-18。

表 3-18　涂层厚度参考表

涂层系统	常规防腐涂料	厚浆型重防腐涂料	金属热喷涂
涂层厚度（μm）	100～200	250～500	100～200
粗糙度	40～70	60～100	60～100

（5）钢闸门采用喷涂金属作防腐涂层时，应符合下列要求：

1）喷涂材料。淡水环境宜用锌，海水环境宜用铝或铝基合金，也可选用经过试验论证的其他材料。

2）喷涂层厚度。淡水环境宜不小于 200μm，海水环境宜不小于 250μm。

3）金属涂层表面必须涂装涂料封闭。封闭涂层的干膜厚度：淡水环境不应小于 60μm，海水环境不应小于 90μm。

（6）钢闸门使用过程中，应对表面涂膜（包括金属涂层表面封闭涂层）进行定期检查，发现局部锈斑、针状锈迹时，应及时补涂涂料。当涂层普遍出现剥落、鼓泡、龟裂、明显粉化等老化现象时，应全部重做新的防腐涂层。

（7）闸门橡皮止水装置应密封可靠，闭门状态时无翻滚、冒流现象。当门后无水时，应无明显的散射现象，每米长度的漏水量应不大于 0.2L/s。

当止水橡皮出现磨损、变形或止水橡皮自然老化失去弹性，漏水量超过规定时，应予更换。更换后的止水装置应达到原设计的止水要求。

（8）钢门体的承载构件发生变形时，应核算其强度和稳定性，并及时矫形、补强或更换。

（9）钢门体的局部构件锈损严重的，应按锈损程度，在其相应部位加固或更换。

（10）闸门行走支承装置的零部件出现下列情况时应更换。更换的零部件规格和安装质量应符合原设计要求：

压合胶木滑道损伤或滑动面磨损严重；轴和轴套出现裂纹、压陷、变形、磨损严重；主轨道变形、断裂、磨损严重或瓷砖轨道掉块、裂缝、釉面剥落。

（11）吊耳板、吊座、绳套出现变形、裂纹或锈损严重时应更换。

（12）钢筋混凝土与钢丝网水泥闸门表面，应选用合适的涂料进行保护。

（13）钢丝网水泥面板损坏时，应及时修补。损坏部位网筋锈蚀严重的，应按设计要求修复；钢筋混凝土闸门表层损坏可参照混凝土建筑物相关规定进行修补；寒冷地区的水闸，冰冻期间应因地制宜地对闸门采取有效的防冰冻措施。

2．启闭机的养护修理

（1）防护罩、机体表面应保持清洁，除转动部位的工作面外，均应定期采用涂料保护；螺杆启闭机的螺杆有齿部位应经常清洗、抹油，有条件的可设置防尘装置。各种清洗方法和适用范围如表 3-19 所示。

表 3-19　各种清洗方法和适用范围

清洗方法	适用范围	注意事项
溶剂法（如汽油）	清除油脂、可溶污物	溶剂和抹布要经常更换
碱性清洗剂（如氢氧化钠、磷酸钠、碳酸钠和钠的硅酸盐等溶液）	清除油脂、可溶污物	清洗后要充分冲洗，并做干燥处理
乳化剂（如 OP 乳化剂）	清除油脂和其他污物	清洗后用水冲洗并做干燥处理

启闭机的联结件应保持紧固，不得有松动现象。

（2）传动件的传动部位应加强润滑，润滑油的品种应按启闭机的说明书要求，并参照有关规定选用。油量要充足、油质须合格、注油应及时。在换注新油时，应先清洗加油设施，如油孔、油道、油槽、油杯等。

（3）闸门开度指示器，应保持运转灵活，指示准确。

（4）滑动轴承的轴瓦、轴颈，出现划痕或拉毛时应修刮平滑。轴与轴瓦配合间隙超过规定时，应更换轴瓦。滚动轴承的滚子及其配件出现损伤、变形或磨损严重时，应更换。

（5）制动装置应经常维护，适时调整，确保动作灵活、制动可靠。当进行维修时，应符合下列要求：

制动轮出现裂纹、砂眼等缺陷，必须进行整修或更换；制动带磨损严重，应予更换。制动带的铆钉或螺钉断裂、脱落，应立即更换补齐；主弹簧变形，失去弹性时，应予更换。

（6）钢丝绳应经常涂抹防水油脂，定期清洗保养。修理时应符合下列要求：

钢丝绳与闸门连接一端有断丝超标时，其断丝范围不超过预绕圈长度的 1/2 时，允许调头使用；更换钢丝绳时，缠绕在卷筒上的预绕圈数，应符合设计要求。无规定时，应大于 5 圈，如压板螺栓设在卷筒翼缘侧面又用鸡心铁挤压的，则应大于 2.5 圈；绳套内浇注块发现粉化、松动时，应立即重浇；更换的钢丝绳规格应符合设计要求，并应有出厂质保资料。

（7）螺杆启闭机的螺杆发生弯曲变形影响使用时，应予矫正。

（8）螺杆启闭机的承重螺母，出现裂缝或螺纹齿宽磨损量超过设计值的 20% 时，应更换。

（9）油压启闭机的养护应符合下列要求：

供油管和排油管应保持色标清晰，敷设牢固；油缸支架应与基体连接牢固，活塞杆外露部位可设软防尘装置；调控装置及指示仪表应定期检验；工作油液应定期化验、过滤，油质和油箱内油量应符合规定；油泵、油管系统应无渗油现象。

（10）油压启闭机的活塞环、油封出现断裂、失去弹性、变形或磨损严重者，应更换。

（11）油缸内壁及活塞杆出现轻微锈蚀、划痕、毛刺，应修刮平滑磨光。油缸和活塞杆有单面压磨痕迹时，分析原因后，予以处理。

（12）高压管路出现焊缝脱落或管壁裂纹，应及时修理或更换。修理前应先将管内油液排净后才能进行施焊。严禁在未拆卸管件的管路上补焊。管路需要更换时，应与原设计规格相一致。

（13）储油箱焊缝漏油需要补焊时，可参照管路补焊的有关规定办理。补焊后应做注水渗漏试验，要求保持 12h 无渗漏现象。

（14）油缸检修组装后，应按设计要求作耐压试验。如无规定，则按工作压力试压 10mm，活塞沉降量不应大于 0.5mm，上、下端盖法兰不得漏油，缸壁不得有渗油现象。

（15）管路上使用的闸阀、弯头、三通等零件壁身有裂纹、砂眼或漏油时，均应更换新件。更换前，应单独做耐压试验。试验压力为工作压力的 1.25 倍，保持

30min 无渗漏时，才能使用。

（16）当管路漏油缺陷排除后，应按设计规定做耐压试验。如无规定，试验压力为工作压力的 1.25 倍，保持 30min 无渗漏，才能投入运用。

（17）油泵检修后，应将油泵溢流阀全部打开，连续空转不少于 30mm，不得有异常现象。

空转正常后，在监视压力表的同时，将溢流阀逐渐旋紧，使管路系统充油（充油时应排除空气）。管路充满油后，调整油泵溢流阀，使油泵在工作压力的 25%、50%、75%、100% 情况下分别连续运转 15mm，应无振动、杂音和温升过高现象。

3. 闸门与启闭机安全运行规程

（1）启闭前的准备工作

闸门启闭，必须按照批准的控制运用计划以及负责指挥运用的上级主管部门的指令执行，不得接受其他任何单位或个人的指令；而对于闸门运行工而言，只能依据本单位技术负责人的指令进行。

闸门与启闭机的检查内容。为了使闸门能安全及时启闭，启闭前应对闸门和启闭设备和其他有关方面进行检查。如检查润滑油的油量充足否，油质是否合格、电动机的相序是否正确、钢丝绳是否有锈、断丝，连杆、螺杆有无弯曲变形，吊点结合是否牢固等。要求所有闸门启闭机在启闭前均应处于正常使用状态。为此，闸门与启闭机应根据维护运行规程进行维护，并根据不同运行条件安排修理工作，确保闸门与启闭机能安全可靠。

1）闸门的检查

闸门开度是否在原来位置；闸门周围有无漂浮物卡阻，门体有无歪斜，门槽是否堵塞；有旁通阀的建筑物，要检查其是否正常；在冬季要检查闸门活动部位有无冻结现象。

2）启闭机的检查

启闭闸门的电源（包括备用电源）或动力有无故障，用人力启闭时需要足够数量的工人；机电安全保护设施、仪表是否完好；液压启闭机的油泵、阀、滤油器是否正常，管道油缸有否漏油。

3）其他方面的检查

上下游有无船只、漂浮物或其他障碍影响行水等情况；观测上下游水位、流量、流态；有通气孔的建筑物，要检查通气孔是否堵塞。

（2）闸门的操作运用

1）闸门操作运用的原则

工作闸门和阀门能在动水情况下启闭；检修闸门在静水中启闭。

2）闸门的操作

闸门操作应当由经过本工种专业培训、考试合格并持有操作证的工人进行。对闸门的操作要求如下：

工作闸门的操作：①允许局部开启的工作闸门（阀门）在不同开度泄水时，应注意对下游的冲刷和闸门本身的振动；②闸门（阀门）开启泄流时，必须与下游水位相适应，使水跃发生在消力池内；③不允许局部开启的工作闸门，不得中途停留使用，否则会改变水流的流态，使形成共振的可能性加大，危及水工建筑物和闸门的安全运行；④操作压力输水隧洞或是压力钢管的闸门时，在放水时不应使洞内或管内的流量增减过快，通气孔应畅通无阻，以免洞内或钢管内产生超压或是负压、气蚀、水锤等现象，造成隧洞或钢管的破坏等。

检修闸门的操作：①检修闸门不得用以控制流量；②当压力输水隧洞的检修闸门关闭以后，洞内积水宜缓慢放空，尤其对较长隧洞、检修闸门距工作闸门较远时更应注意；③泄洪期间，事故闸门应停留在孔口以上 0.3 ~ 0.5m 处，以防闸门下游发生事故，可争取最短时间内闭门保护。

多孔闸门的运用。依据设计要求或管理经验确定运用要求，启闭原则为：①当需要多孔闸门全部开启时，可由中间孔依次向两边对称开启，关闭时由两边向中间对称依次关闭；②当只需部分开启时，应开启置于中间的闸门；③对于立体布置的双层孔口的闸门或上下双扉布置的闸门，先开底层或下扉的闸门，再开上层或上扉的闸门。关闭时顺序相反；④允许局部开启的多孔闸门，应根据本单位技术人员给定的闸门分次启闭的开度与间隔时间，进行操作。

（3）启闭机的操作程序

启闭机的操作必须严格按照各工程管理单位制定的操作规程操作。

1）机械传动式启闭机

凡有锁定装置的，应先将其打开；合上电器开关，向启闭机供电；启动驱动电动机。

对固定式启闭机，启动驱动电动机，闸门即行启闭。对移动式启闭机，先启动行走机构电动机，大车行走，完成启闭机整体定位或是闸门在孔口间的运移；再启动小车行走机构或回转吊的电动机，使其吊具对正闸门吊点，并联结可靠；然后启动驱动电动机，闸门即行启闭。

闸门运行至预定开度：①由手动操作或由控制器停机，驱动电动机停止转动；②移动式启闭机开启的闸门加置锁定装置；③对固定式启闭机启闭的闸门，开门时间较长，也加置锁定装置。

拉开电器开关，切断电源。对于用人工操作手动或电动两用开启启闭机时，应先切断电源，合上离合器，才能进行操作；如使用电动操作时，应先取下摇柄，拉开离合器，才能按电动操作程序操作。

2）液压启闭机的操作程序

打开各有关阀门，将换向阀手柄扳至所需位置，并打开锁定装置；合上电器开关，向油泵机组供电、启动油泵；自动溢流阀关闭，油系统压力升高至额定压力，开始启闭闸门；在运行中如需改变闸门运动方向，应先使闸门停止运行，然后扳动换向阀的手柄换向，改变供油方向，使闸门反向运动；闸门运行至预定位置，油泵机组停机；停机后，将换向阀手柄扳至停止位置，关闭所有的阀门，锁好锁定；拉开电器开关，切断电源。

（4）闸门启闭机操作注意事项

启闭机、闸门的正确运行是关系到整个水库工程及人民生命财产安全的大事，运行人员必须具有高度的责任感，在工作中严肃认真，一丝不苟，注意设备的运行状况。一般要求运行操作人员注意以下几个方面：

1）操作人员必须熟悉业务，思想集中，坚守工作岗位。

2）操作过程中，不论是遥控还是现场操作，均应有专人在机旁和控制室进行监护。

3）监视闸门的运行情况应注意：

注意闸门应按要求的方向进行运动，开度指示及各仪表指示的数值应正确，指针动作正常，电器、油压和机械的运行良好；双吊点单独驱动的启闭机，观察卷筒转速应该一致，闸门偏斜度不能超过允许值；闸门运行时，应避免停留在容易发生振动的开度位置；注意人字闸门的两个门扇的同步运动，启动和停止应平稳，门扇的接合速度不得超过规定值；操作深孔闸门时，应特别注意闸门在水中下降情况，观察荷载指示器应正常，闸门歪斜指示器指示为水平，以免发生闸门被卡住悬空而后又突然下落的事故；要注意闸门在运动中不被外力撞击，如船只、漂浮物、冰块以及特大风力，超标准的反向水头等；在解冻流冰时期，泄水时应将闸门全部提出水面，或控制小开度放水，以避免流冰撞击闸门；闸门启闭完毕后，应校核闸门开度。

4）监视启闭机运行情况应注意以下内容：

不论是卷扬式还是液压式启闭机，运行中必须注意不能超载；卷扬式启闭机关闭闸门时，不得在没有电源的情况下，单独打开制动器降落闸门。

六、水库库区地质灾害防治

1. 库区岸坡地质灾害

库区岸坡地质灾害可分为两种：一种是在水库的水压力作用影响下产生的斜坡地质灾害，如已有滑坡的复活或边坡新的失稳变形；另一种是天然的斜坡地质灾害，无库水的直接作用，但有时也可因水库移民开发区的人类活动影响而发生滑动或岸坡大型崩塌。

库区岸坡地质灾害表现为水库岸坡的变形，即岸坡变形引起的崩塌、滑坡、岩体蠕变和滑塌等。这种岸坡变形的发生与岸坡地形地貌条件、岩土性质、构造特征以及水库水位变化、水文地质条件等多种因素有关。此类灾害具有降低环境质量和地表生态平衡的作用，给国民经济和人民的生命财产带来一定的损失。

水库蓄水对岸坡稳态构成一定破坏性，主要表现在水库水位的涨落和波浪冲刷对岸坡的影响。由于水库蓄水后，使库岸地下水位抬高，使易溶的碳酸盐岩体、风化岩体及坡积层内部应力及物理、化学性能发生变化，其凝聚力和抗剪强度大幅度下降，特别是库区内的山坡脚受到水浸泡软化，以及水渗入岩土体内，使库岸坡上堆积物内含水量增加，进而使库岸重量增加，摩擦力减小，引起了坡体不稳定，产生一系列岸坡地质灾害。水库边岸的塌陷会引起库岸的后退、库周再造，使滨库地区的建筑物、农田遭到破坏，崩塌的堆积物则成为库区淤积物，进而减少库容。

库区岸坡地质灾害以滑坡造成的危害最为严重。一是滑坡体对库区的基础设施、财产以及人员安全造成破坏和威胁。二是高速的滑坡体进入库水中产生的涌浪甚至危及水库大坝及其下游的安全，特别是近坝库区的滑坡诱发库水形成的洪水灾害损失有时远远超过灾害本身的直接损失。如 1963 年 10 月 9 日，意大利瓦依昂水库左岸的一个体积达 2.4 亿 m^3 的大滑坡在 30s 内填满水库，激起的涌浪超过高 265m 的坝顶冲向下游，毁坏了坝内地下厂房的大部分设施和下游的一个市镇，死亡 2000 余人，这场灾难从滑坡发生到坝下游被毁灭不到 7min，成为震惊世界的水库滑坡事故。三是将泥沙石块输入水库，使水库淤积加剧，导致水库库容缩小。

岸坡地质灾害中滑坡与崩塌常常相伴产生，它们产生于相同的地质构造环境和地层岩性构造条件，并具有相同的触发因素。在一定条件下，崩塌、滑坡可相互诱发、相互转化。另外，泥石流也与滑坡、崩塌关系密切，具备一定的水源条件，特别是在强降雨作用下，崩塌和滑坡的物质则可作为泥石流的重要固体物质源，从而在滑坡、崩塌运动过程中可直接转化为泥石流，滑坡、崩塌发生后的一段时间内，其堆积物在一定的水源条件下亦可形成泥石流，即泥石流是滑坡和崩塌的次生灾害。

崩塌、滑坡、泥石流等突发性地质灾害也是浙江省地质灾害的主要类型之一，主要分布在浙西北、浙西南和浙中南等丘陵山区,该区域也是浙江省主要水库分布区。

2. 库区地质灾害的防御

从自然的角度来看,地质灾害是一种自然现象,它们是地壳隆升后再夷平过程中必然出现的现象。从人类社会活动的角度来看,地质灾害对人类社会造成威胁或危害,称为灾害,人类活动可以加剧或减轻灾害。《地质灾害防治条例》规定:"地质灾害防治工作,应当坚持预防为主、避让与治理相结合和全面规划、突出重点的原则。"

(1)在水库选址阶段应进行拟建水库区的区域地震活动背景、库区岩体结构特征、水文地质条件以及库区地质灾害活动史等方面的调查分析,编制水库地质灾害危险性评估分析报告。对于大型水库,应进行水库诱发地震危险性分析,做好地质环境、地震安全性评价工作。

(2)依据地震危险性分析结果对水库大坝的抗震强度和稳定性进行验算,根据场地条件确定采取的相应工程抗震措施,并严格按设计要求施工,确保工程质量。施工、运行阶段应搞好监测工作。

(3)对库岸斜坡岩土体进行稳定性研究工作,据岸坡普查和历史资料分析,确定岸坡的稳定性,并采取相应措施。应禁止在岸坡上滥伐滥垦、滥挖滥采,禁止倾倒生产、生活和建筑固体垃圾,以免造成岸坡稳定性的破坏。在蓄水前对库岸稳定性、库岸变形作出预测。蓄水后,对可能发生滑坡、崩塌等不稳定的库岸,特别是水库大坝附近的不稳定岸坡,应采取以下必要的防治措施:

1)对于崩塌体岸坡,一般采用防止崩塌发生的主动防护和避免造成危害的被动防护两种防治措施,其中主动防护包括削坡、清除危岩、地表排水、支挡墙、锚固和灌浆加固等措施;被动防护包括落石沟槽、拦石墙、棚洞等措施。近年来,SNS柔性拦石网防护技术得到了广泛应用,分主动系统和被动系统两大类型,它与传统刚性结构的防治方法的主要差别在于该系统本身具有的柔性和高强度,更能适应于抗击集中荷载或高冲击荷载。

2)对于滑坡体岸坡,应在查明其工程地质条件的基础上,深入分析其稳定性和危害性。一般来讲,治理滑坡的方法主要有"砍头"、"压脚"和"捆腰"三项措施。"砍头"就是用爆破、开挖等手段削减滑坡上部的重量;"压脚"是对滑坡体下部或前缘填方反压,加大坡脚的抗滑阻力;"捆腰"则是利用锚固、灌浆等手段锁定下滑山体。

(4)采用泥石流沟易发程度量化评分表对库区沿线沟谷发生泥石流的可能性进行初判。根据泥石流沟的易发程度采取相应等级的工程防治措施。目前,对量大面广的库区泥石流危害,主要采取植树造林、封山育林等保护生态环境的措施。在工程措施中,都以拦挡、排导及修建停淤场等工程为主。对一些小型泥石流沟,则针对泥石流形成的具体条件，采取相应的拦挡、削坡、稳沟、水土分离等多种综合措施，预防和减少泥石流发生。

（5）监测既是斜坡地质灾害调查、研究与防治的重要组成部分，又是获取库岸崩塌、滑坡等地质灾害预测预报信息的有效手段之一。监测内容包括斜坡岩土表面及地下变形的位移及应力监测、地震、降水量、地表水和地下水动态等环境因素和爆破、灌溉渗水等人类活动的监测。通过长期观测，发现危险应及时采取措施，避免发生恶性地质灾害。

（6）库岸宜营造护岸林带，增强根系的固着作用，减弱水流和波浪对岸坡的侵蚀；水库与下游乡村或城镇间宜营造绿化林，修筑分洪设施，用以减缓上游水库意外事故时的灾度。

（7）加强库区岸坡水土流失的防治，减轻水库淤积灾害。水土流失的防治应因时、因地制宜，贯彻"预防为主，防治结合"的原则，对全流域统一规划、综合治理，采取"上游保、中游挡、下游导"的措施，有效减轻水土流失的危害。

（8）水利建设要遵循"人水和谐、人与生态和谐"的理念，注重水环境保护，做好环境影响评价。兴建水库工程既要达到防洪、兴利的目的，更要加强环境保护，将兴建水库工程可能造成对环境的负面影响降至最小程度。

第四节　水库防汛与抢险

一、基础内容

1. 我国水库防汛抢险主要特点

我国水库防汛抢险主要特点，见表3-20。

表3-20　我国水库防汛抢险主要特点

特点	主要内容
病险水库数量众多	由于自然和历史原因，我国病险水库数量众多。截至2008年年末，全国尚有3.7万余座病险水库，病险率达43%。一座座或防洪标准不足，或存在各类工程隐患的病险水库，如同汛期悬在人们头上的"定时炸弹"，严重威胁着人民生命财产安全。河南"75·8"特大洪水中62座水库垮坝失事，其中板桥、石漫滩两座大型水库都是病险水库，失事前均进行了水文复核：板桥水库拟加高大坝0.9m，并增建泄洪洞；石漫滩拟加高大坝6.4m。众多病险水库能否保证在汛期安全度汛，始终是水库安全管理工作中的重要内容

续表

特点	主要内容
早期修建的水库先天不足	截至 2009 年年末，我国已修建各类水库 87873 座，其中大部分是在 20 世纪 50～70 年代初期间修建的，这些水库大多已超过经济运行期，工程老化、年久失修现象普遍存在。不少水库防洪标准低，施工质量差，尾工多，配套不齐，工程隐患多。由于当时技术力量不足，建设资金有限，也没有完善的施工质量控制和工程竣工验收制度，致使很多水库在先天不足的情况下仓促投入运行。防洪标准低，工程质量差，管理运用不当是造成水库垮坝失事的三大主要原因
确保小型水库安全度汛是防汛工作的重点	据统计，我国 1954～2010 年垮坝的约 3515 座水库中，小型水库占 99%。这些小型水库大多数是依靠群众自力更生修建的，由于质量差、标准低、数量大、管理力量薄弱、没有或缺乏必要的基础技术资料，汛期安全监测工作主要依靠大坝巡视检查。在汛期，这些小型水库尤其是病险水库调洪能力差，长时间高水位运行，大坝隐患会发展成险情，甚至垮坝失事。在已建小型水库大坝中，绝大部分是采用土石料填筑而成，由于其抗冲刷能力低、抗剪强度低、变形量大、透水性大，大坝在汛期长期处于高水位运行，容易产生隐患并可能发生各种险情，抢险任务重。水库一旦垮坝失事，溃坝洪水居高临下，所到之处将造成毁灭性破坏。因此，确保小型水库安全度汛是防汛工作的重点，直接关系着国家经济建设、社会安定和人民生命财产安全
防汛抢险工作量大任务重	我国水库数量多、分布广、战线长，安全状况各异，遭遇洪水的机遇多，防汛抢险工作量大任务重。由于年降水量时空分配不均匀，各地每年都会遭遇暴雨洪水袭击，特别随着全球气候变暖加剧，遭遇极端气候事件的频率将会增大。防汛工作无小事，千万不能存在麻痹思想和侥幸心理
水库安全管理工作薄弱	目前，我国水库管理工作仍较薄弱，技术管理力量不足，安全监测工作不到位，防御超标准洪水和突发性山洪能力偏低，预案、预报、预警等"三预"建设工作尚未完善。截至 2008 年年末，我国尚有 19% 的重点中型水库、25% 的一般中型水库、63% 的小（1）型水库没有专用的雨情水情测报设施，很多水库没有配备通信设施，发生突发事件时仍然依靠传统方式报警，应急处置能力较弱

2. 水库汛期抢险要点

水库汛期抢险与非汛期工程养护维修、除险加固，不论在方案制定的着眼点，还是在施工条件上，都有着明显区别。在非汛期对工程隐患处理时，制定方案一般允许尽善尽美，采用永久性工程措施，一劳永逸。方案实施过程按部就班、有条不紊进行，且施工条件较好。但在汛期抢险时，往往时间紧迫，施工条件恶劣（黑夜或暴雨）。此时，争时间抢速度，控制险情是我们抢险工作的第一要务。抢险方案允许采取临时性工程措施，在汛期后再行彻底处理。制定抢险方案要切实可行，讲究实效。如裂缝的抢护，在非汛期可以采用黏土灌浆处理，但在库水位较高时，常用开挖回填方法进行抢护。简言之，水库汛期抢险工作要点如下：

汛期巡查是基础；险情成因要判断正确；抢险方案要得当；控制库水位很重要；抢险要及时；物料准备应充足；组织领导是关键；抢险后要监护。

3. 土石坝工作特点和常见险情

土石坝工作特点和常见险情的主要内容，见表3-21。

表3-21　土石坝工作特点和常见险情

项目	主要内容
散粒体结构	土石坝一般利用当地土石料建成，其工作条件、工作特点与混凝土及砌石建筑物有明显区别，在汛期易发生险情
透水性大	易发生由渗透水压力引起的渗透变形，如管涌、流土、渗水。浸润线出逸点过高，渗流出逸区易产生滑坡
抗剪强度低	土石坝由松散土石料压实填筑而成，边坡过陡易产生滑坡
抗冲刷能力低，护坡易遭破坏	绝不允许坝顶过水，否则会产生漫溢，导致溃坝
施工质量影响大	施工质量、填筑土料如控制不严，在持续高水位情况下，易发生漏洞、裂缝、塌坑
变形量大	在坝体自重及水压力作用下，坝体或基础一旦发生沉降过大或不均匀沉降，易产生沉陷裂缝在坝体自重及水压力作用下，坝体或基础一旦发生沉降过大或不均匀沉降，易产生沉陷裂缝
其他条件影响作用也很大	如坝体内存在动物巢穴，易产生漏洞、塌坑。如地震、冰冻、雨水冲刷等自然条件作用，也会使堤坝发生险情

4. 小型水库应急抢险组织实施

（1）水库出现险情征兆时，水库管理单位及水库业主必须立即向水库所在地的乡镇人民政府、县（市、区）水库主管部门和政府防汛指挥部报告，并采取应急措施。

县（市、区）政府防汛指挥部接到报告后，应立即派专业人员到现场检查，并将情况及时向省、市防汛指挥部报告。

（2）水库出现险情时，水库所在地的县（市、区）政府行政首长组织当地乡镇政府、县级水行政主管部门、水库主管部门或业主等有关部门实施抢险。水库所在地的县（市、区）政府及时向预计可能受到影响的地区发出警报。

当群众安全受到严重威胁时，当地各级政府应及时组织群众撤离到安全地带，并做好生活安排工作。

（3）水库应急抢险时，上级主管部门和领导应到现场指导抢险。小型水库抢险时，水库所在地的市级水行政主管部门领导应带领技术人员到现场指导抢险。若遇到重大险情或抢险技术复杂时，可要求上级水行政主管部门派技术人员到现场进行指导。

二、水库防汛准备工作

1. 思想准备

（1）水库防汛工作要树立"安全第一"的思想

《中华人民共和国防汛条例》（以下简称《防汛条例》）规定防汛工作实行"安全第一，常备不懈，以防为主，全力抢险"的方针，遵循团结协作和局部利益服从全局利益的原则。这是我国过去几十年防御洪涝台灾害经验教训的总结。

防汛方针是根据各个时期防洪工程建设程度、经济发展状况以及治水理念提出来的。如在20世纪60年代，提出"以防为主，防重于抢，有备无患"的防汛方针，主要强调了一个"防"字。近年来，随着可持续发展治水思路的深入实践，我国水利事业正处于由传统水利向现代水利转变的发展新时期。

水库防汛工作树立"安全第一"的思想，包含了两层意思。第一，体现了以人为本、生命至上的理念。在防汛抗洪工作中，我们要以对人民群众高度负责的态度，将以人为本理念贯穿于防汛抗洪救灾工作的全过程。在预案制定中，要从人民群众的根本利益出发，针对不同洪水制定和落实各种工程或非工程措施，确保把灾害损失降到最低。在防洪调度中，要以人民群众生命安全作为调度工作的最高原则。在防洪抢险中，坚持先保生命、后救财产，争取不死人、少伤人。第二，体现了防洪工程特别是水库大坝在汛期确保安全度汛是防汛抢险工作的第一要务。在中华人民共和国成立以来的历次防汛抢险中，水库等防洪工程设施都发挥了巨大作用。如2008年，全国共有41432座次水库参与拦洪蓄洪错峰削峰，拦蓄洪水466亿 m^3，有效减轻了水库下游的防洪压力和洪灾损失。但是，水库在汛期一旦发生垮坝，溃坝洪水所到之处必将造成毁灭性破坏。在河南"75·8"特大洪水中，板桥水库溃坝流量 $78800m^3/s$，6h下泄7亿 m^3；石漫滩溃坝流量 $30000m^3/s$，两个多小时下泄1.67亿 m^3，致使京广铁路停运16d，死亡2.6万人。国务院于1991年颁布了《水库大坝安全管理条例》，明确提出"大坝的建设和管理应当贯彻安全第一的方针"。

（2）水库防汛工作要坚持以防为主、防抗结合

水库防汛工作，首先要克服麻痹侥幸思想，高度重视洪涝台灾害的频发性和危

害性,重视平时的防汛准备和汛期工程检查工作,不能把战胜洪水寄托在临时抢险上。唯有防患于未然,才能得到防汛工作的主动权。我们应该看到,我国防汛工作任重而道远。截至 2008 年年末,我国有 3.7 万多座水库带病运行,病险率达 43.3%,时刻威胁着人民群众的生命安全。

以防为主,即在洪涝台灾害面前,事先采取防洪工程措施和防洪非工程措施,制定切实可行防御洪灾预案和各种"避灾""避险"办法,确保水库等防洪工程安全度汛。在强调以防为主的同时,也要把抗灾抢险工作结合起来,利用行政、技术、经济等手段,减少人员伤亡和财产损失。实践证明,预案、预报、预警"三预"建设工作的好坏,直接关系到水库防汛抗洪工作的成效。

（3）水库防汛抗洪工作应实现由控制洪水向管理洪水转变

水库防汛抗洪工作要实现由控制洪水向管理洪水转变,必须坚持人与自然和谐、人与水和谐的目标。在防御洪涝台工作中,要求既要考虑防御洪水灾害,又要考虑尽可能消除或减少对大自然产生的负面作用;既要考虑洪涝台对经济社会的影响,又要考虑经济社会发展对水与生态环境的影响;既要确保水库的防洪安全,科学决策,蓄泄兼筹,又要在给洪水以出路的同时,充分利用雨洪资源;既要保障生活、生产用水需求,又要满足生态用水需要。

（4）任何单位和个人都有依法参加防汛抗洪的义务

水库防汛抗洪是全社会的公益事业,各行各业必须协同工作共同参与,如仅仅依靠各级水行政主管部门及水行业人员的参与是无法担负这一重任的。1997 年颁布的《中华人民共和国防洪法》明确规定任何单位和个人都有保护防洪工程设施和依法参加防汛抗洪的义务。

法律上的义务分为作为的义务和不作为的义务。作为的义务,也称积极的义务,是指按法律规定或者权利主体的要求,义务人必须作出一定的行为。例如,参加防汛抢险活动,承运防汛抢险物资,调拨所需防汛抢险物资器材,当发现灾害征兆和水库工程险情时,应立即向水库管理单位或县级以上人民政府防汛抗旱指挥机构报告等。不作为的义务也称消极义务,是指必须按照法律规定或权利主体依法作出的规定,义务人不得作出一定的行为。例如,水库大坝及其设施受国家保护,任何单位和个人不得侵占、毁坏;禁止在水库大坝管理和保护范围内进行爆破、打井、采石、采矿、挖沙、取土、修坟等危害大坝安全的活动;禁止任何单位和个人干扰大坝的正常管理工作;禁止在坝体修建码头、渠道、堆放杂物、晾晒粮草等。

2. 组织准备

实践证明,建立高效、统一的防汛组织机构,组织动员全社会参与防汛抗洪,明确职责，落实责任制，组建各类防汛抢险队伍，是做好防汛抢险工作的有力组织保证。

（1）防汛组织机构

我国防汛工作按照统一指挥、分级分部门负责的原则，建立健全各级各部门协调一致的防汛组织机构，已形成较为完整的防汛组织体系。

我国是世界自然灾害最为严重的国家之一，尤其水旱灾害更是中华民族长期以来的心腹大患。特殊的地理气候条件使我国洪涝、干旱、台风、山洪等灾害频繁发生。水库防汛抢险工作是全社会的公益事业。建立健全各级人民政府防汛指挥机构，实行统一领导、分级分部门负责是十分必要的。无论是汛前防汛准备工作，还是汛期应急抢险工作，或是汛后减灾救灾工作，都必须组织动员全社会各部门、各单位和广大人民群众共同参与。集中调配物资、设备和抢险队伍。组织受威胁群众避险转移，统一实施防汛抗洪工作，这时只有各级人民政府才能承担此重任，统一领导辖区范围内水库的防汛抗洪工作。

县级以上人民政府应当加强水库安全管理工作的领导，协调解决本行政区域内各类水库防汛抢险工作中的重大问题，保障水库工程在汛期正常运行。乡镇人民政府（包括街道办事处）负责本行政区域内农村集体经济组织修建并管理的水库防汛抢险工作，确保各类水库安全度汛。

（2）防汛责任制度

《防洪法》第三十八条和《防汛条例》第四条都明确规定防汛工作实行各级人民政府行政首长负责制，实行统一指挥、分级分部门负责，各有关部门实行防汛岗位责任制。

水库防汛是一项涉及面广、责任重大的工作，必须建立健全各种防汛责任制度，实现正规化、规范化、常态化，做到各项工作有章可循，各部门、单位各司其职，分工协作共同应对洪涝灾害。根据各地取得的经验，水库防汛责任制度有以下几种。

1）行政首长负责制

《防汛条例》规定，防汛工作实行各级人民政府行政首长负责制，《水库大坝安全管理条倒》规定，各级人民政府及其大坝主管部门对其所管辖的大坝的安全实行行政领导负责制。行政首长负责制是各种防汛责任制度的核心，是取得防汛抢险胜利的重要保障，也是防汛工作中最行之有效的措施。

2）分级分部门负责制

《防汛条例》规定，防汛工作实行统一指挥，分级分部门负责。

根据水库工程规模、工程效益、重要程度和安全等级，确定各级人民政府防汛指挥机构和相关部门汛期管理运用、指挥调度的权限责任，对水库防汛工作实行分级管理、分部门负责。

水库的安全责任主体：国家所有的水库，水库上级主管部门是水库安全管理的责任主体；农村集体组织所有的水库，水库所在地的乡、镇人民政府是水库安全管理的责任主体；其他经济组织所有的水库，其所有者（业主）是水库安全管理的责任主体。县级以上地方人民政府水行政主管部门会同有关部门对本行政区域内水库安全管理实施监督。

3）分包责任制

为确保水库安全度汛，确保水库在汛期正常发挥防洪减灾作用，各级人民政府行政首长和相关部门领导成员应实行分包责任制，即对辖区内各类水库分包负责，责任到人。

4）岗位责任制

水库工程管理单位的业务处室、管理人员以及防汛抢险队伍人员要制定岗位责任制，明确任务、要求和职责，落实到人。

5）技术责任制

在水库防汛抢险中，应充分发挥工程技术人员的业务专长，实现科学抢险，优化防洪调度，提高防汛指挥的准确性和可靠性。凡是评价工程防洪能力、确定预报数据、制定调度方案、采取抢险措施等有关技术问题，均应由专业技术人员负责，建立技术责任制。县级水行政主管部门和区级水利管理机构的专业技术人员应实行技术责任制，技术责任到人。

（3）汛期值班制度

为及时掌握汛情，各水库在汛期应建立防汛值班制度，确保人员到位和通信畅通，以便上下联系、多方协调，充分发挥水库防洪作用。在汛期或库水位较高时，水库必须实行昼夜值班，及时掌握汛情（包括雨情、水情、工情和灾情），并实行严格的交接班制度，上下班要紧密衔接。交班人应交待本班了解的情况，特别是可能出现的问题和注意事项，必须交待清楚。对于重大汛情及灾情要及时向上级汇报，对授权传达的指挥调度命令及意见应及时准确传达，对发生的重大汛情要整理好值班记录并归档保存。

（4）汛期报警制度

汛期报警制度的主要内容，见表3-22。

表 3-22　汛期报警制度

制度	主要内容
报警形式	当水库遭遇超标准洪水或出现重大工程险情而可能危及水库大坝安全时，由具有管辖权限的防汛指挥机构及时启动应急预案，同时向社会发布预警（分蓝色、黄色、橙色、红色四级），途径有三种：一是利用宣传媒体，通过有线广播和电视台发布或通过手机发送短信；二是采用流动车沿水库下游村寨进行广播；三是组成小分队采用话筒深入偏僻的村寨进行宣传
出险标志	出险或抢险地点，白天挂（插）红旗，夜间高挂能防风防雨的红灯，作为出险标志
解除警报	由原汛情预警发布单位授权广播电视部门及水库管理单位通过电视、广播、短信、信号弹等形式向社会宣布解除警报

3．工程准备

（1）水库防汛检查主要内容

水库防汛检查应在汛期到来之前进行，包括水库管理单位自己组织的防汛检查和水库上级主管部门组织的防汛检查。主要检查内容如下：

根据水库大坝安全分类标准，检查水库在汛期能否安全度汛；检查水库是否编制控制运用方案和防汛应急预案，如水库控制运用计划、水库安全应急预案等；根据水库大坝安全监测资料，检查坝体有无工程隐患，水库大坝运行是否正常，对病害水库和危险水库应重点检查除险加固工程进度及安全度汛措施；检查水库防汛指挥机构和抢险队伍是否健全，防汛责任制是否落实，各项规章制度是否完善；检查水库各类防汛物资是否按要求备齐；检查水库各类观测仪器设备和水文测报点是否完备，精度是否符合要求；检查水库溢洪道、泄洪闸（洞）等泄流建筑物是否保持正常工作能力，闸门、启闭设备是否安全可靠。

（2）水库汛期检查一般要求

1）检查工作要做到统一领导、分工负责。要制定切实可行的规章制度，明确检查内容、方法、路线、次数和要求，严格交接班制度。

2）检查人员必须挑选熟悉工程情况、责任心强、有防汛抢险经验的人担任，人员力求固定。汛期检查人员必须注意"五时"，做到"四勤""三清""三快"（见表3-23）。

3）当发生暴雨、台风、地震、库水位骤升骤降及持续高水位或坝体发生重大险情时，应增加检查次数，必要时应对出现险情的部位进行连续检测。

4）做好检查记录。在检查过程中如发现异常情况，应详细记录时间、部位、险情和绘出草图，必要时拍照录像，并立即报告主管领导。各种检查记录、报告均应及时整理归档。

表 3-23　汛期检查人员必须注意事项

注意事项	主要内容
五时	黎明时（人最疲劳）；吃饭时（思想最松动）；换班时（检查容易中断）；黑夜时（看不清易忽视）；暴雨时（险情不易判断）
四勤	眼勤、手勤、耳勤、脚勤
三清	险情查清、信号记清、报告说清
三快	发现险情快、报告快、处理快

（3）水库险情分类

水库险情，是指水工建筑物在外界条件（包括洪水、上下游水头、降雨、风、其他荷载等）的作用下，水库大坝、溢洪道、输水涵洞（管）等建筑物由于存在质量缺陷、工程隐患或遭遇超标准洪水，建筑物内外部发生变化，出现可能会危及建筑物本身和水库大坝安全的现象。

在汛期，水库发生的险情可分为以下两类：

1）一类险情，是指严重的、大范围的险情，如大坝大面积滑坡、坝体严重漏水并出现浑水、坝体涵管爆裂并导致局部坍塌、溢洪道堵塞、库水位接近校核洪水位并可能发生漫溢等，这类险情十分危险，有可能发生溃坝失事。因此，必须立即报告水库主管部门，并尽快采取转移下游群众和降低库水位等应急措施。

2）二类险情，是指一般的、小范围的险情，如坝体纵向裂缝、坝岸小面积滑坡、坝体不很严重的渗水、塌坑等，这类险情虽然不会马上危及水库大坝安全，但有可能会发展成一类险情。因此，需要及时报告水库主管部门，请专家到现场分析判断，并采取相应的抢护措施。

（4）水库险情检查及判别方法

水库安全监测方法包括巡视检查和用仪器设备进行观测。巡视检查通常用眼看、耳听、手摸、鼻嗅、脚踩等直观方法，或辅以简单工具对工程表面和异常现象进行检查。水库汛期检查项目、要求、内容等与巡视检查相同。

目前，我国绝大部分水型水库坝体没有埋设仪器设备，主要依靠巡视检查判断工程运行状态是否正常，坝体有无工程隐患。水库汛期检查工作质量的好坏直接关系水库能否安全度汛，小型水库更应高度重视和加强汛期检查工作。

1）土坝裂缝的检查

①裂缝分类。

按裂缝走向可分为横向裂缝、纵向裂缝、龟裂缝。

按产生原因可分为沉陷裂缝、滑坡裂缝、干缩裂缝、振动裂缝、冻融裂缝。

按所在部位可分为表面裂缝、内部裂缝。

按裂缝性质可分为滑动性裂缝、非滑动性裂缝。

各种裂缝对坝体都有不同的影响，危害最大的是滑坡裂缝和贯穿坝体的横向裂缝。

②裂缝检查方法。对土石坝应注意检查坝顶路面、防浪墙、护坡块石等有无开裂、错动等现象，以判断坝体有无裂缝。必要时，可挖开路面或护坡块石进一步检查。

当坝体发现裂缝后，应立即对裂缝进行编号，测量裂缝所在的桩号、距坝轴线距离、缝长、缝宽、高程、走向等，详细记录并绘制裂缝平面示意图。对横向裂缝和较严重的纵向裂缝，应设置标志并用塑料布将缝口保护好，必要时挖坑（槽）检查。

③横向裂缝。横向裂缝的走向平行于水流方向，垂直于坝轴线。一般从坝顶接近铅直或稍有倾斜地伸入坝体一定深度后尖灭。缝深几米至十几米，缝宽几毫米到几厘米。

横向裂缝常见于坝体两端，主要是由于沿坝轴线方向相邻两坝段不均匀沉陷造成的。坝端山体沉陷相对稳定，坝体在荷载和自重作用下产生竖向位移，位于河谷中心最大断面处的沉陷量最大。坝体沉陷量主要取决于可压缩土层的厚度和上覆荷载的大小。

岸坡越陡产生横向裂缝的可能性越大。土体与刚性建筑物结合处由于不易碾压密实或坝基地形变化过大，也易产生横向裂缝。

④纵向裂缝。纵向裂缝的走向平行于坝轴线、垂直于水流方向。纵向裂缝长达几十米，甚至上百米。纵向裂缝常见于坝轴线方向中间坝段部位。黏土心墙砂壳坝易发生纵向裂缝，主要由于坝壳砂料沉陷快、稳定快，而防渗体为黏性土料，沉陷慢、稳定慢，由此产生不均匀沉陷导致裂缝发生。其他如与截水槽对应的坝顶处、防渗体与透水土料结合处，跨骑在山脊上的坝顶，新老坝体结合部位等，也易发生纵向裂缝。纵向裂缝中间缝宽较大，两端尖灭。开始发展较快，后随时间逐渐减缓。

⑤滑坡裂缝。滑坡裂缝开始与纵向裂缝相似，沿坝轴线方向呈一直线。开始发展缓慢，当裂缝两端向坝坡下部弯曲呈弧形下挂后，裂缝发展速度加快。缝宽一般不大，但错距明显。滑坡裂缝的下部往往有隆起现象。

2）土坝渗水的检查

土坝在汛期持续高水位情况下，坝体浸润线和浸润线出逸点较高，而浸润线出逸点以下的渗流出逸区及坝脚附近出现的土壤潮湿或发软，有明显细小水流渗出的现象，称为渗水或散浸。

渗水一般用肉眼可以观察到，渗流出逸区草皮呈色深叶茂现象，通过检查观察确定浸润线出逸点。如发现出逸点过高，应增加检查次数，并及时报告水库大坝主管部门。

3）土石坝滑坡的检查

滑坡，是指部分坝体由于各种原因失去平衡，发生显著的相对位移，脱离原来位置向下滑移的现象。有的地方将小型滑坡称为脱坡。检查土坝有无滑坡险情，应特别注意不同时点和不同部位。

持续高水位期间，应重点检查下游坝坡渗流出逸区和坝脚附近。因为浸润线随库水位抬高，渗流出逸区范围增大，土体浸水饱和，抗剪强度降低，极易发生滑坡；当库水位大幅降低时，应重点检查上游坝坡。因为浸润线随库水位骤降时，土体中水量急剧向坝坡排出，在渗透水压力作用下，上游坝坡易产生滑坡；在暴雨期间应检查上下游坝坡有无因饱和而产生滑坡；发生 IV 度以上地震后，应检查上下游坝坡有无因震动而产生滑坡。

4）土石坝漏洞的检查

在持续高水位情况下，水库大坝背水坡及坝脚附近出现横贯坝体或基础的漏水孔洞，称为漏洞。如漏洞流出浑水，或由清变浑，或时浑时清，或漏水量增加，都表明险情在恶化。有条件时，应配合水量、水质的监测。

下面介绍探找漏洞进水口位置的几种常用方法（见表 3-24）。

表 3-24　探找漏洞进水口位置的方法

方法	主要内容
潜水探查	如进水口距水面很深时，则需要潜水人员下水探摸。也可用一根 4 ~ 6m 长杆，其一端捆扎一些短布条，潜水员握另一端，沿迎水坡由上而下，由近及远，持杆探摸。如遇漏洞进水口，水流吸引力会将布条吸入，移动困难，即可确定洞口范围
水面观测	在无风浪时漏洞进水口附近水面易出现旋涡，一般可直接观察判别。如旋涡不明显，可将谷糠、锯末、碎草、纸屑等漂浮物撒于水面，如发现打旋或集中于一处，即表明进水口就在此处水下
投放颜料，观察水色	在出现漏洞的坝段，分段分别投放易溶于水的颜料，并派人在漏洞出水口观察水流颜色变化，可判别漏洞进水口大致位置
麻秆探查	取矩形铁片两片，中间各剪半条缝，相互卡成十字形，固定在麻秆下端，杆长视水深确定，麻秆上端插小红旗或鸡毛作为标志并用铁丝系以葫芦、木片，一端连接线绳，称为"漏探"。当麻秆漂浮水中，漏探浮至洞口时会旋转下沉，可由所系线绳探明进水口位置

方法	主要内容
篷布、席片探查	将篷布或席片用绳索拴好，并适当坠以重物，使其沉没水中并贴紧迎水坡面移动。如感到拖拉费力，并辨明不是异物阻挡，且出水口水流减弱，即可确定洞口大致位置
借助仪器探查	在漏洞进水口探查时，也可借助浮漂自动报警器、堤防隐患漏洞探测仪、水轮探洞器、97.7LTA 型水下探测自动报警器等进行探查，在黄河堤防漏洞抢护中有很多成功范例

5）土坝管涌、流土的检查

由渗流知识可知，当坝体或基础的渗透比降 J 大于允许渗透比降 [J] 时，土体就可能发生渗透变形。在汛期，水库大坝处于高水位运行，渗透比降增大，在水库大坝下游坡脚附近或以外，往往会产生渗透变形。渗透变形常见形式有以下两种：

管涌，即在具有一定渗透比降的渗流作用下，土体中的细颗粒在粗颗粒空隙中移动并被带出土体以外的现象。一般发生在砂性土或黏性很小的土中。管涌也叫翻砂鼓水，一般发生在背水坡脚附近或较远的潭坑、池塘或稻田中。险情多呈冒水冒砂现象，冒砂处形成"砂环"，或称"土沸"和"砂沸"。管涌孔径在初期如蚁道，后期发展至数十公分，少则出现一两个，多则出现管涌群。

流土，即在具有一定渗透比降的渗流作用下，使一定范围的土体从堤坝体或地基表面被掀起浮动的现象。在初期呈"牛皮包"，一般发生在黏性土或较均匀的砂性土中。

4. 物资准备

做好防汛物资储备工作是防汛工作的重要内容。为规范各地防汛物资储备的品种、质量、数量和储备方式，切实做好防汛物资储备工作，水利部于 2004 年颁布了 SL298—2004《防汛物资储备定额编制规程》和 SL297—2004《防汛储备物资验收标准》。各省、自治区、直辖市防汛指挥部门根据各地特点和有关规程、规范和技术标准，编制辖区内包括堤防、海塘、河道护岸工程、土坝、非土坝坝型、水闸、泵站、蓄滞洪区八大类防洪工程所需防汛物资的《防汛物资储备定额》（以下简称《定额》）。

（1）水库防汛抢险物资储备的目的和要求

1）应从防汛抢险实际出发，既满足防汛抢险时对抢险物资的急需，又不至于因储备物资过多而造成浪费。《定额》只确定常用防汛抢险物资的储备定额。

2）《定额》是各水库管理单位组织落实防汛物资的采购、储备和核销的重要依据。

3）《定额》所规定的储备数量为发生险情时可动员的物资数量。

4）防汛物资储备实行国家储备、社会团体储备和群众储备相结合，定额储备，讲究实效。水库所储备的防汛抢险物资由水库管理单位负责管理和调配，主要供本单位的防汛抢险使用，上级防汛指挥机构在必要时可以调配，其他任何单位和个人不得擅自调动、挪用。

5）各水库管理单位应根据工程规模和安全状况，按照《定额》对所需防汛物资储备的品种和数量进行测算和检查，查漏补缺。

（2）水库防汛物资储备方式

水库管理单位可采取自储、委托储备、社会号料等多种储备方式，使防汛物资储备总量达到定额要求；水库管理单位应在每年汛前对消耗、损坏、老化的防汛物资进行清库补充；块石、砂石料等当地材料因其体积大、实物储备较困难，应根据上级防汛指挥机构分配，确定开采料场地点；水库管理单位应协助当地政府组织水库下游洪水威胁区的居民储备自防自用的防汛工具、救生器材和简易防汛物资；水库管理单位应掌握所需防汛物资的生产、库存、销售等市场动态与有关厂家建立协作联系制度，做好紧急情况下调用和组织生产的准备。

（3）防汛物资分类和储备年限

水库常用防汛物资分类和正常储备年限，可参见表3-25。

表3-25　水库常用防汛物资分类和正常储备年限

防汛物资名称		单位	储备年限（年）	备注
防汛抢险物料	草袋	条	2～3	保管年限为长期的物资类别，每年应考虑1%～5%的损耗率
	麻袋	条	5～8	
	编织袋	条	4～5	
	土工布	m^2	6～8	
	砂石料	m^3	长期	
	块石	m^3	长期	
	土方	m^3	长期	
	铅丝或钢筋笼	kg	长期	
	桩木	m^3	4～5	
	柴油	kg	长期	
救生器材	防汛抢险舟	艘	12～15	
	救生衣（圈）	件	5～6	
	橡皮船	艘	7～9	

防汛物资名称		单位	储备年限（年）	备注
小型抢险机具	移动发电机组	kW	12 ~ 15	保管年限为长期的物资类别，每年应考虑 1% ~ 5% 的损耗率
	便携式工作灯	只	8 ~ 10	
	投光灯	只	8 ~ 10	
	电缆	m	长期	
	铁锹	把	长期	
	双胶轮车	台	9 ~ 11	
备品备件	钢丝绳	根	长期	
	手拉葫芦	套	12 ~ 15	
	油封	只	12 ~ 15	
	电动机	台	12 ~ 15	

三、土坝险情抢护技术

1. 土坝渗水抢护技术

渗水是土坝常见险情，如不及时处理，可能发展成管涌、流土、滑坡等险情。

（1）产生原因

高水位持续时间长；坝体断面不足或缺乏有效防渗、排水措施；筑坝土料透水性大、杂质多或夯压不实；坝体本身有隐患，如白蚁、鼠、蛇巢穴等。

（2）抢护原则

土坝渗水抢护的原则是"临水截渗，背水导渗"。临水截渗，就是在临水面采取防渗措施，以减少进入坝体的渗水。背水导渗，就是在背水坡采取导渗沟、反滤层、透水后戗等反滤导渗措施以降低浸润线，保护渗流出逸区。当水库大坝发生险情后，应当查明出险原因和险情严重程度。如渗水时间不长且渗出的是清水，水情预报水位不再大幅上涨时，只要加强观察，监视险情变化，可暂不处理；如渗水严重，则必须迅速处理，防止险情扩大。

（3）抢护方法

1）临水截渗

通过加强迎水坡防渗能力，减小进入坝体内的渗流量，以降低浸润线，达到控制渗水险情的目的。

黏土前戗截渗。当坝前水不太深，流速不大，附近有丰富黏性土料时，可采用此法。具体做法是：根据坝前水深、渗水范围确定前戗修筑尺寸。一般顶宽 3 ~ 5m

左右，戗顶高出水位约 1m，长度至少超过渗水段两端各 5m 左右。抛填黏土时，可先在迎水坡肩准备好黏土，然后将土沿迎水坡由上而下、由里而外，向水中慢慢推入。由于土料入水后的崩解、沉积和固结作用，即筑成黏土前戗。

土工膜截渗。当坝前水不太深，附近缺少黏性土料时，可采用此法。具体做法是：①先选择合适的防渗土工膜，并清理铺设范围内的坡面和坝基附近地面，以免损坏土工膜。②根据渗水严重程度，确定土工莫沿边坡的宽度，预先黏结好，满铺坡面并伸入迎水坡脚以外 1m 以上为宜。土工膜长度不够时可以搭接，其搭接长度应大于 0.5m。③铺设前，一般将土工膜卷在 8 ~ 10m 的滚筒上，置于迎水坡肩上，每次滚铺前把土工膜的下边折叠粘牢形成卷筒，并插入直径 4 ~ 5cm 的钢管加重，使土工膜能沿坡紧贴展铺。④土工膜铺好后，应在上面满压一层土袋。由土工膜最下端压起，逐渐向上，平铺压重，不留空隙，以作为土工膜的保护层。

土袋前戗截渗。当坝前水不太深，流速较大，土料易被冲走时可采用此法。具体做法是：在迎水坡坡脚以外用土袋筑一道防冲墙，其厚度与高度以能防止水流冲刷戗土为度，然后抛填黏土，即筑成截渗戗体。

桩柳前戗截渗。当坝前水较深，在水下用土袋筑防冲墙有困难时，可用此法。具体做法是：首先在临水坡脚前 0.5 ~ 1m 处打木桩一排，间距 1m，桩长以入土 1m、桩顶高出水面 1m 为度。再用竹竿、木杆将木桩串联，上挂芦席或草帘，木桩顶端用 8 号铅丝或麻绳与堤坝上的木桩拴牢。最后在桩柳墙与大坝迎水坡之间填土筑戗体。

2）反滤导渗沟

当坝前水较深，背水坡大面积严重渗水时，可采用此法。导渗沟的作用是反滤导渗、保土排水，即在引导坝体内渗水排出的过程中不让土颗粒被带走，从而降低浸润线稳定险情。反滤导渗沟的形式，一般有纵横沟、Y 形沟和人字形沟。

在导渗沟内铺垫滤料时，滤料的粒径应顺渗流方向由细到粗，即掌握下细上粗、边细中粗，分层排列的原则铺垫，严禁粗料与土体直接接触。根据铺垫的滤料不同，导渗沟做法有以下几种：

砂石料导渗沟。顺水库大坝边坡的竖沟一般每隔 6 ~ 10m 开挖一条。再顺坡脚开挖一条纵向排水沟，填好反滤料，纵沟应与附近地面原有排水沟渠相连，将渗水排至远离坡脚外。然后在背水坡上开挖与排水沟相连的导渗沟，逐段开挖，逐段按反滤层要求铺设滤料，一直做到浸润线出逸点以上。如开沟后仍排水不畅，可增加竖沟密度或开斜沟，以改善反滤导渗效果。为防止泥土掉入导渗沟，可在导渗沟砂石料上覆盖草袋、席片等，然后再压块石、砂袋保护。

土工织物导渗沟。沟的开挖方法与砂石料导渗沟相同。导渗沟开挖后，将土工织物紧贴沟底和沟壁铺好，并在沟口边沿露出一定宽度，然后向沟内填满透水料，不必分层。填料时，要防止有棱角的滤料直接与土工织物接触，以免刺破。土工织物如尺寸不够，可采用搭接形式，搭接宽度不小于20cm。在滤料铺好后，上面铺盖草帘、席片等，并压以砂袋、块石保护。纵向排水沟要求与砂石料导渗沟相同。

梢料导渗沟（也称芦柴导渗沟）。当缺乏砂石料和土工织物时，可用梢料替代反滤材料。用稻糠、稻草、麦秸等当细梢料，用芦苇、树枝等当粗梢料，其开沟方法与砂石料导渗沟相同。梢料铺垫后，上面再用席片、草帘等铺盖，最后用块石或砂袋压实。

3）反滤层导渗

当水库大坝背水坡渗水较严重，土体过于稀软，开挖反滤导渗沟有困难时可用此法。反滤层作用和反滤导渗沟相同。虽然反滤层不能明显降低浸润线，但能对渗流出逸区起到保护作用，从而增强堤坝稳定性。根据铺垫的滤料不同，反滤层有以下几种：

砂石料反滤层。筑砂石料反滤层时，先将表层的软泥、草皮、杂物等清除，清除深度约20～30cm，再按反滤要求将砂石料分层铺垫，上压块石。

土工织物反滤层。按砂石料反滤层要求对背水坡渗水范围内进行清理后，先满铺一层合适土工织物，若宽度不够可以搭接，搭接宽度应大于20cm。然后铺垫透水材料（不需分层）厚约40～50cm，其上铺盖席片、草帘，最后用块石、砂袋压盖保护。

梢料反滤层（又称柴草反滤层）。用梢料代替砂石料筑反滤层时，先将渗水范围按砂石料反滤层要求进行清理，再按下细上粗反滤要求分层铺垫梢料，最后用块石、砂袋压盖保护。

4）透水后戗（透水压浸台）

此法适用于坝体断面单薄，背水坡较陡，渗水严重，砂土料源充足的情况。其优点是既能排出渗水防止渗透破坏，又能加大坝体断面，达到稳定边坡的目的；缺点是工程量大。

在修筑时，先在渗水范围内进行清理，深度约10～20cm，再用砂土分层夯实。后戗一般高于浸润线出逸点0.5～1m，顶宽2～4m，戗坡1：3～1：5，长度超过渗水段两端各3m以上。若当地缺乏砂土料源，也可筑梢料后戗。先在清理后的地面上铺设三层梢料，中层为粗梢料，上下层为细梢料，再在梢料层上用砂土分层填土夯实，上面再铺梢料层，以此类推，直到设计高度。梢料层要求铺放平顺，梢料垂直于坝轴线方向，注意作成顺坡，以利排水。

（4）注意事项

因梢料容易腐烂，梢料导渗沟和梢料反滤层只能视作临时性抢护方法，在汛期后应予以拆除，重新采取其他加固措施；对土坝渗水抢护，因水深较大，应以背水导渗为主，而横断面较小的堤防，则应以临水截渗为主；从导渗效果看，斜沟（Y形与人字形）比竖沟好，因为斜沟导渗面积比竖沟大，背水坡面上一般不要开挖纵沟；应尽量避免人员在渗水范围内践踏，以免造成施工困难和险情扩大。

2．土坝管涌与流土抢护技术

发生管涌或流土时，无论距大坝多远，均不能掉以轻心，必须尽力迅速抢护。如不及时处理，在大坝基础会产生集中渗水通道，可能会引起坝体坍塌、漏洞、滑坡，甚至溃坝失事。

（1）产生原因

地基为强透水的砂砾层，或透水地基表面虽有黏性土覆盖，但由于天然或人为的原因土层被破坏，在水位升高时，渗透坡降变陡，渗透流速和渗透压力加大，当渗透比降大于坝体自身或地基土体允许的渗透比降时，即发生渗透变形；地基土层中含有透水层，背水覆盖层的压重不足，地基土体在渗透水压力作用下，从薄弱处冲破土层；工程防渗止水或排水设施效能低或损坏失效。

（2）抢护原则

管涌与流土险情的发生，是由于地基强透水层渗透水压力引起的，其渗流入渗点一般在临水面地基下的强透水层，汛期水深流急，难以在迎水坡或地基采取堵截渗流的办法。所以，管涌与流土抢护的原则是"临截背导，以导为主，保土排水，降低渗压"，即将渗水导出，不让土颗粒带出，降低渗透水压力，以控制险情。

（3）抢护方法

1）反滤围井

此法一般适用于险情发生初期管涌数目不多时，或者是可以分片处理的管涌群。具体做法有以下几种：

砂石料反滤围井。抢护时，在管涌出口周围先将杂物清除干净，并挖去软泥约20cm，周围用土袋排垒筑成围井，井壁底与地面接触处用黏土封堵严密，井内按反滤要求分层铺垫滤料。围井高度以能使水不挟带泥沙从井口冒出为度。当井内渗水由混浊变清时，说明险情趋于稳定，此时可用竹管、钢管穿过井壁，将井内水位适当降低，以免围井倒塌。

当管涌出口涌水过大时，可先用块石、砖块填塞，待消杀水势后再筑围井。对于小的管涌,也可用无底汽油桶、木桶、粮囤等套住管涌出口,再在其中铺垫砂石滤料,亦能起到反滤围井作用。

土工织物反滤围井。围井要求可参见砂石料反滤围井。在清理地面时应注意平整,清除有棱角的石块和杂物。土工织物铺好后,其上修筑土袋围井,井内铺垫透水滤料 40 ~ 50cm。

梢料反滤围井。围井要求可参见砂石料反滤围井。先铺垫厚 20 ~ 30cm 细梢料层,再铺垫厚 30 ~ 40cm 粗梢料层,其上用块石或砂袋压盖,以免梢料漂浮。

2）反滤压盖

此法一般适用于管涌出口较多且成群成片时。如有管涌出口涌水涌砂严重时,可先行抛石,消杀水势后再筑反滤压盖,效果会更好。具体做法有以下几种。

砂石料反滤压盖。由于此法需要铺设反滤料面积较大,砂石用料较多,在料源充足的前提下,应优先选用。在抢筑前,先清理铺设范围内的软泥和杂物,对其中涌水带沙较严重的管涌出口,用块石或砖块抛填,以消杀水势。同时在已清理好的范围内,全部盖压一层粗砂,厚约 20cm,其上再铺小石子或大石子各一层,厚度均约 20cm,最后压盖块石一层,予以保护。

土工织物反滤压盖。修筑方法与砂石料反滤压盖大致相同。在清理好地基后,先铺一层土工织物,再铺一层厚约 40 ~ 50cm 的砂石透水料,最后压盖块石保护。

梢料反滤压盖。抢护时如缺乏砂石料和土工织物时,也可用梢料替代滤料,在铺筑时,先铺细梢料 10 ~ 15cm,后铺粗梢料 15 ~ 20cm,然后上铺席片、草帘等,最后压盖砂袋、块石保护。具体修筑方法和要求可参考砂石料反滤压盖法。

3）减压围井

也称养水盆法、无滤反压法。其原理是抬高下游水位(围井水位),降低渗透比降和渗透水压力。此方法适用于上下游水位差较小,缺乏反滤材料,管涌险情发生初期,周围地表较结实完整情况。

无滤围井。修筑时用土袋排垒筑成围井,围井内不填滤料,井壁不能漏水,随着围井内水位升高,对井壁逐步加固加高,直到制止涌水带沙,险情稳定。此时,在井壁插入排水管,将多余水量排出。

背水月堤。当背水坡脚附近发生分布范围较大的管涌群时,可用土袋筑成月堤将管涌群包裹在内,月堤随堤内水位升高而加固加高,直到险情稳定,最后用排水管将多余水量排出。

无滤水桶。在管涌险情发生初期,也可用无底桶、木桶紧套在管涌出口上面,周围用土袋围筑加固,做成无滤水桶,随着桶内水位升高,险情得以控制。

4）透水压浸台

在水库大坝背水坡脚抢护透水压浸台，可平衡渗压、延长渗径、降低渗透比降、反滤导渗，从而控制险情。此方法适用于管涌险情严重，反滤材料缺乏，而砂土料源丰富的情况。具体做法参见前述渗水抢护技术中的透水后戗法。

5）水下管涌抢护方法

在背水坡脚以外的潭坑、池塘、洼地等水下出现管涌时，可采用以下方法抢护：填塘法；水下反滤层法；抬高坑塘水位法。

6）流土抢护方法

在水库大坝背水坡坡脚附近，当渗透水压力未能顶破表土而形成鼓包（牛皮包）即流土险情时，可先在隆起部位铺 10～20cm 厚的细梢料，再铺 20～30cm 厚的粗梢料，然后压块石。铺好后，用钢锥戳破鼓包表层，让包内水分和空气排出，再压砂袋、石块保护。

（4）注意事项

因梢料容易腐烂，梢料反滤围井和梢料反滤压盖为临时性抢护方法，在汛期后应拆除；对严重的管涌险情抢护，应以反滤围井为主。减压围井只压不导，除险不彻底，应与反滤围井结合使用；修筑围井时，要保证井壁有足够强度和高度；对管涌抢护，切忌抽干水再填筑。

3．土坝防漫溢抢护技术

在汛期，水位骤升导致洪水漫过坝顶发生溢流的险情，称为漫溢。由于土坝抗冲刷能力很差，一旦发生漫溢，冲塌速度很快，如抢护不及时将酿成溃坝后果。漫溢是造成土坝失事的主要险情之一。据安徽省统计，1960～1987 年全省小型水库垮坝 64 座，其中漫溢溃坝占 53.8%。

（1）产生原因

流域发生超标准洪水，水位超过水库大坝设计防洪标准；设计计算与实际不符或施工未达设计高程，致使在高水位时洪水漫过坝顶；河道内存在阻水障碍物或河道严重淤积，致使行洪断面缩减水位抬高。

（2）抢护原则

水库大坝防漫溢抢护的原则为"水涨加堤，水多分流"，即洪水位有可能超过坝顶时，临时加高水库大坝或抢筑子堰（子堤），力争在洪水到来之前完成。如有可能，利用分（滞、蓄）洪区分洪，降低水位，减缓险情。

（3）抢护方法

为防止洪水漫溢溃决，应根据洪水预报和河库实际情况，选用合适抢护方法，抓紧时机，力争在洪水到来之前完成。常用的抢护方法有以下几种：

1）加高堤坝。根据水情预报及当地人力、机具、物料等情况，在洪水到来之前能竣工的可采用此法。水库大坝加高应与背水坡加土培厚同步进行。

2）抢筑土料子堰。这是水库大坝防漫溢抢护的优先考虑方案。土料子堰筑于坝顶靠近迎水面一侧，距坝肩 0.5～1m，堰顶宽度大于 0.6m，边坡不陡于 1∶1，堰顶应高于预报洪水位 0.5～1m。抢筑时，应先沿坝轴线开挖一条结合槽，槽深 0.2m，底宽 0.3m，边坡 1∶1，填土夯实至坝顶平，以利新老土结合，然后按设计断面分层填土夯实至堰成。

3）抢筑土袋子堰。土袋子堰的优点是防冲刷能力较强，施工速度快。抢筑时，土袋装黏性土七八成满后，将袋口缝严，不要用绳扎口，以利铺砌。土袋子堰距迎水面坝肩 0.5～1m，袋口朝向背水，排砌紧密，袋缝错开，迎水面边坡为 1∶0.3～1∶0.5。如子堰高于 1m，土袋底层可加宽为两排。土袋后面修筑土戗，与铺筑土袋同步分层铺土夯实，土戗边坡不陡于 1∶1，结合槽要求同土料子堰。

4）利用防浪墙抢筑子堰。如土坝顶筑有防浪墙，抢护时可用墙身作为子堰迎水面，在墙后修筑土戗，或墙后铺筑土袋加固加高。

5）木板埽捆子堰（桩柳子堤）。在距迎水面坝肩 0.5～1m 处沿轴线打一排木桩，架立木板，其后修筑土戗；或将梢料捆成长 2～3m、直径 0.2m 的埽捆，梆扎于木桩后，紧靠木桩逐层叠放。在放置第一层埽捆时，应先在坝顶上挖深约 0.1m 沟槽，埽捆后应散放秸料一层，厚约 0.2m，然后分层铺土夯实筑土戗。

6）铺防水布。如预计洪水漫顶时间短，且来不及修筑子堰时，可在坝顶和背水坡铺一层防水布（篷布、彩条塑料布等），允许洪水短时漫溢。

（4）注意事项

抢筑子堰务必全线同步施工，在洪水到来前全线完工；抢筑子堰时，在万不得已情况下可在背水坡坝肩处临时借土筑堰，在险情缓和后抓紧修复；抢修完成的子堰由于施工工期短，一般质量较差，应加强巡查防守。

4. 漏洞抢护技术

漏洞是最常见也是最危险的险情之一，如不及时抢护坝体有可能发生塌陷，甚至溃坝。

（1）产生原因

堤坝施工质量差，碾压不实；堤坝内部有蚁穴、兽洞等；坝体与刚性建筑物结合不好；渗水严重，产生集中渗流，土料被带出。

（2）抢险原则

漏洞抢护原则是"前堵后导，临背并举"。强调要抢早抢小，一气呵成。在抢护时应首先在迎水坡找到漏洞进水口，及时堵塞，截断水源；同时在背水坡漏洞出水口采取滤水导渗措施，制止土粒流失，防止险情扩大。切忌在背水坡出水口用不透水物料强塞硬堵。

（3）抢护方法

1）临水截堵

①塞堵法。当漏洞进水口较小，周围土质较硬时，可用棉衣、棉被、草包等软性材料填塞，或用预制草捆堵塞。此法适用于水浅，洞口接近水面，便于抢护的情况。施工方法如下：

软楔塞堵。用绳结成网格约 10cm 见方的圆锥形网罩，网内填麦秸、稻草等，为了防止入水后漂浮，软楔中可包裹黏性土料。软楔大头直径 40～60cm，长 1～1.5m。

草捆塞堵。用稻草、麦秸等用绳捆扎成圆锥体，大小可参照软楔尺寸，也应包裹黏性土料。

在塞堵软楔或草捆前，先将洞口杂物清除，再将草捆或软楔塞入进水口，塞时小头向洞口，如洞口较大时，也可用多个草捆或软楔塞入，再用棉被、篷布覆盖上面，用土袋压牢，最后用黏性土封堵闭气。

②盖堵法。用铁锅、软帘、薄木板、网兜等物，先盖住漏洞的进水口，然后在上面抛压黏土或土袋进行闭气，以截断洞内水流。

铁锅盖堵。采用锅直径比洞口大的铁锅，正扣或反扣在进水口，周围用胶泥封闭，可立即截断水流。如锅和洞口结合不密实，可先将铁锅用棉被等物包裹起来，待铁锅扣紧后，盖压土袋，并抛填黏性土，封闭严密，闭气断流。

软帘盖堵。适用于洞口附近流速较小，土质松软的情况。选用草帘、篷布、土工膜等重叠数层作成软帘，软帘上边用铁丝固定在坝顶木桩，下边坠以重物，使软帘贴紧边坡并顺坡往下滚动，把洞口盖堵严密后，再盖压土袋，并抛填黏土，封堵闭气。如用复合土工膜做软帘，其盖堵方法有手动助推杆式和电动式两种。

③戗堤法。当堤坝迎水坡漏洞进水口难以找准时，可采用抛黏土填筑前戗或筑月堤的方法进行抢护。具体方法如下：

黏土前戗。可参见渗水抢护中的前戗截渗法。如遇漏水流速大，填土从洞口冲出的情况，可先填筑洞口两侧的土，同时筹集一部分土袋集中抛投，初步堵住洞口后，再抛填黏土，一气呵成。

临河月堤法。如水不太深，可在洞口范围用土袋筑成月牙围堰，将漏洞进口围护在围堰内，再抛填黏土封闭。

2）背水导渗

为保证工程安全，在迎水坡堵截漏洞进水口的同时，还必须在漏洞出口处抢筑反滤导渗，以进一步稳定险情。采用的方法有反滤压盖、透水压浸台和反滤围井等，这些方法在前面管涌抢险中已详述，此处从略。

（4）注意事项

用临水截堵抢护漏洞险情成败与否，关键在于封堵闭气能否成功，真正使漏洞内闭气断流；凡发生漏洞险情的大坝，汛后应采用灌浆法、套井回填法或开挖回填法等予以彻底处理；在漏洞出口处切忌用不透水料强塞硬堵。

5．土坝裂缝抢护技术

对于土坝而言，裂缝是最常见的险情。裂缝有时可能是其他险情的预兆，如内部横向裂缝有可能发展为漏洞，而滑动性裂缝则是滑坡险情的初始阶段，须高度重视。

（1）产生原因

坝体或基础不均匀沉陷；施工质量差，夯压不实，土料含水量大；坝体与刚性建筑物结合不良；边坡过陡，坝体失稳；强烈震动。

（2）抢护原则

裂缝的抢护，首先应判断裂缝的类型，分析裂缝产生的原因，然后根据裂缝所在部位和严重程度，选择合适抢护方法。对于因不均匀沉陷产生的横向裂缝，或是滑坡裂缝，或是较宽较深的纵向裂缝，都应及时抢护，以免危及大坝安全。对于较窄的纵向裂缝，可用干细砂封堵缝口，以免雨水进入，也可暂不处理。

（3）抢护方法

对于非滑动性裂缝，在抢护时一般采用开挖回填方法，处理较彻底，抢护速度快。

1）梯形楔入法

梯形楔入法适用于坝顶或背水坡的纵向裂缝。开挖时采用梯形断面，或呈阶梯状，回填前先削坡并将结合面凿毛，回填时分层夯实，使新老土体紧密结合。

2）梯形加盖法

梯形加盖法适用于水库大坝迎水坡的纵向裂缝。开挖要求可参见梯形楔入法，但为满足防渗要求，坑槽上部应适当加大开挖范围。

3）横墙隔断法

横墙隔断法适用于水库大坝顶部的横向裂缝。在开挖时，除顺裂缝走向开挖直槽外，为防止渗水沿新老土体结合处产生渗流，在垂直渗流方向每隔 2 ～ 4m 加挖结合槽，在平面上呈十字形。为施工安全，可在迎水坡做挡水围堰。

（4）注意事项

发现裂缝后，应尽快用土工膜等加以覆盖，不让雨水流入，并加强观察；对伴随有滑坡、坍塌险情的裂缝，应先抢护滑坡、坍塌，待脱险并趋于稳定后再按上述方法抢护裂缝；在开挖坑槽前应向裂缝内灌入石灰水，再沿石灰痕迹开挖。开挖深度超过缝深0.5m，开挖长度应超过裂缝端部1m以上；回填时应分层夯实，每层虚土厚10～15cm。如坑槽周围土料过于干燥，应洒水湿润。回填土料应选用新鲜土，其密度重应稍大于原堤坝体的干密度。

6. 土坝滑坡（脱坡）抢护技术

滑坡是土坝严重险情之一，根据滑坡体范围，一般可分为坝体与基础一起滑动和坝体局部土体滑动两种。

（1）产生原因

造成滑坡的主要原因是滑动力超过了阻滑力，具体如下：

高水位持续时间长，或排水设施失效导致浸润线抬高，土体浸水饱和，抗剪强度降低，背水坡易产生滑坡；水位骤降，土体来不及排水，滑动力加大，迎水坡在渗水作用下易滑动；施工质量差，夯压不实，抗剪强度低，或者土料干密度低，或地基处理不彻底，土体抗剪强度未达到设计要求；设计不合理，断面单薄，边坡太陡。

（2）抢险原则

滑坡险情抢护的原则是"增加阻滑力，减小滑动力""上部削坡减载，下部固脚压重"。上部减载是在滑动体上部削缓边坡，以减小滑动力；下部固脚压重是抛石（或砂袋）压脚，以增加阻滑力。对因渗流引起的滑坡，须"前堵后导"，降低渗透水压力。如断面单薄，边坡过陡，则应加筑后戗予以加固。

（3）抢护方法

1）固脚阻滑法

此方法既能制止滑坡继续发展，又能加固坡脚，达到稳定险情的目的。如滑坡发生在背水坡，可在滑动体下部坡脚附近用块石砌筑堆石体，或者用块石、土袋、铅丝石笼等进行抛投，其体积大小由稳定计算确定。如滑坡发生在迎水坡，而水位又不能降低时，可用经纬仪定位，用船向水中抛石固脚。同时，还要视情况将滑动体上部进行削坡，以减小滑动力。

2）滤水土撑法

滤水土撑法又称滤水戗垛法。此方法适用于背水坡排水不畅，滑坡范围较大，取土较困难的情况。具体做法是：先在滑坡范围内全面抢筑反滤导渗沟，以减小渗水压力和降低浸润线，制止滑坡进一步发展，导渗沟要求可参见渗水抢护技术部分。接着每间隔 8 ~ 10m 修筑滤水土撑，以加固因滑坡造成的单薄堤坝体。每条土撑顺堤坝方向长 10m 左右，顶宽 5 ~ 8m，边坡 1：3 ~ 1：5，撑顶高出浸润线出逸点 0.5m 以上。土撑采用透水性较大的土料，分层填筑穷实。

3）滤水还坡法

此方法适用于背水坡，因浸润线出逸点过高或排水不畅而引起的严重滑坡。此方法通过在背水坡修筑反滤结构并恢复堤坝断面，从而消除险情。具体做法有以下四种（见表 3-26）。

表 3-26　具体做法

方法	主要内容
导渗沟滤水还坡	先在背水滑坡范围内做好导渗沟，其做法可参见前述反滤导渗沟，并予以覆盖保护，再将滑坡体顶部陡坡削成缓坡，最后用砂土分层夯实，做好还坡
反滤层滤水还坡	此方法与导渗沟滤水还坡做法基本相同，仅将导渗沟改为反滤层。反滤层做法参见前述渗水抢护
砂土还坡与梢土还坡	做法与上述导渗沟滤水还坡、反滤层滤水还坡基本相同。如地基不好，应先加固地基。然后清理滑坡体的松土、软泥，并将滑动体顶部陡坡削成缓坡，最后进行还坡。在还坡过程中，用砂土回填的称砂土还坡，用一层砂土、一层梢料回填的称梢土还坡

4）滤水后戗法

此方法适用于堤坝断面单薄、背水坡过陡、反滤料较丰富的情况。做法请参见前述渗水抢护中透水后戗法。

5）前戗截渗法

此方法一般与背水坡滑坡体处理同时进行。做法可参见前述渗水抢护中黏土前戗法。

（4）注意事项

滑坡后期一般发展较快，应抓紧时机，立即抢护，一气呵成；对于滑坡裂缝，不能采用灌浆方法，因为灌浆压力会加快滑动体下滑；不宜采用打桩固脚方法抢护滑坡，因为震动也会加快滑动体下滑；在滑动体上部，不能堆放重物，减少人员践踏，从而增加滑动力；如滑坡伴随有漏洞、严重渗水险情时，不能仅采取单一抢护方法，应综合考虑，采取临背并举或采用多种方法抢护，以策安全。

7. 土坝跌窝（塌坑）抢护技术

（1）险情

跌窝，是指坝体在高水位作用下，持续浸水饱和，大坝顶部、边坡及坡脚附近突然发生局部凹陷的现象。这种险情既破坏坝体完整性，有时还伴随渗水、漏洞等险情同时发生，严重时可能会导致大坝突然失事。

（2）产生原因

施工质量差，夯压不实，基础未处理好；坝体有隐患，如蚁巢、兽穴等；坝内涵管漏水，或管涌、流土、漏洞所致；刚性建筑物与土体结合处未处理好。

（3）抢护原则

根据险情出险的部位及原因，采用相应措施，防止险情扩大。对于跌窝，一般采用翻挖回填的方法处理。如跌窝伴有管涌、渗水、漏洞等险情时，应按照"临水截渗、背水导渗"的原则进行抢护。如水位较高，一时难以查明原因，可先对跌窝体进行临时性的填土处理。

（4）抢护方法

1）翻填夯实

此方法适用于水位不是很高，跌窝伴随管涌、渗水、漏洞等险情时。具体做法是：先将跌窝内松土挖出，再用新鲜土料分层填实夯实，直至恢复堤坝原状。

2）填塞封堵

如跌窝位于迎水坡的水下时，且水太深时，可先筑围堰，将水抽干后再翻挖回填。可用土袋直接在水下填实跌窝，再抛黏土加以封堵和帮宽。如堤坝断面单薄，可抢筑黏土前戗。

3）填筑滤料

如跌窝位于背水坡，且伴随管涌、渗水或漏洞等险情时，应尽快在迎水坡进行截渗。同时先将跌窝中松土清除，再用滤料填满跌窝，如条件允许，其上铺设反滤层效果更佳。

（5）注意事项

无论采用何种跌窝处理方法，在汛期后须予以彻底处理，如灌浆、重新翻挖回填、新设置防渗排水设施等。

8．土坝护坡抢护技术

（1）土坝护坡破坏的类型和原因

土坝护坡的形式，迎水坡一般采用干砌块石护坡，整体性较差。在风大浪急情况下，土坝迎水坡易遭受各种类型破坏，如脱落破坏、塌陷破坏、滑动破坏、挤压破坏等，其原因如下：

护坡设计标准低，块石重量不够，或风化严重；干砌块石砌筑质量差；没有垫层或垫层级配不好；护坡的底端或转折处未设基脚，结构不合理或埋深不够；水位骤降。

（2）抢护方法

当护坡受到风浪或冰凌破坏时，应立即采取临时性紧急抢护方法，以防止险情进一步恶化（见表3-27）。

表3-27　抢护方法

项目	内容
抛石抢护	适用于风浪较大，护坡已冲掉和坍塌的情况，这时应先抛填厚0.3～0.5m的卵石或碎石垫层，然后抛石，石块大小应足以抵抗风浪的冲击和淘刷
砂袋压盖	适用于风浪不大，护坡局部松动脱落，垫层尚未被淘刷的情况，此时可在破坏部位用砂袋压盖两层，压盖范围应超出破坏区0.5～1m范围
铅丝石笼抢护	适用于风浪很大，护坡破坏严重的情况。装好的石笼用设备或人力移至破坏部位，石笼间用铅丝扎牢，并填以石块，以增强其整体性和抵抗风浪的能力

（3）注意事项

在汛期过后，宜采用永久性工程措施对护坡进行加固。如：①局部翻砌，先按大坝原断面填筑土料和滤料垫层，再进行块石砌筑；②浆砌石（混凝土）框格，利用原护坡较小的块石浆砌框格，起到固架作用，中间再干砌较大块石。框格可筑成正方形或菱形等。

四、混凝土及砌石建筑物险情抢护技术

1. 水闸滑动抢护技术

修建在软基上的开敞式水闸，在高水位运行时闸室由于各种原因向下游侧移动失稳的险情，称为水闸滑动。滑动可分为三种类型：①平面滑动，②圆弧滑动；③混合滑动。

水闸下滑失稳的主要原因有：上游水位偏高，水平水压力增大；扬压力增大，减少了闸室的有效重量，从而减小了抗滑力；防渗、止水设施破坏或排水失效，导致渗径变短，造成地基渗透破坏，降低地基抗滑力；发生地震等附加荷载。

水闸滑动抢险的原则是："减少滑动力、增大抗滑力，以稳固工程基础。"

水闸滑动的抢护方法如下：

（1）闸上加载增加抗滑力。在闸墩、桥面等部位堆放块石、土袋或钢铁块等重物，加载量由稳定核算确定。加载时注意加载量不得超过地基承载力；加载部位应考虑构件加载后的安全和必要的交通通道；险情解除后应及时卸载。

（2）下游堆重阻滑。在水闸可能出现的滑动面下端，堆放土袋、石块等重物。其堆放位置和数量可由抗滑稳定验算确定。

（3）蓄水反压减少滑动力。在水闸下游一定范围内，用土袋或土筑成围堤，壅高水位，减小上下游水头差。围堤高度根据壅水需要而定，断面尺寸应稳定、经济。若下游渠道上建有节制闸，且距离又较近时，关闸壅高水位，也能起到同样的作用。

2. 闸顶防漫溢抢护技术

水闸漫溢是指开敞式水闸，由于防洪标准过低，致使洪水位超过闸门或胸墙顶部的险情。抢护方法如下：

（1）无胸墙开敞式水闸漫溢抢护。当闸孔跨度不大时，可焊一个平面钢架，其网格不大于0.3m×0.3m，用临时吊具或门机将钢架吊入门槽内，放在关闭的闸门顶上，靠在门槽下游侧，然后在钢架前部的闸门顶分层叠放土袋，迎水面用篷布或土工膜挡水，亦可用2～4cm厚木板，拼紧靠在钢架上，在木板前放一排土袋压紧，以防漂浮。

（2）有胸墙开敞式水闸漫溢抢护。可以利用闸前的工作桥在胸墙顶部堆放土袋，迎水面要压篷布或土工膜布挡水。

3. 闸门漏水抢护技术

如闸门止水橡皮损坏，可在损坏的部位用棉絮等堵塞。如闸门局部损坏漏水，可用木板外包棉絮进行堵塞。当闸门开启后不能关闭，或闸门损坏大量漏水时，应首先考虑利用检修闸门或放置叠梁挡水，若不具备这些条件，常采用以下办法封堵孔口。

（1）篷布封堵。若孔口尺寸不大，水头较小时，可用篷布封堵。其施工方法是：将一块较新的篷布，用船拖至漏水进口以外，篷布底边下坠块石使其不致漂浮，再在顶边系绳索，岸上徐徐收紧绳索，使篷布张开并逐渐移向漏水进口，直至封住孔口。然后把土袋、块石等沿篷布四周逐渐向中心堆放，直至整个孔口全部封堵完毕。切忌先堆放中心部分，而后向四周展开，这样会导致封堵失败。

（2）临时闸门封堵。当孔口尺寸较大、水头较高时，可按照涵闸孔口尺寸，用长圆木、角钢、混凝土电杆等杆件加工成框架结构，框架两边可支撑在预备门槽内或闸墩上。然后在框架内竖直插放外裹棉絮的圆木，使其一根紧挨一根，直至全部孔口封堵完毕。如需闭浸止水，可在圆木外铺放止水土料。

（3）封堵涵管进口。对于小型水库，常采用斜拉式放水孔或分级斜卧管放水孔，若闸门板破裂或无法关闭时，可采用网孔不大于20cm×20cm的钢筋网盖住进水孔口，再抛以土袋或其他堵水物料止水。对于竖直面圆形孔，可用钢筋空球封堵。钢筋空球是用钢筋焊一空心圆球,其直径相当于孔口直径的两倍。待空球下沉盖住孔口后,再将麻包、草袋(装土 70%)抛下沉堵。如需要闭浸止水,再在土袋堆体上抛撒黏土。对于竖直面圆形孔,也可用草袋装砂石料,外包厚 20～30cm 的棉絮,用铅丝扎成圆球,并用绳索控制下沉,进行封堵。

4. 消能防冲工程破坏的抢护技术

涵闸和溢洪道下游的消能防冲工程,如消力池、消力槛、护坦、海漫等,在汛期过水时被冲刷破坏的险情是常见的现象,可根据具体情况进行抢护。

(1)断流抢护。条件允许时,应暂时关闭泄水闸孔,若无闸门控制,且水深不大时,可用土袋堵塞断流。然后在冲坏部位用速凝砂浆补砌块石,或用双层麻袋填补缺陷,也可用打短桩填充块石或埽捆防护。若流速较大,冲刷严重时,可先抛一层碎石垫层,再采用柳石枕或铅丝笼等进行临时防护。要求石笼(枕)的直径约0.5～1m,长度在 2m 以上,铺放整齐,纵向与水流方向一致,并连成整体。

(2)筑潜坝缓冲。对被冲部位除进行抛石防护外,还可在护坦(海漫)末端或下游做柳枕潜坝或其他形式的潜坝,以增加水深,缓和冲刷。

5. 闸基渗透破坏抢护技术

由于涵洞地下轮廓线渗径不足,渗透比降过大,导致渗水险情发生;或者闸基有强透水层,承压水与库水相通,当渗流出口处渗透比降大于容许渗透比降时,导致管涌、流土险情发生,危及涵闸安全。对闸基渗透破坏抢护的原则是:上游截渗,下游导渗或蓄水平压,减小水位差。以上截为主,下排为辅。

具体抢护方法如下:

(1)闸上游抛黏土截流。经探测确定渗漏进口在建筑物基础不远处,可用船载黏土袋和黏土,运至已探测出的渗漏范围内,先铺土工膜或篷布,上抛土袋,再抛黏土落淤封闭。如渗漏进口分散,而且不明显,也可用船在渗漏区抛填黏土,形成铺盖层,防止渗漏。

(2)闸下游筑反滤围井。在下游冒水冒砂区,抢筑反滤围井,可在渗漏破坏区采用分层铺填沙石反滤盖重。其具体方法详见前述反滤围井和反滤压盖。如缺乏石料,也可采用秸料、树枝等梢料编排,排底层用细料,如麦秸、稻草等,厚 15～30cm,上层用粗梢料,如树枝、秫秸和芦苇等,厚 15～20cm,排上铺草帘或芦苇,厚 5～10cm,再压块石或砂袋,注意不得将柴草压得过紧,也可用土工织物代替,上压块石或砂袋。

(3)闸下游围堤蓄水平压,减小上下游水头差,其具体方法详见下游蓄水平压法,在下游渠道拦坝或利用渠道节制关闸,抬高水位减少水头,渗漏水来自压力管道或涵洞内时，应采用有关方法塞堵。

6. 泄洪建筑物坍塌险情抢护技术

在汛期高水位时，水闸进水段常遭受风浪淘刷。在开闸泄洪时，闸下游消力池、护坦、海漫、翼墙、防冲槽在泄流冲刷下引起坍塌，或地基变形，砌体冲失，形成冲刷坑。如不及时抢护，将危及泄洪安全。

坍塌险情的抢护原则是加强建筑物抗冲能力，加固基础，降低冲刷能力。具体抢护方法见表 3-28。

表 3-28　泄洪建筑物坍塌险情抢护方法

方法	内容
抛石笼	用铅丝或竹篾编笼，将块石或卵石装入笼内，抛入冲刷坑内。笼体一般容积为 $0.5 \sim 1m^3$，笼内装石不可过满，以利抛下后笼体变形减小空隙
抛投块石或混凝土块	护坡及翼墙基脚受到淘刷时，抛石体可高出基面；护坦、海漫部位一般抛填至原设计高程
抛柳石枕	用柳枝、芦苇等梢料裹块石或黏土块，捆扎成直径 $0.7 \sim 1m$、长 $5 \sim 8m$ 的柳石枕，抛入冲刷坑内
抛土袋	在缺乏石料时，将土装入麻袋或编织袋，袋口扎紧或缝牢后抛入冲刷坑内。袋内装土不宜过满，以便搬运和防止摔裂，人工抛投以 50kg 为宜，若机械抛填，根据袋的强度，可加大重量，也可将土袋装入尼龙网中用机械抛填
闸后修筑壅水坝	在闸后抢修壅水坝，抬高尾水位，减缓流速，其形式类似于下游围堤蓄水平压，其实质是截断或减小冲刷水流，避免高速水流对涵闸上下游连接建筑物的冲刷破坏
土工织物抢护	由于闸下游水流冲刷或土石结合部渗流作用造成闸下护坡坍塌时，可根据岸坡土质，选用土工织物反滤，上压土袋进行抢护

五、降低库水位的技术措施

1. 降低库水位的思路和原则

当水库发生险情后，首先就应利用现有的输、泄水建筑物降低库水位。当输、泄水建筑物下泄流量尚不能满足降低库水位要求时，应采取其他的工程措施进行降低库水位（如水泵、虹吸管抽水、增加溢洪道泄量及开挖坝体泄洪等），在降低库水位的过程中应考虑大坝本身的安全及下游影响范围内的防洪安全。

2. 具体方法

采用工程措施降低库水位的方法一般可分为常规工程措施和非常规工程措施。常规工程措施如水泵排水、虹吸管排水等；非常规工程措施如增加溢洪道泄流能力及开挖坝体泄洪等。

（1）水泵排水

水泵排水的特点如下：

水泵为常见的排水设备，应用广泛，易于采购；水泵规格型号较多，可根据不同的排水需要进行选择；其结构简单，操作简单且便于运输；一般对下游建筑物不会产生冲刷影响。

适用范围：由于水泵受排水量的限制，其排水强度不大，一般适用于库容较小的小型水库和山塘工程抢险，也可结合其他排水方法进行应用。

（2）虹吸管排水

虹吸管排水的特点如下：

虹吸管原理比较简单，并广泛应用于水利工程中；虹吸管安装工艺简单；虹吸管的主材及配件较为普遍，易于采购，而且价格低廉。外塑料管较轻便、可采用人工搬运，便于地处偏僻、交通不便的水库抢险；虹吸管拆卸方便，使用完毕可作为防汛物资储备；虹吸管的连接方式方便，可根据排水量及排水速度选择虹吸管的管径大小及组数。

适用范围：由虹吸管的原理可知，管内的真空应有一定的限制，真空度一般限制在 7 ~ 8m 水柱以下，因此，进水口至最高点的高差以不超过 8m 为宜，虹吸管排水一般适宜用于低坝水库排水。

（3）增加溢洪道泄流能力

增加溢洪道泄流能力的工程措施，以增加溢洪道泄流断面面积、改善洪水出流条件为主，可采用以下三种工程措施：

1）增加溢洪道过水断面宽度。根据溢洪道所在的位置及型式，将溢洪道拓宽，增加泄流量。如位于山岙处的开敞式溢洪道，可对溢洪道两边进行开挖，增加溢洪道过水断面宽度。

2）降低溢洪道底高程。降低溢洪道底高程应根据溢洪道的溢流型式，选用合适的方法：对于人工筑建的实体堰，应先将堰体进行拆除；对于开敞式堰体，应结合溢洪道基础的工程地质条件状况，采用不同的工程措施，如人工爆破、开挖等。

3）选择适宜的山凹哑口，增加溢洪道泄流能力。溢洪道增加泄流断面后，其泄流量大幅度增加，能快速降低库水位，特别是在还有后继洪峰的情况下，可以有效控制库水位，防止工程险情恶化。

适用范围：采用增加溢洪道泄流能力工程措施，只有在溢洪道工程结构合适的情况下才能使用。拓宽溢洪道以增加泄流量，只能在库水位高于溢流堰顶高程时才能使用。降低溢洪道堰顶高程以增加泄流量，只能起到控制库水位的作用，但很难放空水库。

（4）开挖坝体泄洪

开挖坝体泄洪亦称为破坝泄洪，即在大坝（副坝）坝顶合适部位开槽进行泄洪，坝顶开槽完成后，在槽内四周铺设土工膜、彩条带等防冲护面材料。应特别注意将防冲材料的四周连接固定，以防被水冲走。有条件时可以采用钢管（如脚手架钢管）网格压住防冲材料，钢管网格采用锚杆深入坝体中加固。

开挖坝体泄洪特点如下：

可快速降低库水位；可采用大型机械设备进行施工，施工进度较快；可根据抢险的需要控制库水位高程。

适用范围：开挖坝体泄洪一般是在大坝（或副坝）出现严重险情时，考虑到下游保护对象的重要性，水库难以用简易措施在 3 ~ 5 天内排除险情的情况下，可采用挖坝泄洪。由于挖坝泄洪将对大坝产生一定的破坏作用，恢复原状则需花费一定的财力物力。因此，当水库出现严重险情，且工程老化严重、工程隐患较多，处理技术难度大时，可采用挖坝泄洪。该方法一般适用于小型土石坝工程抢险。开挖的坝体要依次分层开挖，每层的溢流水深以不超过 0.5 ~ 0.6m 为宜，控制流速不要超过 3.5 ~ 4m/s；在库水位降至预定要求水位后，对开挖的临时泄水通道要进行加固，要能满足当年安全度汛要求。

3．注意事项

在降低库水位过程中，应考虑在库水位骤降工况下的上游坝坡抗滑稳定性，采取必要措施，确保工程安全；为满足虹吸管的安装，需要挖槽以降低坝顶高程，其开挖面需要做好保护措施；做好虹吸管出口的防冲措施，最好将出口延长至超过大坝外坡脚范围，并做好简单的消能设施；采用增加溢洪道泄流能力、开挖坝体等措施进行降低库水位时，应考虑下游坝脚的消能防冲保护。在采用爆破方法降低溢洪道底高程时，应注意爆破的方式、范围及药量，避免因爆破引起其他险情；挖坝泄洪存在一定风险，只有在其他方法难以有效降低库水位时，才考虑采用，同时应考虑溃坝风险，因此，要及时动态地掌握水库的库容、蓄水位，正确确定除险方案和下游人员安全转移的范围。

六、水库安全应急预案

1．基础内容

预案，是指水库发生突发安全事件时，为避免或减少损失而预先制定的方案，是提高水库管理单位及其主管部门应对突发事件能力，降低水库风险的重要非工程措施。

（1）水库安全突发事件

水库安全突发事件，是指突然发生的，可能危及水库安全并造成重大生命、经济损失和严重社会环境危害，影响公共安全的紧急事件，一般包括：

1）自然灾害类。如洪水、上游水库大坝溃决、地震、地质灾害等。

2）事故灾难类。如因大坝质量问题而导致的滑坡、裂缝、渗流破坏等而导致的溃坝或险情；工程运行调度、工程建设中的事故及管理不当等导致的溃坝或险情；影响生产生活、生态环境的水库水污染事件。

3）社会安全事件类。如战争或恐怖袭击、人为破坏等。

4）其他水库突发事件。

（2）水库安全应急预案编制原则

水库安全应急预案编制原则，见表3-29。

表3-29 水库安全应急预案编制原则

原则	主要内容
分级负责	实行分级管理，明确职责，实施行政首长负责制与责任追究制
以人为本	体现风险管理理念，尽可能避免或减少损失，特别是生命伤害，保障公共安全
可操作性	预案设定的各项内容应体现判别明确、程序科学、职责分明、措施可行等要求，预案应以文字和图表形式表达，形成书面文件
预防为主	通过对水库可能突发性安全事件的深入分析，事先制定减少和应对突发事件发生的对策
协调一致	预案应和本地区、本部门其他相关预案相协调
动态管理	预案应根据实际情况变化适时修订，不断补充完善。若有重大变动，必须经原审批单位重新审批

2. 水库概况

（1）流域及社会经济概况

流域及社会经济概况主要为与水库安全有关的流域自然地理、水文气象、水利工程等基本情况；水库上下游的社会经济基本情况，特别是当突发事件发生后可能受影响的居民居住区位置、人口、重要设施、工矿企业等情况。

（2）工程概况

水库主要功能、工程等级、坝型、防洪标准以及挡水、泄水、输水等建筑物的基本情况；水库库容曲线、泄流曲线及工程受益范围等工程基本情况，并列出水库工程技术特性表；水库工程质量（包括工程地质条件、坝体填筑及坝基处理等）及历次重大改建、扩建、加固与安全鉴定等简况；工程当前存在的主要安全问题。

（3）水情测报与控制运行概况

1）水情测报简述，主要包括水库所在流域暴雨、洪水特征；水库所在流域水文测站（包括水文自动测报系统）分布、观测项目；水库报汛方式及洪水预报方案以及预见期、预报精度及实际效果等。

2）工程调度简述，主要包括控制运用计划、水库历年调度简况、高水位运行情况和当前工程调度中存在的主要问题。

（4）水库监测概况

水库大坝工程安全监测系统。

闸门监控系统。简述监控项目、仪器设备、闸门监控系统的有效性。

水质监测系统。

（5）历次重大安全事件及处置情况

发生过的危及水库安全的工程病险及处理；发生过的大洪水事件以及应对措施；其他安全突发事件及处置。

3．突发事件分析

（1）水库安全现状分析

1）工程安全现状分析。

根据最近一次大坝安全鉴定结论，总结大坝存在的主要工程隐患；如果鉴定意见为"Ⅲ类坝"，应说明除险加固方案和加固质量情况，竣工验收结论，大坝目前仍存在的工程隐患；对尚未完成大坝安全鉴定工作的水库，可以通过专家现场检查等方式，结合实际运行情况，总结存在的主要问题和工程隐患；其他影响工程安全因素的现状分析。

2）水环境安全现状分析。根据水库当前水环境情况、季节变化与纳污总量等对水库水环境安全现状进行分析。

（2）可能突发事件分析

可能突发事件分析，应由水库管理单位或委托专业机构组织有关专业的专家在现场检查等工作的基础上分析确定，必要时应在现场检查与专题分析的基础上再行确定；根据流域洪水特点、环境变化、工程地质条件，分析判断是否存在自然灾害类突发事件及其可能性大小；根据水库安全现状分析结果、水库运行管理条件和水平及水库功能，分析判断是否存在事故灾难类突发事件及其可能性大小；根据水库地处位置，社会经济发展环境与动态，分析判断是否存在社会安全事件类突发事件及其可能性大小，社会安全事件类突发事件分析应体现水利反恐有关规定；对其他突发事件发生的可能性进行分析。

（3）突发事件的可能后果分析

1）超标准洪水事件后果分析。

分析超标准洪水状况下可能造成的水库挡水、泄水建筑物及下游河道堤防等建筑物的后果，并为水库超标准洪水调度提供参考；绘制超标准洪水下上下游洪水风险图，洪水演进分析可采用一维演进模型，根据洪水风险图分析淹没范围、人口，并进行严重性与损失分析，作为安全转移的依据；当超标准洪水可能导致溃坝事件时，其后果分析按突发溃坝事件后果分析；大型、重点中水库应对下游洪水淹没与灾害损失做专题研究。

2）突发性工程险情事件后果分析。

根据水库工程安全现状分析可能出现的险情，进行可能重大工程险情事件后果分析，可能重大工程险情事件应包含各类水库建筑物可能出现的各类重大险情。

3）溃坝事件后果分析。

溃坝洪水分析；溃坝洪水淹没范围及严重程度分析；淹没区生命伤害、经济损失和社会环境影响分析；大型、重点中型水库应对下游损失做专题研究。

4）突发水污染事件后果分析。

5）突发性社会事件后果分析。

（4）可能突发事件排序

根据突发事件后果，对可能发生的突发事件进行排序，选择发生可能性较大的突发事件，作为应急处置的主要目标。

4. 应急组织体系

绘制预案编制、审查、批准、启动、实施、结束等过程的应急组织体系框图，明确政府（防指）、水行政主管部门、水库主管部门或业主、水库管理单位应急指挥机构、专家组、抢险队伍等之间的相互关系。

（1）政府（防指）

按照分级负责、属地管理的原则，水库属地政府（防指）为水库大坝突发事件应急处置的责任主体，其职责一般包括确定对应水库大坝突发事件的各职能部门的职责、责任人及联系方式；组织协调有关职能部门工作。

（2）水行政主管部门

明确水行政主管部门的职责及相关责任人与联系方式。其主要职责一般包括主要领导参加应急指挥机构；协助政府建立应急保障体系；参与并指导预案的演习；

参与预案实施的全过程；参与应急会商；完成应急指挥机构交办的任务。

（3）水库主管部门或业主

明确水库主管部门或业主的职责及相关责任人与联系方式。其主要职责一般包括筹措编制预案的资金；负责预测与预警系统的建立与运行；组织预案的演习；参与预案实施的全过程；参与应急会商；完成应急指挥机构交办的任务等。

（4）水库管理单位

明确水库管理单位各部门在险情监测与巡视检查、抢险、应急调度、信息报告等工作中的职责与责任人及其联系方式和对应联系对象；参与预案实施的全过程；参与应急会商；完成应急指挥机构交办的任务等。

（5）应急指挥机构

按照分级负责、属地管理的原则，明确水库大坝突发事件应急指挥机构，确定一名地方行政首长作为应急指挥机构的指挥长；明确应急指挥机构成员单位及其职责；明确应急指挥机构成员单位相关责任人及联系方式。

（6）专家组

预案中应明确为应急处置提供技术支撑的专家组及专家组组长与成员名单、单位、专业、联系方式。专家组一般由水利、气象、卫生、环保、通信、救灾、公共安全等不同领域专家组成，主要负责收集技术资料，参与会商，提供决策建议，必要时参加突发事件的应急处置。

（7）抢险队伍

明确抢险队伍的组成、任务、设备需求以及负责人与联系方式。

（8）突发事件影响区域的地方人民政府与有关单位

明确突发事件影响区域的地方人民政府与有关单位的职责与相关联系人及联系方式。其职责包括组织群众参与预案演习、负责组织人员撤离等。

5. 突发事件等级划分

按照水库安全突发事件所可能产生后果的严重程度和影响范围，水库安全突发事件一般分为特别重大（Ⅰ级）事件、重大（Ⅱ级）事件、较大（Ⅲ级）事件和一般（Ⅳ级）事件四级，各级事件分级参考标准如下。

（1）特别重大（Ⅰ级）事件

凡发生以下情况之一者，并可能危及公共安全的，为特别重大（Ⅰ级）事件。

大中型水库发生溃坝险情，或发生重大工程险情，抢险工作十分困难，极易造成溃坝险情；上游水库发生溃坝，严重影响大中型水库大坝安全；水库水位已超过校核水位；水库遭遇超标准洪水时下泄洪水对下游乡镇、企事业单位、居民生命财产可能构成极大威胁，或可能对重要基础设施造成巨大破坏；作为县级或以上集中供水水源地的水库发生突发性水污染，影响或可能影响安全供水的，或作为乡镇级供水水源的水库发生突发性重大水污染事件，影响或可能影响安全供水的。

（2）重大（Ⅱ级）事件

凡发生以下情况之一者，并可能危及公共安全的，为重大（Ⅱ级）事件。

小型水库发生重大险情，并危及公共安全；或大中型水库出现工程险情，但具备一定的抢险条件，工程险情在可控制范围内，一般不会造成溃坝险情；水库水位超过设计洪水位，但低于校核洪水位；水库遭遇超标准洪水时下泄洪水对下游乡镇、企事业单位、居民生命财产构成较大威胁，或对重要基础设施可能造成较大破坏；作为乡镇级供水水源的水库发生突发性水污染事件，影响或可能影响安全供水的；或作为村级供水水源的水库发生重大突发性水污染事件，影响或可能影响安全供水的。

（3）较大（Ⅲ级）事件

发生以下情况之一者，为较大（Ⅲ级）事件。

小型水库发生重大险情，并危及公共安全；水库水位超过防洪高水位，但低于设计洪水位；作为村级供水水源的水库发生突发性水污染事件，影响或可能影响安全供水的。

（4）一般（Ⅳ级）事件

发生以下情况之一者，为一般（Ⅳ级）事件。

小型水库出现局部一般工程险情，且工程险情可控制；水库水位超过汛限水位，但低于防洪高水位和设计洪水位；因村级供水水源的水库发生局部突发性水污染事件，对生产、生活与生态环境影响不大的。

（5）等级变更

当水库安全突发事件所产生的严重程度、影响范围和发展趋势发生变化时，应根据严重程度和发展趋势，适时调整（降低或提高）事件等级。

6. 预防、监测与预警

针对水库可能的突发安全事件，建立监测、预测与预警系统，做好风险分析，对水库可能发生的突发事件进行严密监测和预警。

（1）监测系统

监测系统包括仪器监测、人工巡视检查、防汛防台检查与险情监测等。

（2）预警系统

1）预警等级。对应突发事件等级划分，水库安全预警等级分别为Ⅰ级、Ⅱ级、

Ⅲ级、Ⅳ级，依次用红色、橙色、黄色和蓝色表示。

2）预警信息。预警信息一般包括突发事件的类别、预警级别、起始时间、可能影响范围、警示事项、应采取的措施和发布机构等。

3）预警信息发布；预警信息调整和解除。

7．应急响应

（1）应急响应等级

根据特别重大（Ⅰ级）事件、重大（Ⅱ级）事件、较大（Ⅲ级）事件和一般（Ⅳ级）事件等突发安全事件等级，分别自动对应Ⅰ级、Ⅱ级、Ⅲ级、Ⅳ级应急响应，并规定各级相应的内容与要求。

（2）预案启动条件

1）直接启动。当水库遭遇如下情况，并将造成特别重大或重大损失时，发出红色警报，直接启动预案。

遭遇超标准洪水；地质灾害或地震造成大坝溃决或即将溃决；上游水库溃坝造成大坝溃决或即将溃决；工程出现重大险情，大坝溃决或即将溃决；战争、恐怖事件、人为破坏等其他原因造成大坝溃决或即将溃决；库区水质污染，严重威胁居民生命安全和生产生活或严重破坏生态环境。

2）会商启动。当水库遭遇较大或一般损失时，发出橙色或以下警报，在会商后决定是否启动预案。

工程出现严重险情，有可能造成水库大坝溃决；监测资料明显异常，对水库大坝安全不利；水情预报可能有超标准洪水；地震或地质灾害，有可能造成水库大坝溃决；上游水库大坝溃决，有可能造成下游水库大坝溃决；战争、恐怖事件、人为破坏等其他原因，可能造成水库大坝溃决；库区水质污染，影响居民生命安全、生产生活及生态环境。

（3）预案启动程序

1）直接启动。

水库管理单位将水库大坝溃决或即将溃决、严重水污染等突发事件的信息立即报告应急指挥机构指挥长；应急指挥机构指挥长接到报告后，在规定的时间内发出启动预案的命令，预案启动。

2）会商启动。

当水库出现可能导致大坝溃决险情或水污染等突发事件时，水库管理单位应在规定的时间内按程序报告；应急指挥机构根据险情报告，召集相关部门与专家组会商决定是否启动预案；当会商决定启动预案时，应急指挥机构指挥长应在规定的时间内发出启动预案的命令，预案启动。

（4）应急处置

应急处置的主要内容，见表3-30。

表3-30　应急处置的主要内容

项目	内容
险情报告	规定险情报告、通报的程序、内容、范围、方式、时间与频次要求，记录要求及有关责任单位及责任人、联系人的联系方式等
应急调度	针对可能发生的突发事件，制定相应应急调度方案，如控制下泄流量等。规定应急调度方案的操作程序，确定各种紧急情况下的调度权限、调度命令下达、执行的部门与程序及有关责任单位及责任人、联系人的联系方式等
应急抢险	针对可能导致的突发安全事件，制定抢险工作方案。规定通知、调动抢险队伍的方式以及抢险队伍到达现场的时间及任务要求
应急监测和巡查	规定应急监测的要求，规定应急监测和巡查人员组成及监测和巡查结果的上报方式与程序，规定应急监测与巡查的记录方式
人员应急转移	针对可能导致的突发安全事件，确定溃坝洪水或超标准洪水淹没区域人员和财产转移撤离安置组织和实施的流程图，确定人员转移撤离警报的发布条件、时机、形式、权限、送达对象及联系方式，确定转移人员和财产的数量、次序、路线、交通工具、安置点及安置方式，并确定人员和财产转移撤离后的警戒措施，还需确定人员撤离过程中的抢救方案及责任人、联系人联系方式
临时安置	制定应急转移人员的生活、医疗、交通、通信等保障措施与标准，确定应急转移财产的临时存放地点、保安措施及实施方案，明确相关责任单位、责任人、联系人的联系方式

（5）应急结束

规定应急处置工作结束的条件和程序。

（6）善后处理

制定对突发事件中的伤亡人员、参加应急处置的工作人员、受灾群众与有关单位的财产损失，紧急调集、征用有关单位及个人物资进行抚恤、补助或补偿的办法，明确相关责任单位、责任人的联系方式。

（7）调查与评估

对水库突发安全事件的起因、性质、影响、责任、经验教训和恢复重建等问题进行调查评估，规定工作内容、程序、时间要求及报告方式。

（8）信息发布

有关防汛指挥部门通过报纸、广播、电视、网络等媒体，及时发布水利工程抢险救灾动态信息，信息发布要及时、准确；有关防汛指挥部门要及时开展抢险救灾宣传工作，动员社会力量参与抢险救灾，帮助受灾群众渡过难关，要求及时、准确、客观、全面进行宣传报道。

8. 应急保障

根据当地实际情况，明确应急组织、应急费用、应急物资、紧急救援、基本生活、医疗和防疫、交通运输、治安、通信等应急保障措施，明确相关责任部门与责任人、联系人及其联系方式。

应急物资须根据抢险要求提出抢险物资种类、数量和运达时间要求。说明水库自备和可征用的抢险物资种类、数量、存放地点、交通运送、联系方式等。

9. 宣传、培训与演练

（1）宣传。向受影响区域公众告知水库存在的风险情况与预案组织单位，确定宣传内容、时间、场合和方式。

（2）培训。预案制定后，确定由何单位、何时、何处、何种方式组织受影响区域公众的培训，使公众了解事件处理流程和撤离方法。

（3）演练。确定以适当方式和规模组织预案演练。

10. 附表附图

应及时将以下相关图表备案。

水库及其下游重要防洪工程和重要保护目标位置图；水库枢纽平面布置图；大坝典型纵、横断面图、主要建筑物剖面图；水库工程特性表；水位、泄量、下游河段安全泄量、相应洪水频率和水位图表；淹没风险图；险情记录与报告表；应急保障物资储备情况及发布图表；突发事件应急指挥机构框图表；应急保障队伍通信联络图；应急保障系统结构关系框图；历次安全鉴定报告书等。

第五节　水库防洪安全控制

一、综合利用水库调度运用

为合理、科学地进行综合利用水库调度运用，保证水库防洪安全，充分发挥水库的综合效益，水利部于1993年颁发了《综合利用水库调度通则》，使水库调度工作更加正规化、规范化。

1. 一般规定

（1）水库调度运用要依据经审查批准的流域规划、水库设计、竣工验收及有关协议等文件。水库设计中规定的综合利用任务的主、次关系和调度运用原则及指标，在调度运用中必须遵守，不得任意改变，情况发生变化需改变时，要进行重新论证并报上级主管部门批准。

（2）水库调度要在服从防洪总体安排保证水库工程安全的前提下，协调防洪、兴利及各用水部门的关系，充分发挥水库防洪、蓄水兴利的最大综合利用效益。

（3）水库调度运用工作的主要内容包括：①编制水库防洪与兴利调度运用计划；②进行短期、中期、长期水文预报；③进行水库实时调度运用。

（4）水库管理单位应根据水库规划设计等有关文件、资料并掌握水库所在流域及有关区域的自然地理、水文气象、社会经济、水利化发展、河道防洪工程系统及其保护对象、综合利用各部门用水要求等基本情况，为水库调度运用提供可靠的依据。

（5）水库管理单位要结合具体情况，编制本水库调度运用规程，按照隶属关系报上级主管部门审定。影响范围跨省（自治区、直辖市）的重要水库，应报流域机构审定。由串联、并联水库群共同负担下游防洪和兴利任务的，水库群主管部门应主持制定联合调度运用方案，并负责指挥水库群的实时调度。水库管理单位应当根据批准的计划和水库主管部门的指令进行水库的调度运用。在汛期，水库调度运用必须服从防汛指挥机构的统一指挥。

（6）水库调度运用要采用先进技术和设备，研究优化调度方案，依靠科学进步不断提高水库调度运用工作的技术水平。

2. 水库调度运用指标和基本资料

（1）水库调度运用的主要技术指标包括上级批准或有关协议文件确定的校核洪水位、设计洪水位、防洪高水位、汛期限制水位、正常蓄水位、综合利用的下限水位、死水位、库区土地征用及移民迁安高程、下游防洪系统的安全标准、城市生活及工业供水量、农牧业供水量、水电厂保证出力等。

新建成的水库，如在工程验收时规定有初期运用要求的，应根据工程状况逐年或分阶段明确规定上述运用指标，经水库主管部门审定后使用。

（2）基本资料是水库调度运用的基础，必须可靠。对水库调度运用关系重要的资料要求有以下方面：

1）库容曲线。应使用近期合格的 1/5000 ~ 1/25000 地形图量制的库容曲线成果。在多沙河流上的水库，要求 3 ~ 5 年施测一次库区地形图（包括水下部分），如发生大洪水应在当年汛后施测，并绘制新库容曲线。一般河流上的水库，当泥沙淤积对有效库容影响较大时，亦应施测库区地形图，修正原库容曲线，并按程序核定后公布使用。

2）设计洪水。运行多年的水库应对原设计洪水进行复核，使用最新审批的成果。

3）泄水、输水建筑物的泄流曲线应经过实测资料率定。

4）下游河道的安全泄流量。要采用流域防洪规划所规定的水库下游河道控制断面的安全泄流量。

水库管理单位，应将水库的基本资料汇编成册，并根据资料的积累和变化情况及时予以补充和修正。

（3）因工程情况或设计洪水、径流量、库容、泄洪能力、下游河道安全泄流量等基本数据发生重大变化，需要改变水库设计调度运用规定时，水库管理单位提出要求，由水库主管部门组织有关单位，在核实和修正基本资料的基础上，按照有关规程、规范复核修改运用指标，报上级主管部门审定后使用。

3．水库防洪调度一般规定

（1）水库防洪调度的任务是根据规划设计确定或上级主管部门核定的水库安全标准和下游防护对象的防洪标准、防洪调度方式及各防洪特征水位对入库洪水进行调蓄，保障水库大坝和下游防洪安全。遇超标准洪水，应力求确保水库大坝安全并尽量减轻下游的洪水灾害。

（2）防洪调度的原则，具体有以下方面：

在保证水库大坝安全的前提下，按下游防洪需要对洪水进行调蓄；水库与下游河道堤防和分洪区、滞洪区防洪体系联合运用，充分发挥水库的调洪作用；防洪调度方式的判别条件要简明易行，在实时调度中对各种可能影响泄洪的因素要有足够的估计；汛期限制水位以上的防洪库容调度运用，应按各级防汛指挥部门的调度权限，实行分级调度。

（3）编制防洪调度计划，一般应包括：①核定（或明确）各防洪特征水位；②制定实时防洪调度运用方式及判别条件；③制定防御超标准洪水的非常措施及其使用条件，重要水库要绘制垮坝淹没范围图；④编制快速调洪辅助图表；⑤明确实施水库防洪调度计划的组织措施和调度权限。

（4）水库在汛期应依据工程防洪能力和防护对象的重要程度，采取分级控制泄洪的防洪调度方式。水库控泄级别，按下游排涝、保护农田、保障城镇及交通干线安全等不同防护要求划分，依据其防护对象的重要程度和河道主槽、堤防、动用分洪措施的行洪能力，确定各级的安全标准、安全泄量和相应的调度权限。同时，还要明确规定遇到超过下游防洪标准的洪水后，水库转为保坝为主加大泄流的判别条件。

（5）入库洪水具有季节变化规律的水库，应实行分期防洪调度。如原规划设计未考虑的，可由管理单位会同设计单位共同编制分期防洪调度方案，经水库主管部门审批后实施。

分期洪水时段划分，要依据气象成因和雨情、水情的季节变化规律确定，时段划分不宜过短，两期衔接处要设过渡期，使水库水位逐步抬高；分期设计洪水，要按设计洪水规范的有关规定和方法计算；分期限制水位的制定，应依据计算的分期设计洪水（主汛期，应采用按全年最大取样的设计洪水），按照不降低工程安全标准、承担下游的防洪标准和库区安全标准的原则，及相应的泄流方式，进行调洪计算确定。

（6）大型水库和重要中型水库，必须依据经审定的洪水预报方案，进行洪水预报调度。预报调度形式可视水库的具体情况和需要采用预泄、补偿调节、错峰调度方式等。无论采用上述哪种预报调度方式，在实施时都要留有适当余地，以策安全。

（7）当遇到超过水库校核标准的洪水时，要及时向下游报警并尽可能采取紧急抢护措施，力争保主坝和重要副坝的安全。需要采取非常泄洪措施的，要预先慎重拟定启用非常泄洪措施的条件，制定下游居民的转移方案，按审批权限经批准后实施。

（8）在入库洪峰已过且已出现了最高库水位后的水库水位消落阶段，应在不影响土坝坝坡稳定和下游河道堤防安全的前提下，安排水库下泄流量，尽快腾库，在下次洪水到来前使库水位回降到汛限水位。

（9）具有防洪兴利重叠库容的水库，应根据设计确定的收水时间，安排汛末蓄水。在实施中，可根据当时的天气形势预报和得、失净效益分析提出收水意见，经水库主管部门同意后，调整收水时间，及时蓄水。

（10）多泥沙河流上的水库，应根据水库的具体情况和泥沙运动规律，研究采用适宜的排沙方式，如"异重流排沙"、"蓄清排浑"和"泄空集中拉沙"等，实行调水、调沙相结合的调度方式。

（11）承担防凌任务的水库，应根据水库下游河道防凌的要求，制定凌汛期水库蓄泄的调度计划。

二、水库控制运用计划

水库的主要作用是调节天然径流。水库的主要任务是兴水利、除水害。在水库实际调度运用中，兴利和除害经常表现为矛盾的两方面。汛限水位越低，重叠库容越大，防洪库容和调洪库容就越大，对防洪安全则越有利。而汛限水位越低，欲在汛末蓄到正常蓄水位难度越大，不利于兴水利。而且，各兴利部门间在水量分配上也存在种种矛盾。这就需要水库管理单位合理拟定水库的各种特征水位和相应下泄流量，对可能发生的各种频率洪水事先制定汛期控制运用计划，做到有计划地蓄、泄洪水，充分利用水量，即科学编制防洪调度计划和兴利调度计划。

《中华人民共和国防汛条例》规定：水库、水电站等工程的管理部门，应当根据工程规划设计、防御洪水方案和工程实际状况，在兴利服从防洪，保证安全的前提下，制定汛期调度运用计划，经上级主管部门审查批准后，报有管辖权的人民政府防汛指挥部备案，并接受其监督。汛期调度运用计划经批准后，由水库、水电站等工程的管理部门负责执行。

1. 水库控制运用计划编制原则与要求

（1）水库控制运用计划编制应以国家和省颁布的有关法律法规和技术规范、批准的流域洪水调度方案（或防御洪水方案）、抗旱预案（或应急水量调度方案）和工程设计、工程安全状况等为依据，坚持以人为本、安全第一、局部服从整体、兴利服从防洪的原则，科学处理防洪与兴利的关系。

（2）水库管理单位应及时了解和掌握水库所在流域及有关区域的水文气象、社会经济、保护对象、下游河道防洪工程建设、库区回水影响范围内实际情况及各用水部门的需水要求等方面的历史和最新情况，为编制水库控制运用计划提供完整、可靠的基础资料。

水库控制运用计划包括防洪调度计划和兴利调度计划。

（3）水库防洪调度计划编制应结合本水库工程运用、水文气象特征、库区土地征用和居民迁移、下游河道堤防防御能力及分滞洪区的实际设防情况，综合确定水库汛期运行的各特征水位和蓄泄方案，科学安排，做到有计划地蓄水和泄洪，充分发挥水库的蓄洪、滞洪和削峰作用。

在汛期来临之前，洪水调度计划需要编制完成，水库洪水调度计划应该包括如下内容：当年汛期水文气象预报数值、水库调洪规则、汛期防洪限制水位的确定、水库调度控制水位和下泄流流量要求、建议以及存在的问题等。

（4）水库兴利调度计划编制应按工程设计的开发目标确定主次关系，以"保证重点、兼顾一般"为原则，充分发挥水库的兴利功能，最大限度地利用水资源。

水库兴利调度计划是水库发挥兴利效益的重要保障，兴利调度计划通常应包括如下内容：对当年（期，月）水库来水量进行预测、协调有关各部门对水库供水的要求、拟定水库各时段控制运用的指标以及制定具体的水库供水计划等。

2. 水库控制运用计划编写提纲

水库控制运用计划编写提纲主要有以下五方面。

（1）基本情况

水库概况；水库控制运用情况；上年度水库控制运用总结。

（2）防洪调度计划

基本资料；水库大坝安全评估；汛期划分；防洪特征水位；防洪调度及运用。

（3）兴利调度计划

入库径流；各部门用水需求；兴利特征水位；兴利调节计算及调度计划。

（4）安全度汛措施

防汛组织；泄洪预警；应急预案。

（5）附图表

水库工程位置示意图（含流域水系及水雨情测站分布等）；工程特性表；水库枢纽布置图；水库"水位—面积—库容"图表；各泄水建筑物泄流能力图表；设计暴雨、洪水成果图表；洪水调节、径流调节计算成果汇总表；防洪、兴利调度图。

3. 水库控制运用计划的审批

凡水库运用计划和指标的制定、修改、补充都必须报请上级主管部门批准后执行。对水库控制运用计划的审批根据工程等别实行分级管理。如浙江省规定：大型水库和重要中型水库，由所在县（市）主管部门与水库管理单位研究编制控制运用计划，经地（市）主管部门审查后报省水行政主管部门审批；中型水库由县（市）主管部门与水库管理单位研究编制计划后，报地（市）水行政主管部门审批，报省水行政主管部门备案；小型水库控制运用计划由县（市）水行政主管部门审批。

水库控制运用计划采用核准制。以浙江省内已通过竣工验收的大型水库为例，在每年2月底前完成水库年度控制运用计划编制，3月5日前报市水行政主管部门复审，3月15日前报省水行政主管部门。省水行政主管部门收到申请人提交的送审材料后进入核准程序，如审核同意，则于4月15日前下达水库年度控制运用计划核准通知。

三、防洪预案

1. 编制防洪预案的必要性

组织制定防洪预案是防汛抢险的基础性工作，也是取得防洪减灾成效的重要保障。近年来，在国家防汛抗旱总指挥部统一部署下，各地先后制定了《防汛抗旱应急预案》、《江河防御洪水方案》、《台风防御方案》、《山洪灾害防御方案》、《城镇洪涝防御方案》及《防洪避险人员转移方案》等预案；各省也配套出台了系列地方性预案，如浙江省先后出台了《浙江省防汛防台抗旱应急预案》《钱塘江防御洪水方案》《东苕溪防御洪水方案》《浙江省防御台风灾害预案》《浙江省防御洪涝台灾害人员避险转移办法》等。这些预案的实施，加快了洪灾防御体系建设，在防汛抢险工作中发挥了重大作用。

每当洪水袭来，首当其冲的是水库、堤塘、水闸等防洪工程设施。由于历史和自然的原因，这些工程在汛期往往险象环生，防不胜防。在这种情况下，为了力争堤防不决口、水库不垮坝、水闸不倒闸，最大限度避免或减轻洪灾损失，有防汛任务的部门和水利工程管理单位应根据可能出现的各种洪水，在汛期到来前制定防洪预案对策十分必要。

防汛抗洪工作的长期实践和无数事实证明，有了预案，可对抗洪抢险救灾工作进行适时有效地调度和果断地科学决策，减少灾害损失。反之，就会不知所措，束手无策，贻误战机，或者盲目决策，忙中出错。编制防洪预案的必要性有以下方面：

（1）便于领导指挥决策。根据防洪预案指挥操作流程，按部就班，分工负责，增强抗洪抢险救灾工作的计划性、条理性和连贯性，有利于提高指挥决策的科学性、合理性。

（2）加强各个环节衔接。防洪中间环节很多，是一项全社会的活动。除在防洪中要加强各个环节外，还要加强各个部门间的协调配合，加强各环节间的衔接，堵塞漏洞，消除死角。

（3）将防洪工程措施和非工程措施有机结合起来。编制防洪预案不仅能使河道、堤防、水库、水闸、分（蓄、滞）洪区、湖泊等诸工程元素功能得到充分发挥，而且进一步健全防御体系，发挥最佳防洪效益，最大限度地减少灾害损失。

（4）进一步明确各级各部门的防汛任务和职责，可以更好地调动各级各部门的积极性，各司其职，互相配合；提高全民、全社会防洪减灾意识。

2. 编制依据

国家有关法规、规范和政策；流域防洪规划、防御洪水方案和其他有关预案；上级和同级政府颁布的有关法规、规定以及上级政府和有关部门制定的防洪预案等；工程规划设计报告及工程竣工验收文件，有关工程的主要技术指标、工程质量及安全状况；工程失事对有关城镇、耕地、人口、工矿企业和交通干线的影响；库区土地征用线、移民线以及蓄洪、滞洪、分洪、行洪区内的土地利用和建设现状；防洪工程设计标准、防护区的防洪标准及河道安全泄量；防洪工程的蓄洪容积、面积以及进洪、泄洪特性曲线；河道及水库冲淤变化、水库淹没和浸没、河岸坍塌等资料；有关的水文资料，包括各种频率洪水、历年水文气象预报方案。

3．编制原则

（1）确保防洪工程本身的安全。这不但是发挥工程防洪作用的前提，而且一旦工程失事，还将造成更大的灾害。

（2）妥善处理防洪与兴利的矛盾。兴利服从防洪，防洪考虑兴利及库区、分洪区的工农业生产建设要求。

（3）应密切结合防洪工程现状和当地社会经济情况，应具有科学性、实用性和可操作性。

4．编制范围和审批实施

《中华人民共和国防汛条例》第三章"防汛准备"对防洪预案的编制范围、审批、权限和实施作出明文规定。

有防汛任务的县级以上人民政府，应当根据流域综合规划、防洪工程实际状况和国家规定的防洪标准，制定防御洪水方案（包括对特大洪水的处置措施）。

跨地、市、县的江河防洪预案，原则上按所辖范围由有关地市、县人民政府根据防洪总体安排，兼顾上下游、左右岸和地区之间利益的原则制定，报上一级人民政府或者授权的流域机构批准。

有防汛任务的部门、企业和水利管理单位的防洪预案，由本单位制定后，在征得所在地水行政主管部门同意后，报上级主管部门批准。

对防汛抗洪关系重大的水电站，其汛期控制运用计划经上级主管部门同意后，必须经有管辖权的人民政府防汛指挥部批准。

防汛预案经批准后，有关地方人民政府、部门、单位、企业必须严格执行。各级人民政府行政首长对所辖区的防洪预案的实施负总责。

5．防洪预案的基本内容

一个完整的防洪预案内容应包括当地和防护对象基本情况的描述；防汛、抗洪、抢险、救灾诸方面的措施，要有洪水调度具体实施方案，以及相应保障措施等。防洪预案的基本内容有以下方面（见表3-31）。

表3-31　防洪预案的基本内容

项目	主要内容
概况	包括辖区自然、地理、气象、水文特征；社会经济状况；洪水特性；历史上洪水发生情况；各种频率洪水特征；现有防洪能力
洪灾风险图	根据现有防洪工程的防洪标准和重点防护对象的防洪能力，对可能成灾的范围进行分析，绘制防洪风险图

续表

项目	主要内容
洪水调度方案	根据各种频率洪水的洪峰、洪量和洪水历时，结合现有防洪工程的防洪标准、防洪能力及调度原则，确定河道、堤防、水库、闸坝、蓄滞洪区的调度运用方案。在调度方案中既要充分发挥每个工程的作用，又要发挥防洪工程体系和非工程措施的整体优势
防止突发性洪水方案	对位于重要城镇、交通干线等重要防护对象上游的水库（特别是病险水库）、堤防和水闸，要制定垮坝、倒闸、决堤洪水的调度方案，以防止如板桥水库、石漫滩水库垮坝那样的悲剧重演。制定监视、预警、人员转移和应急控制措施，把灾害损失控制在最低限度
防御超标准洪水方案	对防洪标准以内的洪水要确保安全。对超过防御标准的洪水，要制定非常分蓄洪措施，确定应急分洪方案和人员转移安置方案，要尽可能降低危害和减少损失
实施方案	实施方案，是指各类防洪方案在实际运用中的具体操作措施。包括暴雨洪水的监测预报、通信预警、工程监视、工程抢险、蓄洪滞洪、人员转移安置、救灾防疫和水毁工程修复等，均要分别制定具体操作方案
保障措施	为保证洪水调度方案和实施方案能顺利实施，必须要有一定的保障措施和条件。如以行政首长负责制为核心的各种责任制的落实，防汛队伍和抢险物料的准备，紧急情况下对车船的征用、交通的强行管制等，都需明确规定

第六节　水库现代化管理技术及发展趋势

一、水库现代化管理

水库工程的正常运行和工程效益的有效发挥，依赖于水库管理规范化、法制化、现代化建设。推动水库管理现代化要认真贯彻执行各项水事法律、法规、规章和规范性文件，为水库现代化管理提供依据与保障；要积极推进水库管理设施等硬件现代化建设，为水库现代化管理提供必备的基本条件；要努力提高工程管理水平，充分发挥水库工程综合效益；要努力推进水库管理理念、管理体制、运行机制等的现代化，促进水库现代化管理长期、有效的发展。

1. 水库大坝安全监测自动化系统

水库大坝安全监测是保证水库大坝安全的重要手段，水库大坝安全监测自动化是针对水库大坝的变形、位移、渗压应力、温度等进行数据采集、数据整编、分析处理，系统所采集的数据经过处理后，为用户的在线分析提供决策依据，从而实现水库大坝安全监测数据和信息的自动化管理、分析，为监测对象提供早期安全预警报告，为水库大坝安全提供评估依据，保证水库大坝安全运行。

　　早在 20 世纪 60 年代末，国外就已经开始了水库大坝安全监测自动化设备的研制，日本率先在本国的 3 座水库大坝上实现了数据监测采集自动化。20 世纪 70 年代末，意大利用计算机模拟和垂线坐标仪实现了水库大坝的变形监测，美国自 20 世纪 80 年代初开始进行水库大坝监测自动化的研究工作，并于 1982 年在本国 4 座水库大坝上安装了分布式数据采集系统。我国的水库大坝监测自动化研究工作起步较晚，20 世纪 90 年代初只有近 30 座水库大坝安装有数据采集装置实现了部分自动化，但随着微电子、计算机、通信等技术的飞跃发展，水库大坝安全监测自动化已成为一种发展趋势。为促进水库大坝安全监测工作，我国成立了水利部水库大坝安全监测中心，并把水库大坝安全检测技术的研发工作纳入国家科技攻关项目，大力促进了我国水库大坝安全监测工作的发展，部分大型水库应用了水库大坝监测自动化技术，提高了管理水平，而对工程技术人员来说掌握水库大坝安全自动化监测技术是十分必要的。

　　水库大坝安全监测系统一般由现场传感器、测控单元（MCU）及中央处理机组成。从系统的组成结构分析，可以分为集中式数据采集系统和分布式数据采集系统。当主控室离水库大坝距离较近且所用传感器较少时，往往采用集中式采集系统，这种采集系统只有一台测控单元，直接安放在主控室内，测点现场安装各类传感器，由电缆将传感信号连接到测控单元中。

　　集中式监测系统结构比较简单，但是所有的现场传感器都连接在一台测控单元上，一旦测控单元发生故障，则导致布设的所有的传感器均无法正常工作，造成系统的瘫痪，因此，自分布式自动化监测系统开发研制以后，集中式数据采集系统逐渐趋于淘汰，但因其经济、结构简单，目前在相对较小的监测系统中仍有应用。

　　分布式监测系统即将集中的测控单元小型化，安放在测点现场，每个测控单元都连接着若干个传感器，然后再由数据总线传送至主控室的主控电脑上。

　　2. 水库水情自动测报系统及实时洪水优化调度系统

　　（1）水情自动测报系统

　　水情自动测报系统是采用现代科技对水文信息进行实时遥测、传送和处理的专门技术，是有效解决江河流域及水库水文预报的一种先进手段。它综合水文、电子、电信、传感器和计算机等多学科的有关最新成果，用于水文测量和计算。根据实测的水文信息对模型的结构、参数、状态变量、输入量或预报结果进行实时校正，从而使水文预报更符合客观实际，同时也提高了水情测报速度和水文预报精度。

　　美国和日本是世界上较早重视水情自动测报技术开发的国家。1976 年美国 SM

公司与美国天气局合作研制的水情自动测报设备成为这一时代的代表性产品。20 世纪 80 年代，水情遥测和防洪调度技术在世界范围内广泛应用。中国的水情自动测报技术的开发始于 20 世纪 70 年代中期，初期产品受日本应答式体制产品的影响较大，到 20 世纪 90 年代开始快速发展，建成了一批较大的水情自动测报系统，特别是随着计算机技术，通信技术的发展，水情自动测报系统有了更大的发展空间，在数据处理，防洪调度等方面，从过去的单一目标、单一管理，实现了水情测报与监控信息互联、与遥测资料共享。

水情自动测报系统由各类传感器、数据传输终端（RTU）、传输设备、中心站计算机、水文预报软件及数据显示和打印等软硬件部分构成。按照各自的功能可以分为遥测子系统、数据采集子系统和水文预报子系统。

（2）实时洪水调度系统

在实际应用中，实时洪水调度系统往往和洪水预报系统合二为一，即由遥测系统提供实时监测的水、雨情信息，再由洪水预报系统提供入库流量及洪水过程线等信息，在此基础上进行实时洪水自动化调度，实现水库优化调度。

目前国内研发水情自动测报及调度系统比较成熟的单位有国电南瑞集团和水利部南京水利水文自动化研究所及南科院等公司和科研机构，其中南瑞集团研发的 HTFS 系列的水情自动测报系统已经用于葛洲坝、三峡、太湖流域等众多水情测报系统中，成效显著。南京水利水文自动化研究所研发的水情自动测报系统则广泛用于福建、广西、四川等众多水库的洪水实时预报和优化调度中。

现以天生桥水电站、富春江水电站为例介绍水情自动测报及调度系统的应用情况。天生桥水电站位于贵州和广西交界的南盘江干流上，其水情自动测报系统控制流域面积 50194km^2，占南盘江流域的 90%，共有 36 个遥测站组成，其水文数据使用卫星、VHF、微波、光纤等通信方式传送至中心站。天生桥水情自动测报系统自 1998 年 9 月投运以来，运行稳定良好，数据报告准确，各年畅通率均超过 92%，可用度均超过 85% 的考核指标，洪水平均预报精度大于 85%。2002 年 7 月，一场洪水来临，洪峰流量达 5170m^3/s，根据系统的快速预报，水调人员及时进行峰前预泄和加大安全泄量，最大下泄流量为 4700m^3/s，成功消减了洪峰。

富春江水电站位于浙江省桐庐县境内，早在 20 世纪 90 年代初就已经引入了水情自动测报系统，实现了水库的水情监测自动化。在 1992 年曾经投入一套由欧洲研究开发的流域水情自动测报、防洪系统，后来由于种种原因该系统被停用。随着这一领域研究的进一步发展，富春江水库于 1996 年重新引入中国水利水电科学研究院自动化研究所研制的卫星水情自动测报系统，1999 年投入使用。该系统控制流域面积约2万km^2,设21个水文站点,经过不断的调试,系统运行逐渐稳定,2000年以后,系统各月通信畅通率多保持在95%左右的较高水平。此外,富春江水库的水情自动测报系统中的洪水预报子系统则采用河海大学开发的水情自动测报系统专用D98模型预报软件,整个系统的功能运转基本满足了实际需求。从1999年汛期至2002年11月,富春江流域共发生洪水26场,其中峰量超10000m^3/s的大型洪水3场,峰量达4000～8000m^3/s的中型洪水14场。从各场洪水预报结果看,预报精度除系统投运初期(1999年内5场)低于90%外,其他21场洪水预报精度均在90%以上,达到了较高预报水平。

3. 水库工情管理及视频监控系统

水库工情管理系统是水库信息化建设的重要组成部分。随着计算机网络、多媒体、数据库、通信、自动化控制等技术的不断成熟,水库水情自动测报、水库大坝安全自动化监测、远程视频监控等系统都得到了长足的发展并广泛应用于水库管理中。

(1)水库工情管理系统

水库工情管理系统是对水库各类工情信息进行采集、存储、分析、输出等操作的信息服务系统,是防汛指挥决策系统的重要组成部分。

作为描述和反映水库运行状况的基本手段,工情信息是水库抗洪抢险指挥决策的重要依据。一般来说,水库的工情信息包括基础工情信息和实时工情信息两大类。基础工情,是指在相对较长时期内不需要更新的工程基本特征数据及反映工程特征的图像、音频、视频数据。实时工情信息包括水库上下游水位、库容、出入库流量及变化趋势、泄水建筑物运行状况,以及水库工程发生的坝体裂缝、渗漏、管涌、滑坡、漫顶等实时信息。水库工情管理系统应具备工情信息采集、计算机网络、数据综合管理、信息输出发布四个方面的功能。

(2)水库视频监控系统

水库视频监控系统是近年来水库信息化系统建设中的热点和亮点。管理人员通过远程视频监控系统可在监控中心或者监控站上实时监控水库各关键点,及时掌握水库运行动态,提高工作效率。尤其在防汛抢险中,可实现远程观测和指挥,对于气候恶劣下人员难以达到的地区,更是起到了不可替代的作用。

水库视频监控系统由各级监控中心和监控站组成。在各级水利主管部门和防汛指挥中心分别设置监控中心,在水库管理局(处)设置监控站。监控中心和监控站通过计算机网络连接,构成多层多结点的网状结构。

监控站与一个或多个前端监控点直接相连,采集前端监控点的实时图像和其他相关数据信息,并对其进行管理和存储。监控中心控制、监控、管理、调阅本辖区内监控站的所有图像信息，并向公众发布实时工况图像信息。

一个完整的水库视频监控系统一般包括前端采集系统、传输系统、主控系统和网络客户端系统四部分。

随着水库视频监控系统应用的进一步推广，视频监控除保障水库建筑物的运行安全外，开始逐渐应用于水库水资源管理、库区周边安全、航运管理及水体环境监测等多个方面。如高清晰度视频监控系统在水库水体污染监控中已开始发挥重要作用，通过对污染物的分布和发展趋势等进行有效的远程观测，实现和环保监测设备及系统的有效联动，获取相关的污染指标数据并和视频形成统一的数据备份，作为领导决策和执法的依据。

在日本，水库由于均只有单一的发电功能，因此，其水库大坝设备的运用较为简单，控制的主要内容为：水库大坝放水闸门的启闭操作、引水式电站取水量自动调整操作、多雪地区积雪控制和排除装置的操作、水库大坝泄流量的自动调整等。目前200多座水库几乎全部实现了无人值守化，都是通过在控制所内对水库大坝和水电站的运行情况进行远程监控。一是数据采集和处理，实时从前端采集数据并对其进行分析和处理，还进行系统运行参数的计算；二是对电站机组及各种变电设备、引水闸门、水库大坝放水闸门等进行远程操作；三是监控电站和水库大坝的运行状况。

可以看出，视频监控系统的研究和应用正在朝自动化、智能化的方向发展，体现在水库管理中主要有以下几个方面的应用：

1）通过智能视频监控，对水库闸门启闭状态进行不间断的自动监测。由于闸门在开启和关闭状态下的图像内容不同，通过检测与闸门开启有关的特征点在图像上的位置，如检测闸门上部传动部分等，就可利用视频分析闸门的启闭状态，同时结合水库控制运用计划，根据测定的水位等数值，通过演算和判断，确定出是否打开或关闭闸门、闸门的开启高度值等，对闸门实现自动控制。

2）通过智能视频监控，实现决堤、漫顶的自动监测和预警。由于在发生决堤或漫顶时，图像内容会发生改变，通过对图像内容的分析，包括差分检测、纹理分析等手段，就可检测是否出现决堤、漫顶等现象。系统通过水位检测，并与设定的警戒线比较，也可在漫顶前发出预警，为工作人员提供一定的处理时间。

3）通过智能视频监控，可以在有人员进入危险区域时及时报警，从而避免恶性事故的发生。这类监控主要采用活动目标分割、跟踪、检测等技术。首先通过一定间隔时间获取静止场景，采用高斯模型或差分检测实现背景提取，从而利用减背景方法实现活动目标分割，实现警戒区域入侵检测和报警。进而对于检测到的活动目标采用Harr特征分析，利用Adaboost和支持向量机等技术可实现是否是人体的判别，从而实现只对活动人体目标的检测。通过对人体目标的进行一步特征分析，如服饰颜色、人脸特征等，还可实现多摄像机间的目标交接和跟踪。可以在危险区域设置视频警戒线并应用以上技术，从而检测到有人员进入时及时发出报警。

4．GIS 在水库中的应用

地理信息系统（以下简称 GIS）是对地理环境有关的问题进行分析和研究的一种空间信息管理系统。

水利信息基本上都是空间信息，而且多数是涉及点、线、面和三维空间的复合问题，信息处理非常复杂。地理信息系统能够很好地把水利行业中的各种信息和反映空间位置的图形信息有机地结合在一起，并根据需要对这些信息进行分析和处理，同时将结果与空间信息结合起来进行输出，为管理和决策层提供实时、直观的技术支持。

（1）地理信息系统

地理信息系统由计算机硬件、软件和不同的方法组成，用来支持空间数据的采集、管理、处理、分析、建模和显示，以解决复杂的规划和管理问题的空间信息系统。

地理信息系统除了能进行空间数据的获取、存储、查询、处理外，还提供分析空间数据的方法，并能用图形、文字、报表等方式显示多维数据的处理过程和结果。

一个完整的 GIS 一般由硬件系统、软件系统、空间数据、应用模型等组成。

1）硬件系统包括计算机主机、数据输入输出设备、数据存储设备、计算机网络设备等，用以存储、处理、传输和显示地理信息系统。

2）软件系统包括 GIS 运行所必须的各种程序，按功能分为计算机系统软件、GIS 专用软件和应用分析软件。

3）空间数据，是指与地理空间位置相关的数据，包括几何数据、关系数据和属性数据三种互相联系的数据类型。

4）应用模型是 GIS 针对某一专业领域的应用问题构建的专门平台。

（2）GIS 在水库管理中的应用

在水库管理中，GIS 的应用主要体现在防洪减灾、水文分析、水资源管理、水土保持、水环境管理等方面，尤其在防汛指挥决策过程中，无论是洪水预报，还是水库防洪调度、分洪区调度或各种水利工程的联合优化调度，以及洪水演进、灾情评估，都涉及大量的空间数据，如地形地貌、雨水情的分布、人口及财产的分布、工情和灾情的分布等，而以空间信息存储、管理和分析见长的 GIS 技术无疑是目前最为理想的工具。

GIS 技术在防洪减灾方面的应用是最广泛的，相对也是最成熟的，特别是对于防汛决策系统的支持。在国家防汛抗旱指挥系统总体设计框架下，各级防汛决策支持系统或防汛信息管理系统都是以 GIS 为平台的。

1）空间数据管理。防汛抗旱指挥决策过程中涉及大量的空间数据，如地形地貌、水系、土壤、植被、水利工程分布等，以及属性数据，如水文数据、工程材料与基础等，GIS 能方便地统一管理这些空间数据和属性数据，并提供数据的查询、检索、更新及维护。

2）GIS 的空间分析能力直接为防汛抗旱指挥决策提供辅助支持。GIS 所具有的强大空间分析能力可以直接为防汛指挥决策服务。如利用 GIS 的网络分析功能，可以为灾区群众撤退最佳路径的确定提供依据；利用 GIS 的空间叠加分析能力，可以进行灾情的快速评估等。

3）为模型参数的自动获取提供可能。防汛抗旱指挥决策过程中，将会应用到大量的水文水力学模型，这些水文水力学模型大多是空间分布式模型，其求解往往需要大量的空间参数，常规方法获取这些参数是极其困难的。利用 GIS 的数据采集及空间分析能力，可以方便地生成这些参数。

4）GIS 有利于防汛抗旱信息及决策结果的可视化表达。利用 GIS 强大的空间显示功能，在实时雨情、水情、工情、灾情分布图上，叠加上一些背景数据，如行政区划、交通、重要建筑物分布、土地利用等，有利于各级领导作出正确的决策。另外，GIS 强大的制图输出功能，也有利于决策结果的表达。

二、水库水质安全及库区环境保护

1. 存在的问题

当水库水体的感观性状、物理化学性能、化学组分、生物组成和底质等的情况产生了较大的变化，以至于对水体的使用功能造成危害时，称为"水污染"。随着库区经济的发展和人类活动的频繁，水库水质受到的威胁越来越加剧。源于城镇生活、工业、农村面源、旅游业、水土流失、底泥和交通运输等的污染物会对水库水质造成危害。

（1）富营养化

水库水流较缓慢，当污水中的大量氮、磷元素进入库区后，在一定条件下引起藻类等浮游生物急剧繁殖，在表层水中形成巨大的生物量，导致淡水水体中的"水华"发生，即水库富营养化。富营养化会促使水库衰老，破坏水体的感官性状，造成鱼类死亡，同时藻类释放的生物毒素还可能对人类及其他生物的安全带来危害。

（2）金属与非金属毒物

工业废水中常含有一定含量的金属与非金属毒物。金属毒物具有难降解和易在人体内积聚等特性,有的金属有致癌作用,并会影响胎儿和儿童的正常生长发育。有的非金属毒物的毒性很大,还有的具有恶臭。

（3）病原微生物

病原微生物源于城镇生活污水、医院污水和垃圾等。病毒的种类较多,常见的有肠道病毒、肝炎病毒等,具有数量大、分布广、存活期长、繁殖速度快等特点。

（4）耗氧有机物污染

耗氧有机物包括碳水化合物、蛋白质、油脂等有机物质。水体中耗氧有机物越多、耗氧量越大。当厌氧发生时,水体产生发黑发臭等严重的污染现象。

2. 库区水质监测

水质监测是《中华人民共和国水法》赋予水行政主管部门的重要职责。对水库的水质进行监测和监督,是有效保护和合理利用水库的重要基础性工作,是维护广大人民群众根本利益的具体措施,对于实现水库水资源的可持续利用具有十分重要的意义。

（1）水质监测项目

1）国家与行业有关水环境与水资源质量标准或评价标准中已列入的项目。

2）国家与行业正式颁布的标准分析方法中列入的监测项目。

3）反映水库水体中主要污染物的监测项目。

4）依据监测及评价的目的选择监测项目。

5）现场测定的项目,如水温、pH、溶解氧、透明度、水的颜色、嗅味及感官性状等。

（2）分析方法

1）国家或行业标准分析方法。

2）等效或参照使用 ISO 分析方法或其他国际公认的分析方法。

3）经过验证的新方法,其精密度、灵敏度和准确度不得低于常规方法。

（3）检测人员工作职责与上岗资格

1）工作职责。水质检测人员应学习分析化学、环境监测的基础理论知识和专业技能,熟悉有关环境保护的法律法规,规范运用水质监测的标准和方法,熟练掌握水质监测操作和质量控制技术。

检测人员应遵守实验室各项管理制度,按实验室制定的程序开展工作,严格执行标准、规范,做好质量控制工作,确保监测数据的准确性。进行监测工作时,应按操作规程使用检验合格的仪器设备,完整填写仪器设备使用记录,规范填写原始记录,正确计算实验结果,接受定期质量检查和考核。

2）上岗资格。检测人员应隶属具备计量认证或国家实验室质量认可的监测机构,经实验室理论知识考试和监测项目现场考核合格,由考核单位按考核合格项目颁发上岗证后方可进行该项目的水质监测工作和出具监测数据。

3. 水库水环境治理对策

（1）重点污染源治理

对库区各类工业污染、生活污染、集中式畜禽养殖和农业面源污染等进行综合治理，重点做好污水集中处理、重点企业治理、生活垃圾和农业面源处理。

（2）控制农业面源污染

重点发展无公害、绿色、有机农产品，推广使用生物有机肥料和低毒素、低残留高效农药，控制农业面源污染。

（3）开展内源污染整治

有条件的地区对淤积严重的水库开展底泥清淤工作，清除含有毒有害和高营养盐的表层沉积物质。清淤应采用密闭抽吸设施，以免破坏底泥稳定层而加速营养物释放。在水产养殖方面，实行生态养殖，不投饵、不施肥，保护水质。

（4）水土保持工程

在人口密度较低的地区，以自然修复为主，采取退耕复林及封育管护措施；在人口密度较大、水土流失较为严重的区域，宜采用水土保持综合措施进行治理。同时，加强库区水土流失监测能力建设，及时掌握库区水土流失及治理情况，促进库区生态环境的恢复。

（5）突发水污染事件防范工程

对可能有运输化学危险品等有毒有害物质的车辆通过的临库公路及穿库桥梁建立公路隔离防护工程。

（6）降低库区人口密度

鼓励库区居民外迁，降低库区人口密度，不仅可以直接减少进入水库水体的生活、生产污染物的数量，同时可以减少人为活动对生态环境的破坏。

（7）加强保护监督管理

水库主管部门及管理机构要针对水库、特别是饮用水供水水库制定相应的保护与管理制度，同时要加强执法检查，严格执行保护措施，保护水库水质，预防各类水污染事件的发生。

三、水库现代化管理的发展趋势

1. 水库管理模式的发展趋势

（1）创新水库管理模式

水库根据不同功用和属性实施"分类管理"，按公益性、准公益性和经营性调整组织结构形式。具有主要防洪任务的水库为纯公益性水库管理单位，定性为事业单位；对既承担防洪公益性任务，同时具有供水、发电经营性功能的水库划为准公益性水库管理单位，可实施"一库多制"的管理模式；对主要以城市供水、发电为主的水库划为经营性管理单位，定性为企业。根据水库管理单位的类别和性质不同，采取不同的财政支付政策，其中纯公益性水库管理单位，其经费支出由同级财政负担；而企业性质的经营性水库管理单位，其经费支出自行筹集，财政不予补偿，其收入是通过向市场提供服务和产品而获取。

对准公益性的水库管理单位要科学合理划分公益性资产和经营性资产，把水管单位的主要职能切实转变到水库大坝安全管理、调度运行、维修养护、公共服务和国有资产监管等公益性任务上，并明确其事业属性；而把水库所属的兴利项目及其经营实体从事业属性中分离出去，采用多种形式实施产权制度改革，按企业运行机制运作，有条件的要建立现代企业制度。

（2）物业管理模式

水库管理探索实施物业管理市场化，把水库管理需求推向市场，通过竞争选择如水库大坝养护公司、水库大坝安全监测及设施维护公司、水力机械维护公司、绿化公司、保安公司等单位。通过这些单位提供的技术或专业性的管理服务，有条件的水库也可以自行组建相关专业管理公司，向市场提供服务产品，让水库安全管理在在市场竞争中求生存谋发展，从而促进水库安全管理水平的提升。

（3）区域性、流域性的管理模式

根据水库所在区域，建立区域集约型的水库安全管理单位，统一调配水库安全管理技术人员，建立专业齐全、技术精良的水库安全管理队伍，合理调配水库安全管理物质资源，为水库安全现代化管理提供保障。

根据水库所处位置，建立区域性、流域性的水库安全管理单位；根据流域内水库工程的实际情况，可实行安全运行预警系统一体化建设与管理，优化防洪、兴利调度，最大限度地优化水资源利用。区域性、流域性的水库安全管理模式是水库现代化管理模式的发展方向。

2. 现代科技在水库安全管理中的应用

水库管理的信息化可为科学调度提供及时、全面、准确的水库信息，是科学调度的支撑体，是水库管理的先进技术平台，是水库现代化管理的发展趋势。随着科技的发展，用于水库安全管理的信息技术也有了很大发展，水库大坝安全监测自动化系统、水情自动测报系统、闸门控制系统、视频监视系统等已比较成熟，水库大坝安全分析和洪水预报与调度等技术也得到较快发展，同时地理信息系统、遥感、全球定位系统、宽带多媒体网络技术已广泛运用，这些都为水库信息化管理管理提供了发展的条件和必要的基础。

水库信息化由若干系统组成，即计算机网络系统、水情测报系统、水库大坝安全监测系统、闸门控制系统、视频监视系统、水库大坝安全分析评价系统、洪水预报系统、水库调度决策支持系统、会商系统、供水管理系统、水质管理系统、办公自动化系统、数据传输系统、信息发布系统等。

计算机网络系统是水库信息化的基础部分。它包括计算机局域网、局域网之间连接、局域网和广域网连接。水库管理单位的局域网要和水库枢纽的局域网连接，水库管理单位的局域网还要和上级主管单位的局域网连接。域网之间的连接根据距离及当地通信的建设情况，可采用专线，如光缆、无线扩频、微波、卫星等，也可采用非专线，如宽带等。

水库大坝安全监测系统由自动监测和人工监测两部分组成。自动监测通过数据采集仪器对传感器进行测量，测量的数据传送至监测主机，数据采集软件对测量数据进行计算，结果存入数据库；人工监测由工作人员使用仪器测量，测量数据通过数据采集软件经过计算后存入数据库。水库大坝安全监测系统一般还具有数据维护、资料整编等功能。

水库大坝安全分析评价系统是在工程技术人员参与下对水库大坝安全进行分析评价。包括监测资料的过程线分析、位势分析、化引流量分析、相关分析、断面分析、平面分析和变形稳定分析、渗流稳定分析、结构稳定分析、抗震稳定分析等。

水情测报系统：雨量站在降雨时将降雨量数据（通过中继站）发送至中心站；水位站在水位变化时将水位数据（通过中继站）发送至中心站，也可定时将水位数据发送至中心站。洪水预报系统根据水库流域和河道特征、天气形势分析、实测雨水情，选择合适的预报方法和预报模型，完成洪水预报。洪水预报可自动定时预报、人工干预交互预报。洪水预报系统包括预报、预报校正、参数调整、查询等。

闸门控制系统实现对溢洪道、放水洞等闸门的自动控制。主要功能有闸门控制、闸门状态测量、闸门运行管理、闸门信息管理等。

视频监视系统用于加强水库安全检查和安全防范。它由摄像机、控制云台、视频服务器等组成。摄像机一般位于水工建筑物的关键部位，如溢洪道闸门、水库大坝坝顶、水库大坝上下游坡、放水洞洞口等。

供水管理系统对水库的农业灌溉、城市供水、发电供水等进行管理，主要功能有供水计划管理、供水调度指令管理、供水实时数据处理、供水日报自动生成、统计报表自动生成、供水量与水费计算。

水质管理系统对水库与水质相关的信息进行管理，主要功能有排污口与污染源管理、水质监测信息管理、水质评价、水质状况统计、水质保护管理等。

水库调度决策支持系统为水库调度提供决策支持。其主要功能有调度参数设置、防洪形势分析、调度方案制定、调度方案改进、方案评估与选择、灾情分析、调度预案查询等。

会商系统是为会商服务的，而会商是水库指挥调度的重要组成。会商系统主要功能有会商准备、会商记录、形势分析、会商方案评估、会商结果、指挥调度结果反馈等。

办公自动化系统以文档一体化管理为核心，主要包括公文管理、会议管理、档案管理、公共信息、车辆管理、考勤管理、人事管理、设备管理、图书管理、领导查询、个人事务等。

数据传输系统根据需要实现数据在实现枢纽管理所局域网和水库大坝管理局局域网之间的双向传输。或将数据传输至上级管理部门。数据传输可以是自动定时传输也可以是人工参与传输。

信息发布系统以网站的形式，发布水库的基本信息、安全信息以及其他信息。主要信息有工程概况、枢纽图和工程图、大事记、组织结构、水库大坝安全监测信息、水雨情信息、闸门启闭信息、视频监视信息、水库大坝安全分析评价结论、洪水预报信息、调度方案建议、办公信息等。

3. 水资源的优化利用

水库安全管理工作是在确保安全的前提下，合理调蓄水量，优化利用水资源，保障城乡供水，在水库的现代化管理的发展趋势中，不仅包括水的安全、水的利用，还应包括水的好坏和水的多少。随着社会经济的发展，部分水库既承担了重要的防洪任务，同时还承担了保障生产、生活与环境用水的任务，在水库安全运行的前提下，动态提高水库的蓄水位，增加水库蓄水量，同时还应加强水库科学调度、合理蓄水，加强库区与水源区的管理，保证一库清水及周边良好的水生态环境。其中，水库蓄水位的动态提高需满足的条件有：①要有完善的水文监测体系和可靠的洪水预报成果，为水资源的优化利用决策提供参考；②要有安全的泄洪设施，以保障工程在发现异常工况时，及时泄洪；③下游河道的洪水承载能力；④要有全面的工程安全监测信息及时掌握水库工程安全状况，确保工程安全运行。

第四章　水库的运行管理

第一节　管理制度与标准体系

一、水库运行管理制度

1. 水库运行管理目的

为确保工程安全，充分利用水资源提高工程经济效益。保障城乡居民的用水安全，根据有关法律法规，特制定本规程。

2. 工程运行管理对象

水工建筑物，各类监测设施、标志，防汛设备、设施，生产、生活设施，城镇生活、建筑和工业用水。

3. 工程检查与观测

检查观测是水库运行管理的两项基本任务，包括安全检查和工程观测。

（1）检查与观测的一般要求

检查观测人员要严格按规定的时间、项目、部位对工程进行全面、系统和连续的检查观测。各种相互联系的观测项目要配合进行。

（2）观测要求

要保证观测资料的真实性、完整性、连续性和准确性。对每次检查与观测的现场记录、测值应及时进行整理分析。如有突变现象，问题严重，要及时请示报告。

巡视检查分为日常巡视检查、年度巡视检查和特别巡视检查三类。工程施工期、初蓄期和运行期均应进行巡视检查。

巡视检查应根据工程的具体情况和特点，制定切实可行的检查制度。应具体规定巡视的时间、部位和方法，并确定其线路和顺序，应由有经验的技术人员负责进行。

日常巡视检查的频次应符合《土石坝安全监测技术规程》（SL551—2012）中附录 A 的规定，但遇特殊情况和工程出现不安全征兆时，应增加测次。

年度巡视检查应在每年的汛前汛后、冰冻较严重地区的冰冻和融冰期，按规定的检查项目，对土石坝进行全面或专门的巡视检查。检查次数，每年不应少于两次。

特别巡视检查应在坝区遇到大洪水、大暴雨、有感地震、库水位骤变、高水位运行以及其他影响大坝安全运用的特殊情况时进行，必要时应组织专人对可能出现险情的部位进行连续监视。

经常检查必须遵循以下操作程序和检查内容：

（1）主坝：

应按从左至右，从上至下，先内坡、后外坡、最后排水棱体。具体内容包括：有无纵横裂缝、塌坑、滑坡及隆起现象；有无白蚁、鼠洞，迎水坡有无风浪冲刷，背水坡有无散侵及集中渗漏；有无绕坝渗漏，坝址有无管涌迹象，排水棱体有无沉陷崩塌。

（2）砼建筑物和圬工建筑物：

注意有无裂缝、渗漏、剥蚀、冲刷、磨损、气蚀等现象，伸缩缝有无损坏，闸门止部是否完整，启闭机运转是否灵活，螺杆有无弯曲、锈蚀。

（3）水流形态的观察：

注意进口段水流是否平顺，栏污栅前漂浮物有无壅水或堵塞。

（4）水库工程的经常性观测项目有：

1）主坝变形（位移）观测主坝浸润线观测、库水位观测、雨量观测、输水涵、溢洪道泄水量观测，具体要求；

2）库水位、雨量、放水量的观测，除每天定时进行外、还要根据水情、雨情变化加密观测。做到当场观测，当场记录，当场校对。

3）一般情况下，对测压管，沉陷位移的观测，每月必须进行一次。

4）经常性检查要固定专业人员负责，观测工作，必须按统一表格做好记录，还要求做好相应月报、年报和资料整编建档。

4．养护修理

（1）水库工程的养护分为：经常性的养护修理、岁修、大修和抢修。

1）经常性养护与维修：根据经常检查发现的问题而进行日常的保养和局部修补，保持工程完整。

2）岁修：根据汛后检查发现问题，编制岁修计划，报批后进行年度工程修复计划。

3）大修：当工程发生较大损坏，修复工作量大时，邀请科研、设计施工单位研究制订专门修复计划，报批后进行大修。

4）抢修：当工程发现险情，危及工程安全时，立即组织力量抢修，并同时上

报主管部门采取进一步处理措施

（2）水库养护的范围包括：坝顶的养护、坝体及护坡养护、溢洪道的养护、闸门及启闭设备的养护修理。

1）不得在坝面种植树木和农作物，不得在坝顶、坝坡上大量堆放物料，不得任意挖坑、建鱼池、打井、爆破或进行其他危害工程的活动。

2）水坝养护工作人员要对坝体各部的损坏进行小修大补，维护大坝的完整。

5．调度运行

水库的调度运行，是运用水库调蓄能力，科学的调度天然来水，使之适应防洪和供水需要，达到兴利除害的目的。水库防洪调度的主要任务是：确保工程安全，并为城镇供水储备水源。水库管理单位应根据工程现状，研究确定以下控制指标：

（1）水库调度的原则是：局部服从整体，整体照顾局部；兴利要服从防洪，防洪兼顾兴利；全面安排，统一领导，把灾害降低到最小范围，将效益扩大到最大限度。

（2）调度的内容：编制水库防洪与兴利调度运行计划，进行水库实时调度运行，进行洪水预报。

1）在保证大坝安全的前提下，按下游防洪需要对洪水进行调蓄。汛限水位以上的防洪库容调度运行，应按各级防汛指挥部门的调度权限，施行分级调度。

2）调度要按照设计确定的兴利目标，合理调配水量，充分发挥水库的综合利用效益。

二、标准体系

中华人民共和国水法

（1988 年 1 月 21 日第六届全国人民代表大会常务委员会第二十四次会议通过　2002 年 8 月 29 日第九届全国人民代表大会常务委员会第二十九次会议修订通过　根据 2009 年 8 月 27 日第十一届全国人民代表大会常务委员会第十次会议通过的《全国人民代表大会常务委员会关于修改部分法律的决定》修改　根据 2016 年 7 月 2 日第十二届全国人民代表大会常务委员会第二十一次会议通过的《全国人民代表大会常务委员会关于修改〈中华人民共和国节约能源法〉等六部法律的决定》修改）

第一章　总　则

第一条　为了合理开发、利用、节约和保护水资源，防治水害，实现水资源的可持续利用，适应国民经济和社会发展的需要，制定本法。

第二条　在中华人民共和国领域内开发、利用、节约、保护、管理水资源，防治水害，适用本法。

本法所称水资源，包括地表水和地下水。

第三条 水资源属于国家所有。水资源的所有权由国务院代表国家行使。农村集体经济组织的水塘和由农村集体经济组织修建管理的水库中的水，归各该农村集体经济组织使用。

第四条 开发、利用、节约、保护水资源和防治水害，应当全面规划、统筹兼顾、标本兼治、综合利用、讲求效益，发挥水资源的多种功能，协调好生活、生产经营和生态环境用水。

第五条 县级以上人民政府应当加强水利基础设施建设，并将其纳入本级国民经济和社会发展计划。

第六条 国家鼓励单位和个人依法开发、利用水资源，并保护其合法权益。开发、利用水资源的单位和个人有依法保护水资源的义务。

第七条 国家对水资源依法实行取水许可制度和有偿使用制度。但是，农村集体经济组织及其成员使用本集体经济组织的水塘、水库中的水的除外。国务院水行政主管部门负责全国取水许可制度和水资源有偿使用制度的组织实施。

第八条 国家厉行节约用水，大力推行节约用水措施，推广节约用水新技术、新工艺，发展节水型工业、农业和服务业，建立节水型社会。

各级人民政府应当采取措施，加强对节约用水的管理，建立节约用水技术开发推广体系，培育和发展节约用水产业。

单位和个人有节约用水的义务。

第九条 国家保护水资源，采取有效措施，保护植被，植树种草，涵养水源，防治水土流失和水体污染，改善生态环境。

第十条 国家鼓励和支持开发、利用、节约、保护、管理水资源和防治水害的先进科学技术的研究、推广和应用。

第十一条 在开发、利用、节约、保护、管理水资源和防治水害等方面成绩显著的单位和个人，由人民政府给予奖励。

第十二条 国家对水资源实行流域管理与行政区域管理相结合的管理体制。

国务院水行政主管部门负责全国水资源的统一管理和监督工作。

国务院水行政主管部门在国家确定的重要江河、湖泊设立的流域管理机构（以下简称流域管理机构），在所管辖的范围内行使法律、行政法规规定的和国务院水行政主管部门授予的水资源管理和监督职责。

县级以上地方人民政府水行政主管部门按照规定的权限，负责本行政区域内水资源的统一管理和监督工作。

第十三条 国务院有关部门按照职责分工,负责水资源开发、利用、节约和保护的有关工作。

县级以上地方人民政府有关部门按照职责分工,负责本行政区域内水资源开发、利用、节约和保护的有关工作。

第二章 水资源规划

第十四条 国家制定全国水资源战略规划。

开发、利用、节约、保护水资源和防治水害,应当按照流域、区域统一制定规划。规划分为流域规划和区域规划。流域规划包括流域综合规划和流域专业规划;区域规划包括区域综合规划和区域专业规划。

前款所称综合规划,是指根据经济社会发展需要和水资源开发利用现状编制的开发、利用、节约、保护水资源和防治水害的总体部署。前款所称专业规划,是指防洪、治涝、灌溉、航运、供水、水力发电、竹木流放、渔业、水资源保护、水土保持、防沙治沙、节约用水等规划。

第十五条 流域范围内的区域规划应当服从流域规划,专业规划应当服从综合规划。

流域综合规划和区域综合规划以及与土地利用关系密切的专业规划,应当与国民经济和社会发展规划以及土地利用总体规划、城市总体规划和环境保护规划相协调,兼顾各地区、各行业的需要。

第十六条 制定规划,必须进行水资源综合科学考察和调查评价。水资源综合科学考察和调查评价,由县级以上人民政府水行政主管部门会同同级有关部门组织进行。

县级以上人民政府应当加强水文、水资源信息系统建设。县级以上人民政府水行政主管部门和流域管理机构应当加强对水资源的动态监测。

基本水文资料应当按照国家有关规定予以公开。

第十七条 国家确定的重要江河、湖泊的流域综合规划,由国务院水行政主管部门会同国务院有关部门和有关省、自治区、直辖市人民政府编制,报国务院批准。跨省、自治区、直辖市的其他江河、湖泊的流域综合规划和区域综合规划,由有关流域管理机构会同江河、湖泊所在地的省、自治区、直辖市人民政府水行政主管部门和有关部门编制,分别经有关省、自治区、直辖市人民政府审查提出意见后,报国务院水行政主管部门审核;国务院水行政主管部门征求国务院有关部门意见后,报国务院或者其授权的部门批准。

前款规定以外的其他江河、湖泊的流域综合规划和区域综合规划,由县级以上地方人民政府水行政主管部门会同同级有关部门和有关地方人民政府编制，报本级人民政府或者其授权的部门批准，并报上一级水行政主管部门备案。

专业规划由县级以上人民政府有关部门编制，征求同级其他有关部门意见后，报本级人民政府批准。其中，防洪规划、水土保持规划的编制、批准，依照防洪法、水土保持法的有关规定执行。

第十八条 规划一经批准，必须严格执行。

经批准的规划需要修改时，必须按照规划编制程序经原批准机关批准。

第十九条 建设水工程，必须符合流域综合规划。在国家确定的重要江河、湖泊和跨省、自治区、直辖市的江河、湖泊上建设水工程，未取得有关流域管理机构签署的符合流域综合规划要求的规划同意书的，建设单位不得开工建设；在其他江河、湖泊上建设水工程，未取得县级以上地方人民政府水行政主管部门按照管理权限签署的符合流域综合规划要求的规划同意书的，建设单位不得开工建设。水工程建设涉及防洪的，依照防洪法的有关规定执行；涉及其他地区和行业的，建设单位应当事先征求有关地区和部门的意见。

第三章 水资源开发利用

第二十条 开发、利用水资源，应当坚持兴利与除害相结合，兼顾上下游、左右岸和有关地区之间的利益，充分发挥水资源的综合效益，并服从防洪的总体安排。

第二十一条 开发、利用水资源，应当首先满足城乡居民生活用水，并兼顾农业、工业、生态环境用水以及航运等需要。

在干旱和半干旱地区开发、利用水资源，应当充分考虑生态环境用水需要。

第二十二条 跨流域调水，应当进行全面规划和科学论证，统筹兼顾调出和调入流域的用水需要，防止对生态环境造成破坏。

第二十三条 地方各级人民政府应当结合本地区水资源的实际情况，按照地表水与地下水统一调度开发、开源与节流相结合、节流优先和污水处理再利用的原则，合理组织开发、综合利用水资源。

国民经济和社会发展规划以及城市总体规划的编制、重大建设项目的布局，应当与当地水资源条件和防洪要求相适应，并进行科学论证；在水资源不足的地区，应当对城市规模和建设耗水量大的工业、农业和服务业项目加以限制。

第二十四条 在水资源短缺的地区，国家鼓励对雨水和微咸水的收集、开发、利用和对海水的利用、淡化。

第二十五条 地方各级人民政府应当加强对灌溉、排涝、水土保持工作的领导，促进农业生产发展；在容易发生盐碱化和渍害的地区，应当采取措施，控制和降低地下水的水位。

农村集体经济组织或者其成员依法在本集体经济组织所有的集体土地或者承包土地上投资兴建水工程设施的，按照谁投资建设谁管理和谁受益的原则，对水工程设施及其蓄水进行管理和合理使用。

农村集体经济组织修建水库应当经县级以上地方人民政府水行政主管部门批准。

第二十六条　国家鼓励开发、利用水能资源。在水能丰富的河流，应当有计划地进行多目标梯级开发。

建设水力发电站，应当保护生态环境，兼顾防洪、供水、灌溉、航运、竹木流放和渔业等方面的需要。

第二十七条　国家鼓励开发、利用水运资源。在水生生物洄游通道、通航或者竹木流放的河流上修建永久性拦河闸坝，建设单位应当同时修建过鱼、过船、过木设施，或者经国务院授权的部门批准采取其他补救措施，并妥善安排施工和蓄水期间的水生生物保护、航运和竹木流放，所需费用由建设单位承担。

在不通航的河流或者人工水道上修建闸坝后可以通航的，闸坝建设单位应当同时修建过船设施或者预留过船设施位置。

第二十八条　任何单位和个人引水、截（蓄）水、排水，不得损害公共利益和他人的合法权益。

第二十九条　国家对水工程建设移民实行开发性移民的方针，按照前期补偿、补助与后期扶持相结合的原则，妥善安排移民的生产和生活，保护移民的合法权益。

移民安置应当与工程建设同步进行。建设单位应当根据安置地区的环境容量和可持续发展的原则，因地制宜，编制移民安置规划，经依法批准后，由有关地方人民政府组织实施。所需移民经费列入工程建设投资计划。

第四章　水资源、水域和水工程的保护

第三十条　县级以上人民政府水行政主管部门、流域管理机构以及其他有关部门在制定水资源开发、利用规划和调度水资源时，应当注意维持江河的合理流量和湖泊、水库以及地下水的合理水位，维护水体的自然净化能力。

第三十一条　从事水资源开发、利用、节约、保护和防治水害等水事活动，应当遵守经批准的规划；因违反规划造成江河和湖泊水域使用功能降低、地下水超采、地面沉降、水体污染的，应当承担治理责任。

开采矿藏或者建设地下工程，因疏干排水导致地下水水位下降、水源枯竭或者地面塌陷，采矿单位或者建设单位应当采取补救措施；对他人生活和生产造成损失

的，依法给予补偿。

第三十二条 国务院水行政主管部门会同国务院环境保护行政主管部门、有关部门和有关省、自治区、直辖市人民政府，按照流域综合规划、水资源保护规划和经济社会发展要求，拟定国家确定的重要江河、湖泊的水功能区划，报国务院批准。跨省、自治区、直辖市的其他江河、湖泊的水功能区划，由有关流域管理机构会同江河、湖泊所在地的省、自治区、直辖市人民政府水行政主管部门、环境保护行政主管部门和其他有关部门拟定，分别经有关省、自治区、直辖市人民政府审查提出意见后，由国务院水行政主管部门会同国务院环境保护行政主管部门审核，报国务院或者其授权的部门批准。

前款规定以外的其他江河、湖泊的水功能区划，由县级以上地方人民政府水行政主管部门会同同级人民政府环境保护行政主管部门和有关部门拟定，报同级人民政府或者其授权的部门批准，并报上一级水行政主管部门和环境保护行政主管部门备案。

县级以上人民政府水行政主管部门或者流域管理机构应当按照水功能区对水质的要求和水体的自然净化能力，核定该水域的纳污能力，向环境保护行政主管部门提出该水域的限制排污总量意见。

县级以上地方人民政府水行政主管部门和流域管理机构应当对水功能区的水质状况进行监测，发现重点污染物排放总量超过控制指标的，或者水功能区的水质未达到水域使用功能对水质的要求的，应当及时报告有关人民政府采取治理措施，并向环境保护行政主管部门通报。

第三十三条 国家建立饮用水水源保护区制度。省、自治区、直辖市人民政府应当划定饮用水水源保护区，并采取措施，防止水源枯竭和水体污染，保证城乡居民饮用水安全。

第三十四条 禁止在饮用水水源保护区内设置排污口。

在江河、湖泊新建、改建或者扩大排污口，应当经过有管辖权的水行政主管部门或者流域管理机构同意，由环境保护行政主管部门负责对该建设项目的环境影响报告书进行审批。

第三十五条 从事工程建设，占用农业灌溉水源、灌排工程设施，或者对原有灌溉用水、供水水源有不利影响的，建设单位应当采取相应的补救措施；造成损失的，依法给予补偿。

第三十六条 在地下水超采地区，县级以上地方人民政府应当采取措施，严格控制开采地下水。在地下水严重超采地区，经省、自治区、直辖市人民政府批准，可以划定地下水禁止开采或者限制开采区。在沿海地区开采地下水，应当经过科学论证，并采取措施，防止地面沉降和海水入侵。

第三十七条　禁止在江河、湖泊、水库、运河、渠道内弃置、堆放阻碍行洪的物体和种植阻碍行洪的林木及高秆作物。

禁止在河道管理范围内建设妨碍行洪的建筑物、构筑物以及从事影响河势稳定、危害河岸堤防安全和其他妨碍河道行洪的活动。

第三十八条　在河道管理范围内建设桥梁、码头和其他拦河、跨河、临河建筑物、构筑物，铺设跨河管道、电缆，应当符合国家规定的防洪标准和其他有关的技术要求，工程建设方案应当依照防洪法的有关规定报经有关水行政主管部门审查同意。

因建设前款工程设施，需要扩建、改建、拆除或者损坏原有水工程设施的，建设单位应当负担扩建、改建的费用和损失补偿。但是，原有工程设施属于违法工程的除外。

第三十九条　国家实行河道采砂许可制度。河道采砂许可制度实施办法，由国务院规定。

在河道管理范围内采砂，影响河势稳定或者危及堤防安全的，有关县级以上人民政府水行政主管部门应当划定禁采区和规定禁采期，并予以公告。

第四十条　禁止围湖造地。已经围垦的，应当按照国家规定的防洪标准有计划地退地还湖。

禁止围垦河道。确需围垦的，应当经过科学论证，经省、自治区、直辖市人民政府水行政主管部门或者国务院水行政主管部门同意后，报本级人民政府批准。

第四十一条　单位和个人有保护水工程的义务，不得侵占、毁坏堤防、护岸、防汛、水文监测、水文地质监测等工程设施。

第四十二条　县级以上地方人民政府应当采取措施，保障本行政区域内水工程，特别是水坝和堤防的安全，限期消除险情。水行政主管部门应当加强对水工程安全的监督管理。

第四十三条　国家对水工程实施保护。国家所有的水工程应当按照国务院的规定划定工程管理和保护范围。

国务院水行政主管部门或者流域管理机构管理的水工程，由主管部门或者流域管理机构商有关省、自治区、直辖市人民政府划定工程管理和保护范围。

前款规定以外的其他水工程，应当按照省、自治区、直辖市人民政府的规定，划定工程保护范围和保护职责。

在水工程保护范围内，禁止从事影响水工程运行和危害水工程安全的爆破、打井、采石、取土等活动。

第五章　水资源配置和节约使用

第四十四条　国务院发展计划主管部门和国务院水行政主管部门负责全国水资源的宏观调配。全国的和跨省、自治区、直辖市的水中长期供求规划，由国务院水行政主管部门会同有关部门制订，经国务院发展计划主管部门审查批准后执行。地方的水中长期供求规划，由县级以上地方人民政府水行政主管部门会同同级有关部门依据上一级水中长期供求规划和本地区的实际情况制订，经本级人民政府发展计划主管部门审查批准后执行。

水中长期供求规划应当依据水的供求现状、国民经济和社会发展规划、流域规划、区域规划，按照水资源供需协调、综合平衡、保护生态、厉行节约、合理开源的原则制定。

第四十五条　调蓄径流和分配水量，应当依据流域规划和水中长期供求规划，以流域为单元制定水量分配方案。

跨省、自治区、直辖市的水量分配方案和旱情紧急情况下的水量调度预案，由流域管理机构商有关省、自治区、直辖市人民政府制订，报国务院或者其授权的部门批准后执行。其他跨行政区域的水量分配方案和旱情紧急情况下的水量调度预案，由共同的上一级人民政府水行政主管部门商有关地方人民政府制订，报本级人民政府批准后执行。

水量分配方案和旱情紧急情况下的水量调度预案经批准后，有关地方人民政府必须执行。

在不同行政区域之间的边界河流上建设水资源开发、利用项目，应当符合该流域经批准的水量分配方案，由有关县级以上地方人民政府报共同的上一级人民政府水行政主管部门或有关流域管理机构批准。

第四十六条　县级以上地方人民政府水行政主管部门或者流域管理机构应当根据批准的水量分配方案和年度预测来水量，制定年度水量分配方案和调度计划，实施水量统一调度；有关地方人民政府必须服从。

国家确定的重要江河、湖泊的年度水量分配方案，应当纳入国家的国民经济和社会发展年度计划。

第四十七条　国家对用水实行总量控制和定额管理相结合的制度。

省、自治区、直辖市人民政府有关行业主管部门应当制订本行政区域内行业用水定额，报同级水行政主管部门和质量监督检验行政主管部门审核同意后，由省、自治区、直辖市人民政府公布，并报国务院水行政主管部门和国务院质量监督检验行政主管部门备案。

县级以上地方人民政府发展计划主管部门会同同级水行政主管部门，根据用水定额、经济技术条件以及水量分配方案确定的可供本行政区域使用的水量，制定年度用水计划，对本行政区域内的年度用水实行总量控制。

第四十八条　直接从江河、湖泊或者地下取用水资源的单位和个人，应当按照国家取水许可制度和水资源有偿使用制度的规定，向水行政主管部门或者流域管理机构申请领取取水许可证，并缴纳水资源费，取得取水权。但是，家庭生活和零星散养、圈养畜禽饮用等少量取水的除外。

实施取水许可制度和征收管理水资源费的具体办法，由国务院规定。

第四十九条　用水应当计量，并按照批准的用水计划用水。

用水实行计量收费和超定额累进加价制度。

第五十条　各级人民政府应当推行节水灌溉方式和节水技术，对农业蓄水、输水工程采取必要的防渗漏措施，提高农业用水效率。

第五十一条　工业用水应当采用先进技术、工艺和设备，增加循环用水次数，提高水的重复利用率。

国家逐步淘汰落后的、耗水量高的工艺、设备和产品，具体名录由国务院经济综合主管部门会同国务院水行政主管部门和有关部门制定并公布。生产者、销售者或者生产经营中的使用者应当在规定的时间内停止生产、销售或者使用列入名录的工艺、设备和产品。

第五十二条　城市人民政府应当因地制宜采取有效措施，推广节水型生活用水器具，降低城市供水管网漏失率，提高生活用水效率；加强城市污水集中处理，鼓励使用再生水，提高污水再生利用率。

第五十三条　新建、扩建、改建建设项目，应当制订节水措施方案，配套建设节水设施。节水设施应当与主体工程同时设计、同时施工、同时投产。

供水企业和自建供水设施的单位应当加强供水设施的维护管理，减少水的漏失。

第五十四条　各级人民政府应当积极采取措施，改善城乡居民的饮用水条件。

第五十五条　使用水工程供应的水，应当按照国家规定向供水单位缴纳水费。供水价格应当按照补偿成本、合理收益、优质优价、公平负担的原则确定。具体办法由省级以上人民政府价格主管部门会同同级水行政主管部门或者其他供水行政主管部门依据职权制定。

第六章　水事纠纷处理与执法监督检查

第五十六条　不同行政区域之间发生水事纠纷的，应当协商处理；协商不成的，由上一级人民政府裁决，有关各方必须遵照执行。在水事纠纷解决前，未经各方达成协议或者共同的上一级人民政府批准，在行政区域交界线两侧一定范围内，任何一方不得修建排水、阻水、取水和截（蓄）水工程，不得单方面改变水的现状。

第五十七条　单位之间、个人之间、单位与个人之间发生的水事纠纷，应当协商解决；当事人不愿协商或者协商不成的，可以申请县级以上地方人民政府或者其授权的部门调解，也可以直接向人民法院提起民事诉讼。县级以上地方人民政府或者其授权的部门调解不成的，当事人可以向人民法院提起民事诉讼。

在水事纠纷解决前，当事人不得单方面改变现状。

第五十八条　县级以上人民政府或者其授权的部门在处理水事纠纷时，有权采取临时处置措施，有关各方或者当事人必须服从。

第五十九条　县级以上人民政府水行政主管部门和流域管理机构应当对违反本法的行为加强监督检查并依法进行查处。

水政监督检查人员应当忠于职守，秉公执法。

第六十条　县级以上人民政府水行政主管部门、流域管理机构及其水政监督检查人员履行本法规定的监督检查职责时，有权采取下列措施：

（一）要求被检查单位提供有关文件、证照、资料；

（二）要求被检查单位就执行本法的有关问题作出说明；

（三）进入被检查单位的生产场所进行调查；

（四）责令被检查单位停止违反本法的行为，履行法定义务。

第六十一条　有关单位或者个人对水政监督检查人员的监督检查工作应当给予配合，不得拒绝或者阻碍水政监督检查人员依法执行职务。

第六十二条　水政监督检查人员在履行监督检查职责时，应当向被检查单位或者个人出示执法证件。

第六十三条　县级以上人民政府或者上级水行政主管部门发现本级或者下级水行政主管部门在监督检查工作中有违法或者失职行为的，应当责令其限期改正。

第七章　法律责任

第六十四条　水行政主管部门或者其他有关部门以及水工程管理单位及其工作人员，利用职务上的便利收取他人财物、其他好处或者玩忽职守，对不符合法定条件的单位或者个人核发许可证、签署审查同意意见，不按照水量分配方案分配水量，不按照国家有关规定收取水资源费，不履行监督职责，或者发现违法行为不予查处，造成严重后果，构成犯罪的，对负有责任的主管人员和其他直接责任人员依照刑法的有关规定追究刑事责任；尚不够刑事处罚的，依法给予行政处分。

第六十五条 在河道管理范围内建设妨碍行洪的建筑物、构筑物，或者从事影响河势稳定、危害河岸堤防安全和其他妨碍河道行洪的活动的，由县级以上人民政府水行政主管部门或者流域管理机构依据职权，责令停止违法行为，限期拆除违法建筑物、构筑物，恢复原状；逾期不拆除、不恢复原状的，强行拆除，所需费用由违法单位或者个人负担，并处一万元以上十万元以下的罚款。

未经水行政主管部门或者流域管理机构同意，擅自修建水工程，或者建设桥梁、码头和其他拦河、跨河、临河建筑物、构筑物，铺设跨河管道、电缆，且防洪法未作规定的，由县级以上人民政府水行政主管部门或者流域管理机构依据职权，责令停止违法行为，限期补办有关手续；逾期不补办或者补办未被批准的，责令限期拆除违法建筑物、构筑物；逾期不拆除的，强行拆除，所需费用由违法单位或者个人负担，并处一万元以上十万元以下的罚款。

虽经水行政主管部门或者流域管理机构同意，但未按照要求修建前款所列工程设施的，由县级以上人民政府水行政主管部门或者流域管理机构依据职权，责令限期改正，按照情节轻重，处一万元以上十万元以下的罚款。

第六十六条 有下列行为之一，且防洪法未作规定的，由县级以上人民政府水行政主管部门或者流域管理机构依据职权，责令停止违法行为，限期清除障碍或者采取其他补救措施，处一万元以上五万元以下的罚款：

（一）在江河、湖泊、水库、运河、渠道内弃置、堆放阻碍行洪的物体和种植阻碍行洪的林木及高秆作物的；

（二）围湖造地或者未经批准围垦河道的。

第六十七条 在饮用水水源保护区内设置排污口的，由县级以上地方人民政府责令限期拆除、恢复原状；逾期不拆除、不恢复原状的，强行拆除、恢复原状，并处五万元以上十万元以下的罚款。

未经水行政主管部门或者流域管理机构审查同意，擅自在江河、湖泊新建、改建或者扩大排污口的，由县级以上人民政府水行政主管部门或者流域管理机构依据职权，责令停止违法行为，限期恢复原状，处五万元以上十万元以下的罚款。

第六十八条 生产、销售或者在生产经营中使用国家明令淘汰的落后的、耗水量高的工艺、设备和产品的，由县级以上地方人民政府经济综合主管部门责令停止生产、销售或者使用，处二万元以上十万元以下的罚款。

第六十九条 有下列行为之一的，由县级以上人民政府水行政主管部门或者流域管理机构依据职权，责令停止违法行为，限期采取补救措施，处二万元以上十万元以下的罚款；情节严重的，吊销其取水许可证：

（一）未经批准擅自取水的；

（二）未依照批准的取水许可规定条件取水的。

第七十条　拒不缴纳、拖延缴纳或者拖欠水资源费的，由县级以上人民政府水行政主管部门或者流域管理机构依据职权，责令限期缴纳；逾期不缴纳的，从滞纳之日起按日加收滞纳部分千分之二的滞纳金，并处应缴或者补缴水资源费一倍以上五倍以下的罚款。

第七十一条　建设项目的节水设施没有建成或者没有达到国家规定的要求，擅自投入使用的，由县级以上人民政府有关部门或者流域管理机构依据职权，责令停止使用，限期改正，处五万元以上十万元以下的罚款。

第七十二条　有下列行为之一，构成犯罪的，依照刑法的有关规定追究刑事责任；尚不够刑事处罚，且防洪法未作规定的，由县级以上地方人民政府水行政主管部门或者流域管理机构依据职权，责令停止违法行为，采取补救措施，处一万元以上五万元以下的罚款；违反治安管理处罚法的，由公安机关依法给予治安管理处罚；给他人造成损失的，依法承担赔偿责任：

（一）侵占、毁坏水工程及堤防、护岸等有关设施，毁坏防汛、水文监测、水文地质监测设施的；

（二）在水工程保护范围内，从事影响水工程运行和危害水工程安全的爆破、打井、采石、取土等活动的。

第七十三条　侵占、盗窃或者抢夺防汛物资，防洪排涝、农田水利、水文监测和测量以及其他水工程设备和器材，贪污或者挪用国家救灾、抢险、防汛、移民安置和补偿及其他水利建设款物，构成犯罪的，依照刑法的有关规定追究刑事责任。

第七十四条　在水事纠纷发生及其处理过程中煽动闹事、结伙斗殴、抢夺或者损坏公私财物、非法限制他人人身自由，构成犯罪的，依照刑法的有关规定追究刑事责任；尚不够刑事处罚的，由公安机关依法给予治安管理处罚。

第七十五条　不同行政区域之间发生水事纠纷，有下列行为之一的，对负有责任的主管人员和其他直接责任人员依法给予行政处分：

（一）拒不执行水量分配方案和水量调度预案的；

（二）拒不服从水量统一调度的；

（三）拒不执行上一级人民政府的裁决的；

（四）在水事纠纷解决前，未经各方达成协议或者上一级人民政府批准，单方面违反本法规定改变水的现状的。

第七十六条　引水、截（蓄）水、排水，损害公共利益或者他人合法权益的，依法承担民事责任。

第七十七条　对违反本法第三十九条有关河道采砂许可制度规定的行政处罚，由国务院规定。

第八章　附　则

第七十八条　中华人民共和国缔结或者参加的与国际或者国境边界河流、湖泊有关的国际条约、协定与中华人民共和国法律有不同规定的，适用国际条约、协定的规定。但是，中华人民共和国声明保留的条款除外。

第七十九条　本法所称水工程，是指在江河、湖泊和地下水源上开发、利用、控制、调配和保护水资源的各类工程。

第八十条　海水的开发、利用、保护和管理，依照有关法律的规定执行。

第八十一条　从事防洪活动，依照防洪法的规定执行。

水污染防治，依照水污染防治法的规定执行。

第八十二条　本法自 2002 年 10 月 1 日起施行。

中华人民共和国防洪法

（1997 年 8 月 29 日第八届全国人民代表大会常务委员会第二十七次会议通过　根据 2009 年 8 月 27 日第十一届全国人民代表大会常务委员会第十次会议《关于修改部分法律的决定》第一次修正　根据 2015 年 4 月 24 日第十二届全国人民代表大会常务委员会第十四次会议《关于修改〈中华人民共和国港口法〉等七部法律的决定》第二次修正　根据 2016 年 7 月 2 日第十二届全国人民代表大会常务委员会第二十一次会议《关于修改〈中华人民共和国节约能源法〉等六部法律的决定》第三次修正）

第一章　总　则

第一条　为了防治洪水，防御、减轻洪涝灾害，维护人民的生命和财产安全，保障社会主义现代化建设顺利进行，制定本法。

第二条　防洪工作实行全面规划、统筹兼顾、预防为主、综合治理、局部利益服从全局利益的原则。

第三条　防洪工程设施建设，应当纳入国民经济和社会发展计划。

防洪费用按照政府投入同受益者合理承担相结合的原则筹集。

第四条　开发利用和保护水资源，应当服从防洪总体安排，实行兴利与除害相结合的原则。

江河、湖泊治理以及防洪工程设施建设，应当符合流域综合规划，与流域水资源的综合开发相结合。

本法所称综合规划是指开发利用水资源和防治水害的综合规划。

第五条 防洪工作按照流域或者区域实行统一规划、分级实施和流域管理与行政区域管理相结合的制度。

第六条 任何单位和个人都有保护防洪工程设施和依法参加防汛抗洪的义务。

第七条 各级人民政府应当加强对防洪工作的统一领导，组织有关部门、单位，动员社会力量，依靠科技进步，有计划地进行江河、湖泊治理，采取措施加强防洪工程设施建设，巩固、提高防洪能力。

各级人民政府应当组织有关部门、单位，动员社会力量，做好防汛抗洪和洪涝灾害后的恢复与救济工作。

各级人民政府应当对蓄滞洪区予以扶持；蓄滞洪后，应当依照国家规定予以补偿或者救助。

第八条 国务院水行政主管部门在国务院的领导下，负责全国防洪的组织、协调、监督、指导等日常工作。国务院水行政主管部门在国家确定的重要江河、湖泊设立的流域管理机构，在所管辖的范围内行使法律、行政法规规定和国务院水行政主管部门授权的防洪协调和监督管理职责。

国务院建设行政主管部门和其他有关部门在国务院的领导下，按照各自的职责，负责有关的防洪工作。

县级以上地方人民政府水行政主管部门在本级人民政府的领导下，负责本行政区域内防洪的组织、协调、监督、指导等日常工作。县级以上地方人民政府建设行政主管部门和其他有关部门在本级人民政府的领导下，按照各自的职责，负责有关的防洪工作。

第二章 防洪规划

第九条 防洪规划是指为防治某一流域、河段或者区域的洪涝灾害而制定的总体部署，包括国家确定的重要江河、湖泊的流域防洪规划，其他江河、河段、湖泊的防洪规划以及区域防洪规划。

防洪规划应当服从所在流域、区域的综合规划；区域防洪规划应当服从所在流域的流域防洪规划。

防洪规划是江河、湖泊治理和防洪工程设施建设的基本依据。

第十条 国家确定的重要江河、湖泊的防洪规划，由国务院水行政主管部门依据该江河、湖泊的流域综合规划，会同有关部门和有关省、自治区、直辖市人民政府编制，报国务院批准。

其他江河、河段、湖泊的防洪规划或者区域防洪规划，由县级以上地方人民政府水行政主管部门分别依据流域综合规划、区域综合规划，会同有关部门和有关地区编制，报本级人民政府批准，并报上一级人民政府水行政主管部门备案；跨省、自治区、直辖市的江河、河段、湖泊的防洪规划由有关流域管理机构会同江河、河段、湖泊所在地的省、自治区、直辖市人民政府水行政主管部门、有关主管部门拟定，分别经有关省、自治区、直辖市人民政府审查提出意见后，报国务院水行政主管部门批准。

城市防洪规划，由城市人民政府组织水行政主管部门、建设行政主管部门和其他有关部门依据流域防洪规划、上一级人民政府区域防洪规划编制，按照国务院规定的审批程序批准后纳入城市总体规划。

修改防洪规划，应当报经原批准机关批准。

第十一条 编制防洪规划，应当遵循确保重点、兼顾一般，以及防汛和抗旱相结合、工程措施和非工程措施相结合的原则，充分考虑洪涝规律和上下游、左右岸的关系以及国民经济对防洪的要求，并与国土规划和土地利用总体规划相协调。

防洪规划应当确定防护对象、治理目标和任务、防洪措施和实施方案，划定洪泛区、蓄滞洪区和防洪保护区的范围，规定蓄滞洪区的使用原则。

第十二条 受风暴潮威胁的沿海地区的县级以上地方人民政府，应当把防御风暴潮纳入本地区的防洪规划，加强海堤（海塘）、挡潮闸和沿海防护林等防御风暴潮工程体系建设，监督建筑物、构筑物的设计和施工符合防御风暴潮的需要。

第十三条 山洪可能诱发山体滑坡、崩塌和泥石流的地区以及其他山洪多发地区的县级以上地方人民政府，应当组织负责地质矿产管理工作的部门、水行政主管部门和其他有关部门对山体滑坡、崩塌和泥石流隐患进行全面调查，划定重点防治区，采取防治措施。

城市、村镇和其他居民点以及工厂、矿山、铁路和公路干线的布局，应当避开山洪威胁；已经建在受山洪威胁的地方的，应当采取防御措施。

第十四条 平原、洼地、水网圩区、山谷、盆地等易涝地区的有关地方人民政府，应当制定除涝治涝规划，组织有关部门、单位采取相应的治理措施，完善排水系统，发展耐涝农作物种类和品种，开展洪涝、干旱、盐碱综合治理。

城市人民政府应当加强对城区排涝管网、泵站的建设和管理。

第十五条 国务院水行政主管部门应当会同有关部门和省、自治区、直辖市人民政府制定长江、黄河、珠江、辽河、淮河、海河入海河口的整治规划。

在前款入海河口围海造地，应当符合河口整治规划。

第十六条 防洪规划确定的河道整治计划用地和规划建设的堤防用地范围内的

土地，经土地管理部门和水行政主管部门会同有关地区核定，报经县级以上人民政府按照国务院规定的权限批准后，可以划定为规划保留区；该规划保留区范围内的土地涉及其他项目用地的，有关土地管理部门和水行政主管部门核定时，应当征求有关部门的意见。

规划保留区依照前款规定划定后，应当公告。

前款规划保留区内不得建设与防洪无关的工矿工程设施；在特殊情况下，国家工矿建设项目确需占用前款规划保留区内的土地的，应当按照国家规定的基本建设程序报请批准，并征求有关水行政主管部门的意见。

防洪规划确定的扩大或者开辟的人工排洪道用地范围内的土地，经省级以上人民政府土地管理部门和水行政主管部门会同有关部门、有关地区核定，报省级以上人民政府按照国务院规定的权限批准后，可以划定为规划保留区，适用前款规定。

第十七条　在江河、湖泊上建设防洪工程和其他水工程、水电站等，应当符合防洪规划的要求；水库应当按照防洪规划的要求留足防洪库容。

前款规定的防洪工程和其他水工程、水电站未取得有关水行政主管部门签署的符合防洪规划要求的规划同意书的，建设单位不得开工建设。

第三章　治理与防护

第十八条　防治江河洪水，应当蓄泄兼施，充分发挥河道行洪能力和水库、洼淀、湖泊调蓄洪水的功能，加强河道防护，因地制宜地采取定期清淤疏浚等措施，保持行洪畅通。

防治江河洪水，应当保护、扩大流域林草植被，涵养水源，加强流域水土保持综合治理。

第十九条　整治河道和修建控制引导河水流向、保护堤岸等工程，应当兼顾上下游、左右岸的关系，按照规划治导线实施，不得任意改变河水流向。

国家确定的重要江河的规划治导线由流域管理机构拟定，报国务院水行政主管部门批准。

其他江河、河段的规划治导线由县级以上地方人民政府水行政主管部门拟定，报本级人民政府批准；跨省、自治区、直辖市的江河、河段和省、自治区、直辖市之间的省界河道的规划治导线由有关流域管理机构组织江河、河段所在地的省、自治区、直辖市人民政府水行政主管部门拟定，经有关省、自治区、直辖市人民政府审查提出意见后，报国务院水行政主管部门批准。

第二十条　整治河道、湖泊，涉及航道的，应当兼顾航运需要，并事先征求交通主管部门的意见。整治航道，应当符合江河、湖泊防洪安全要求，并事先征求水行政主管部门的意见。

在竹木流放的河流和渔业水域整治河道的,应当兼顾竹木水运和渔业发展的需要,并事先征求林业、渔业行政主管部门的意见。在河道中流放竹木,不得影响行洪和防洪工程设施的安全。

第二十一条　河道、湖泊管理实行按水系统一管理和分级管理相结合的原则,加强防护,确保畅通。

国家确定的重要江河、湖泊的主要河段,跨省、自治区、直辖市的重要河段、湖泊,省、自治区、直辖市之间的省界河道、湖泊以及国(边)界河道、湖泊,由流域管理机构和江河、湖泊所在地的省、自治区、直辖市人民政府水行政主管部门按照国务院水行政主管部门的划定依法实施管理。其他河道、湖泊,由县级以上地方人民政府水行政主管部门按照国务院水行政主管部门或者国务院水行政主管部门授权的机构的划定依法实施管理。

有堤防的河道、湖泊,其管理范围为两岸堤防之间的水域、沙洲、滩地、行洪区和堤防及护堤地;无堤防的河道、湖泊,其管理范围为历史最高洪水位或者设计洪水位之间的水域、沙洲、滩地和行洪区。

流域管理机构直接管理的河道、湖泊管理范围,由流域管理机构会同有关县级以上地方人民政府依照前款规定界定;其他河道、湖泊管理范围,由有关县级以上地方人民政府依照前款规定界定。

第二十二条　河道、湖泊管理范围内的土地和岸线的利用,应当符合行洪、输水的要求。

禁止在河道、湖泊管理范围内建设妨碍行洪的建筑物、构筑物,倾倒垃圾、渣土,从事影响河势稳定、危害河岸堤防安全和其他妨碍河道行洪的活动。

禁止在行洪河道内种植阻碍行洪的林木和高秆作物。

在船舶航行可能危及堤岸安全的河段,应当限定航速。限定航速的标志,由交通主管部门与水行政主管部门商定后设置。

第二十三条　禁止围湖造地。已经围垦的,应当按照国家规定的防洪标准进行治理,有计划地退地还湖。

禁止围垦河道。确需围垦的,应当进行科学论证,经水行政主管部门确认不妨碍行洪、输水后,报省级以上人民政府批准。

第二十四条　对居住在行洪河道内的居民,当地人民政府应当有计划地组织外迁。

第二十五条　护堤护岸的林木,由河道、湖泊管理机构组织营造和管理。护堤护岸林木，不得任意砍伐。采伐护堤护岸林木的，应当依法办理采伐许可手续，并完成规定的更新补种任务。

第二十六条　对壅水、阻水严重的桥梁、引道、码头和其他跨河工程设施，根据防洪标准，有关水行政主管部门可以报请县级以上人民政府按照国务院规定的权限责令建设单位限期改建或者拆除。

第二十七条　建设跨河、穿河、穿堤、临河的桥梁、码头、道路、渡口、管道、缆线、取水、排水等工程设施，应当符合防洪标准、岸线规划、航运要求和其他技术要求，不得危害堤防安全、影响河势稳定、妨碍行洪畅通；其工程建设方案未经有关水行政主管部门根据前述防洪要求审查同意的，建设单位不得开工建设。

前款工程设施需要占用河道、湖泊管理范围内土地，跨越河道、湖泊空间或者穿越河床的，建设单位应当经有关水行政主管部门对该工程设施建设的位置和界限审查批准后，方可依法办理开工手续；安排施工时，应当按照水行政主管部门审查批准的位置和界限进行。

第二十八条　对于河道、湖泊管理范围内依照本法规定建设的工程设施，水行政主管部门有权依法检查；水行政主管部门检查时，被检查者应当如实提供有关的情况和资料。

前款规定的工程设施竣工验收时，应当有水行政主管部门参加。

第四章　防洪区和防洪工程设施的管理

第二十九条　防洪区是指洪水泛滥可能淹及的地区，分为洪泛区、蓄滞洪区和防洪保护区。

洪泛区是指尚无工程设施保护的洪水泛滥所及的地区。

蓄滞洪区是指包括分洪口在内的河堤背水面以外临时贮存洪水的低洼地区及湖泊等。

防洪保护区是指在防洪标准内受防洪工程设施保护的地区。

洪泛区、蓄滞洪区和防洪保护区的范围，在防洪规划或者防御洪水方案中划定，并报请省级以上人民政府按照国务院规定的权限批准后予以公告。

第三十条　各级人民政府应当按照防洪规划对防洪区内的土地利用实行分区管理。

第三十一条　地方各级人民政府应当加强对防洪区安全建设工作的领导，组织有关部门、单位对防洪区内的单位和居民进行防洪教育，普及防洪知识，提高水患意识；按照防洪规划和防御洪水方案建立并完善防洪体系和水文、气象、通信、预警以及洪涝灾害监测系统，提高防御洪水能力；组织防洪区内的单位和居民积极参加防洪工作，因地制宜地采取防洪避洪措施。

第三十二条　洪泛区、蓄滞洪区所在地的省、自治区、直辖市人民政府应当组织有关地区和部门，按照防洪规划的要求，制定洪泛区、蓄滞洪区安全建设计划，控制蓄滞洪区人口增长，对居住在经常使用的蓄滞洪区的居民，有计划地组织外迁，并采取其他必要的安全保护措施。

因蓄滞洪区而直接受益的地区和单位，应当对蓄滞洪区承担国家规定的补偿、救助义务。国务院和有关的省、自治区、直辖市人民政府应当建立对蓄滞洪区的扶持和补偿、救助制度。

国务院和有关的省、自治区、直辖市人民政府可以制定洪泛区、蓄滞洪区安全建设管理办法以及对蓄滞洪区的扶持和补偿、救助办法。

第三十三条　在洪泛区、蓄滞洪区内建设非防洪建设项目，应当就洪水对建设项目可能产生的影响和建设项目对防洪可能产生的影响作出评价，编制洪水影响评价报告，提出防御措施。洪水影响评价报告未经有关水行政主管部门审查批准的，建设单位不得开工建设。

在蓄滞洪区内建设的油田、铁路、公路、矿山、电厂、电信设施和管道，其洪水影响评价报告应当包括建设单位自行安排的防洪避洪方案。建设项目投入生产或者使用时，其防洪工程设施应当经水行政主管部门验收。

在蓄滞洪区内建造房屋应当采用平顶式结构。

第三十四条　大中城市，重要的铁路、公路干线，大型骨干企业，应当列为防洪重点，确保安全。

受洪水威胁的城市、经济开发区、工矿区和国家重要的农业生产基地等，应当重点保护，建设必要的防洪工程设施。

城市建设不得擅自填堵原有河道沟叉、贮水湖塘洼淀和废除原有防洪围堤。确需填堵或者废除的，应当经城市人民政府批准。

第三十五条　属于国家所有的防洪工程设施，应当按照经批准的设计，在竣工验收前由县级以上人民政府按照国家规定，划定管理和保护范围。

属于集体所有的防洪工程设施，应当按照省、自治区、直辖市人民政府的规定，划定保护范围。

在防洪工程设施保护范围内，禁止进行爆破、打井、采石、取土等危害防洪工程设施安全的活动。

第三十六条　各级人民政府应当组织有关部门加强对水库大坝的定期检查和监督管理。对未达到设计洪水标准、抗震设防要求或者有严重质量缺陷的险坝，大坝主管部门应当组织有关单位采取除险加固措施，限期消除危险或者重建，有关人民政府应当优先安排所需资金。对可能出现垮坝的水库，应当事先制定应急抢险和居民临时撤离方案。

各级人民政府和有关主管部门应当加强对尾矿坝的监督管理，采取措施，避免因洪水导致垮坝。

第三十七条　任何单位和个人不得破坏、侵占、毁损水库大坝、堤防、水闸、护岸、抽水站、排水渠系等防洪工程和水文、通信设施以及防汛备用的器材、物料等。

第五章　防汛抗洪

第三十八条　防汛抗洪工作实行各级人民政府行政首长负责制，统一指挥、分级分部门负责。

第三十九条　国务院设立国家防汛指挥机构，负责领导、组织全国的防汛抗洪工作，其办事机构设在国务院水行政主管部门。

在国家确定的重要江河、湖泊可以设立由有关省、自治区、直辖市人民政府和该江河、湖泊的流域管理机构负责人等组成的防汛指挥机构，指挥所管辖范围内的防汛抗洪工作，其办事机构设在流域管理机构。

有防汛抗洪任务的县级以上地方人民政府设立由有关部门、当地驻军、人民武装部负责人等组成的防汛指挥机构，在上级防汛指挥机构和本级人民政府的领导下，指挥本地区的防汛抗洪工作，其办事机构设在同级水行政主管部门；必要时，经城市人民政府决定，防汛指挥机构也可以在建设行政主管部门设城市市区办事机构，在防汛指挥机构的统一领导下，负责城市市区的防汛抗洪日常工作。

第四十条　有防汛抗洪任务的县级以上地方人民政府根据流域综合规划、防洪工程实际状况和国家规定的防洪标准，制定防御洪水方案（包括对特大洪水的处置措施）。

长江、黄河、淮河、海河的防御洪水方案，由国家防汛指挥机构制定，报国务院批准；跨省、自治区、直辖市的其他江河的防御洪水方案，由有关流域管理机构会同有关省、自治区、直辖市人民政府制定，报国务院或者国务院授权的有关部门批准。防御洪水方案经批准后，有关地方人民政府必须执行。

各级防汛指挥机构和承担防汛抗洪任务的部门和单位，必须根据防御洪水方案做好防汛抗洪准备工作。

第四十一条　省、自治区、直辖市人民政府防汛指挥机构根据当地的洪水规律，规定汛期起止日期。

当江河、湖泊的水情接近保证水位或者安全流量，水库水位接近设计洪水位，或者防洪工程设施发生重大险情时，有关县级以上人民政府防汛指挥机构可以宣布进入紧急防汛期。

第四十二条　对河道、湖泊范围内阻碍行洪的障碍物，按照谁设障、谁清除的原则，由防汛指挥机构责令限期清除；逾期不清除的，由防汛指挥机构组织强行清除，所需费用由设障者承担。

在紧急防汛期，国家防汛指挥机构或者其授权的流域、省、自治区、直辖市防汛指挥机构有权对壅水、阻水严重的桥梁、引道、码头和其他跨河工程设施作出紧急处置。

第四十三条　在汛期，气象、水文、海洋等有关部门应当按照各自的职责，及时向有关防汛指挥机构提供天气、水文等实时信息和风暴潮预报；电信部门应当优先提供防汛抗洪通信的服务；运输、电力、物资材料供应等有关部门应当优先为防汛抗洪服务。

中国人民解放军、中国人民武装警察部队和民兵应当执行国家赋予的抗洪抢险任务。

第四十四条　在汛期，水库、闸坝和其他水工程设施的运用，必须服从有关的防汛指挥机构的调度指挥和监督。

在汛期，水库不得擅自在汛期限制水位以上蓄水，其汛期限制水位以上的防洪库容的运用，必须服从防汛指挥机构的调度指挥和监督。

在凌汛期，有防凌汛任务的江河的上游水库的下泄水量必须征得有关的防汛指挥机构的同意，并接受其监督。

第四十五条　在紧急防汛期，防汛指挥机构根据防汛抗洪的需要，有权在其管辖范围内调用物资、设备、交通运输工具和人力，决定采取取土占地、砍伐林木、清除阻水障碍物和其他必要的紧急措施；必要时，公安、交通等有关部门按照防汛指挥机构的决定，依法实施陆地和水面交通管制。

依照前款规定调用的物资、设备、交通运输工具等，在汛期结束后应当及时归还；造成损坏或者无法归还的，按照国务院有关规定给予适当补偿或者作其他处理。取土占地、砍伐林木的，在汛期结束后依法向有关部门补办手续；有关地方人民政府对取土后的土地组织复垦，对砍伐的林木组织补种。

第四十六条　江河、湖泊水位或者流量达到国家规定的分洪标准，需要启用蓄滞洪区时，国务院，国家防汛指挥机构，流域防汛指挥机构，省、自治区、直辖市人民政府，省、自治区、直辖市防汛指挥机构，按照依法经批准的防御洪水方案中规定的启用条件和批准程序，决定启用蓄滞洪区。依法启用蓄滞洪区，任何单位和个人不得阻拦、拖延；遇到阻拦、拖延时，由有关县级以上地方人民政府强制实施。

第四十七条　发生洪涝灾害后，有关人民政府应当组织有关部门、单位做好灾区的生活供给、卫生防疫、救灾物资供应、治安管理、学校复课、恢复生产和重建家园等救灾工作以及所管辖地区的各项水毁工程设施修复工作。水毁防洪工程设施的修复，应当优先列入有关部门的年度建设计划。

国家鼓励、扶持开展洪水保险。

第六章　保障措施

第四十八条　各级人民政府应当采取措施，提高防洪投入的总体水平。

第四十九条　江河、湖泊的治理和防洪工程设施的建设和维护所需投资，按照事权和财权相统一的原则，分级负责，由中央和地方财政承担。城市防洪工程设施的建设和维护所需投资，由城市人民政府承担。

受洪水威胁地区的油田、管道、铁路、公路、矿山、电力、电信等企业、事业单位应当自筹资金，兴建必要的防洪自保工程。

第五十条　中央财政应当安排资金，用于国家确定的重要江河、湖泊的堤坝遭受特大洪涝灾害时的抗洪抢险和水毁防洪工程修复。省、自治区、直辖市人民政府应当在本级财政预算中安排资金，用于本行政区域内遭受特大洪涝灾害地区的抗洪抢险和水毁防洪工程修复。

第五十一条　国家设立水利建设基金，用于防洪工程和水利工程的维护和建设。具体办法由国务院规定。

受洪水威胁的省、自治区、直辖市为加强本行政区域内防洪工程设施建设，提高防御洪水能力，按照国务院的有关规定，可以规定在防洪保护区范围内征收河道工程修建维护管理费。

第五十二条　任何单位和个人不得截留、挪用防洪、救灾资金和物资。

各级人民政府审计机关应当加强对防洪、救灾资金使用情况的审计监督。

第七章　法律责任

第五十三条　违反本法第十七条规定，未经水行政主管部门签署规划同意书，擅自在江河、湖泊上建设防洪工程和其他水工程、水电站的，责令停止违法行为，补办规划同意书手续；违反规划同意书的要求，严重影响防洪的，责令限期拆除；违反规划同意书的要求，影响防洪但尚可采取补救措施的，责令限期采取补救措施，可以处一万元以上十万元以下的罚款。

第五十四条　违反本法第十九条规定，未按照规划治导线整治河道和修建控制引导河水流向、保护堤岸等工程，影响防洪的，责令停止违法行为，恢复原状或者采取其他补救措施，可以处一万元以上十万元以下的罚款。

第五十五条　违反本法第二十二条第二款、第三款规定，有下列行为之一的，责令停止违法行为，排除阻碍或者采取其他补救措施，可以处五万元以下的罚款：

（一）在河道、湖泊管理范围内建设妨碍行洪的建筑物、构筑物的；

（二）在河道、湖泊管理范围内倾倒垃圾、渣土，从事影响河势稳定、危害河岸堤防安全和其他妨碍河道行洪的活动的；

（三）在行洪河道内种植阻碍行洪的林木和高秆作物的。

第五十六条　违反本法第十五条第二款、第二十三条规定，围海造地、围湖造地、围垦河道的，责令停止违法行为，恢复原状或者采取其他补救措施，可以处五万元以下的罚款；既不恢复原状也不采取其他补救措施的，代为恢复原状或者采取其他补救措施，所需费用由违法者承担。

第五十七条　违反本法第二十七条规定，未经水行政主管部门对其工程建设方案审查同意或者未按照有关水行政主管部门审查批准的位置、界限，在河道、湖泊管理范围内从事工程设施建设活动的，责令停止违法行为，补办审查同意或者审查批准手续；工程设施建设严重影响防洪的，责令限期拆除，逾期不拆除的，强行拆除，所需费用由建设单位承担；影响行洪但尚可采取补救措施的，责令限期采取补救措施，可以处一万元以上十万元以下的罚款。

第五十八条　违反本法第三十三条第一款规定，在洪泛区、蓄滞洪区内建设非防洪建设项目，未编制洪水影响评价报告或者洪水影响评价报告未经审查批准开工建设的，责令限期改正；逾期不改正的，处五万元以下的罚款。

违反本法第三十三条第二款规定，防洪工程设施未经验收，即将建设项目投入生产或者使用的，责令停止生产或者使用，限期验收防洪工程设施，可以处五万元以下的罚款。

第五十九条　违反本法第三十四条规定，因城市建设擅自填堵原有河道沟叉、贮水湖塘洼淀和废除原有防洪围堤的，城市人民政府应当责令停止违法行为，限期恢复原状或者采取其他补救措施。

第六十条　违反本法规定，破坏、侵占、毁损堤防、水闸、护岸、抽水站、排水渠系等防洪工程和水文、通信设施以及防汛备用的器材、物料的，责令停止违法行为，采取补救措施，可以处五万元以下的罚款；造成损坏的，依法承担民事责任；应当给予治安管理处罚的，依照治安管理处罚法的规定处罚；构成犯罪的，依法追究刑事责任。

第六十一条　阻碍、威胁防汛指挥机构、水行政主管部门或者流域管理机构的工作人员依法执行职务,构成犯罪的,依法追究刑事责任;尚不构成犯罪,应当给予治安管理处罚的,依照治安管理处罚法的规定处罚。

第六十二条 截留、挪用防洪、救灾资金和物资,构成犯罪的,依法追究刑事责任;尚不构成犯罪的,给予行政处分。

第六十三条 除本法第五十九条的规定外,本章规定的行政处罚和行政措施,由县级以上人民政府水行政主管部门决定,或者由流域管理机构按照国务院水行政主管部门规定的权限决定。但是,本法第六十条、第六十一条规定的治安管理处罚的决定机关,按照治安管理处罚法的规定执行。

第六十四条 国家工作人员,有下列行为之一,构成犯罪的,依法追究刑事责任;尚不构成犯罪的,给予行政处分:

(一)违反本法第十七条、第十九条、第二十二条第二款、第二十二条第三款、第二十七条或者第三十四条规定,严重影响防洪的;

(二)滥用职权,玩忽职守,徇私舞弊,致使防汛抗洪工作遭受重大损失的;

(三)拒不执行防御洪水方案、防汛抢险指令或者蓄滞洪方案、措施、汛期调度运用计划等防汛调度方案的;

(四)违反本法规定,导致或者加重毗邻地区或者其他单位洪灾损失的。

第八章 附 则

第六十五条 本法自 1998 年 1 月 1 日起施行。

第二节 调度运用

水库调度运用,亦称为水库控制运用,就是运用水库的调蓄能力,科学地调度天然来水,使之适应人们的用水需要,达到兴利除害的目的。水库调度应坚持"安全第一,统筹兼顾"的原则,在保证水库工程安全、服从防洪总体安排的前提下,协调防洪、兴利等任务及社会经济各用水部门的关系,发挥水库的综合利用效益。

每年年初,水库管理单位应组织工程技术人员制定本年度的水库控制运用计划,报上级有关部门批准。小型水库必须备有本水库设计的水位—库容曲线、水位—面积曲线、降雨—径流关系曲线等必备的洪水预报和管理资料。

一、调度运用的主要参数

调度运用的主要参数，见表 4-1。

表 4-1　调度运用的主要参数

参数	主要内容
水库特征指标	正常蓄水位、汛期限制水位、防洪高水位、设计洪水位、校核洪水位、死水位等特征水位，以及总库容、兴利库容、防洪库容、调洪库容等特征库容
水库调度参数	防洪标准及下游安全泄量、供水量与供水保证率、灌溉面积和灌溉保证率、装机容量与保证出力、通航标准、防凌运用水位、生态基流或最小下泄流量等
其他相关资料	水库调度相关的库容曲线、泄流能力及泄流曲线、下游水位流量关系曲线、电站水轮机出力限制线、入库水沙、冰情等基本资料

汛期限制水位是防洪调度中的一个关键性指标，既关系到水库安全度汛，又影响到水库兴利蓄水，应根据大坝安全状况、下游河道行洪能力、当地洪水规律等情况，综合考虑确定。可以分段确定不同的汛期限制水位。使防洪与兴利相互兼顾，使水库最大程度地发挥效益。

二、防洪调度

水库防洪调度是根据设计确定的或上级主管部门核定的水库防洪标准和下游防护对象的防洪标准、防洪调度方案及各特征水位，按照经批准的调度运用计划，严格执行有调度权限的防汛抗旱指挥部门的调度指令，对入库洪水进行调蓄，确保大坝和下游防洪安全。如遇超标准洪水，应首先保障大坝安全，并尽量减轻下游的洪水灾害。

小型水库一般流域面积小、来水量小，洪峰型陡、汇集流时间短，因此，需要根据洪水预报或当前的库水位，掌握水库尚余调洪库容，可以承受多少降雨量，以便采取相应的防洪措施。

小型水库大部分为开敞式溢洪道，只能靠输水涵管放水腾空库容，但涵管放水能力一般较小，腾空库容需要较长时间，必须在汛前提早预泄，将库水位降至汛限水位。没有调蓄能力的小型水库，溢洪道堰顶高程就是汛限水位。

对于溢洪道有闸控制的小型水库，闸门的启闭必须严格按照批准的调度运用计划和上级部门的指令进行，不得接受任何其他部门和个人的有关启闭闸门的指令，运用时，要严格按照规定程序下达通知，由专职人员按操作规程进行启闭。

在洪水调度过程中，拒不执行经批准的调度运用计划的，超汛限水位蓄水的，拒报或瞒报水库水情和雨情以及隐瞒水库洪水调度过程中出现对水库安全有影响问题的，应追究相关责任人的责任。

三、供水调度

供水调度以初步设计供水任务为基础，考虑经济社会发展，保障流域或区域生活生产供水基本需求。结合水资源状况和水库调节性能，明确城镇供水、灌溉供水、工业供水和农村饮水保障等不同供水任务的优先顺序，做好供水任务之间的协调。高效利用水资源与节约用水；发生供水矛盾时，应优先保障生活用水。

以供水为主要任务的水库，应首先满足供水对象的用水要求。当水库承担多目标供水任务时，应确定各供水对象的用水权益、供水顺序、供水过程及供水量。水库供水调度遇干旱等特殊供水需求时，应当服从有调度权限的防汛抗旱指挥部门调度，并严格执行经批准的所在流域或区域抗旱规划和供水调度方案要求。

根据初步设计确定的河流生态保护目标和生态需水流量，拟定满足生态要求的调度方式及相应控制条件。

四、发电、航运和泥沙调度

1. 发电调度

（1）应明确发电调度的任务、原则，以及发电调度与其他调度的关系。

（2）根据水库调节性能、入库径流、电站在电力系统中的地位和作用，合理控制水位和调配水量，结合电力系统运行要求，协调与其他用水部门以及上下游水电站的联合运行关系，合理确定调度方式。

（3）水轮机应按照运行特性曲线选择较好的工况运行。

（4）年调节和多年调节电站的调度应根据蓄水及来水情况，采用保证出力、加大出力、机组预想出力、降低出力等不同运行方式，并绘制发电调度图，按调度图进行调度；小水电站的发电调度应按照水行政主管部门审定的调度指标，根据入网条件确定合理的调度方式。

2. 航运调度

（1）航运调度的任务与原则，在保证枢纽工程安全和其他防护对象安全的基础上，按设计要求发挥水库上、下游水域的航运效益。

（2）以航运为主要任务的水库，应根据航道水深、水位变幅或流速的要求，确定相应的调度方式；兼顾航运任务的水库，在满足主要调度任务的情况下，确定相应的航运调度方式。

（3）有船闸、升船机等过坝通航建筑物的水库，应确定过坝航运调度方式，明确洪水期为保障大坝和通航安全，对航道和过坝设施采取限航或停航的有关规定。

3．泥沙调度

（1）根据水库泥沙调度的任务与原则，在保证防洪安全和兴利调度的前提下，减少水库的泥沙淤积和下流河道的淤堵。

（2）多沙河流水库宜合理拦沙，以排为主，排拦结合；少沙河流水库应合理排沙，以拦为主，拦排结合。泥沙调度应以主汛期和沙峰期为主，结合防洪及其他调度合理排拦泥沙。

（3）减少库区淤积而设置的排沙及其控制条件，或为减少下游河道淤积而设置的调水调沙库容及其判别条件；指定泥沙淤积监测方案，对泥沙淤积情况进行评估，为优化泥沙调度方式提供依据。

五、综合利用调度

（1）按初步设计确定的水库开发任务，明确水库综合利用调度目标；对设计文件不完整的水库，应重新委托设计或其他有资质的单位，按实际运行和利用需求分析论证，确定水库综合利用调度目标。依据水库所承担任务的主、次关系及对水量、水位和用水时间的要求，合理分配库容和调配水量。

（2）正常来水或丰水年份，在确保大坝安全的前提下，要按照水库调度任务的主次关系及不同特点，合理调配水量。

（3）枯水年份，须按照区分主次、保证重点、兼顾其他、减少损失、公益优先的原则进行调度，重点保证生活用水需求，兼顾其他生产或经营需求，降低因供水减少而造成的损失。

（4）综合利用调度应统筹各目标任务主次关系，优化水资源配置，按"保障安全、提高效益，减小损失"的原则，确定相应的调度方式。

（5）梯级水库或水库群调度应利用其调蓄能力，在对区域内的水雨情和径流规律、各水库开发任务和调度条件进行分析论证的基础上，确定合理的蓄泄水次序及相应的调度方式；初步设计没有确定河流生态保护目标和生态需水流量的水库，要结合相关调度任务兼顾生态用水调度，服从流域生态调水安排。

第三节　规范化管理

一、水库管理和加固工作中存在的主要问题

常言道，有病三分治，七分养，而这反映在我国的水库工程建设中，就是普遍存在的重建设、轻管理。主要表现在以下几个方面：

（1）大坝安全问题。在筑坝过程中，大坝安全问题始终受到重视。但受地质、水文、设计、施工等不确定因素的影响，部分水库存在质量缺陷和溃坝风险。我国已建9万余座水库中，90%以上是20世纪50年代至70年代建设的，受当时水文地质资料欠缺、设计标准不完善、筑坝技术水平较低、财力不足等经济技术条件限制，许多工程建设标准偏低，质量较差，加上多年运行，存在各种安全隐患。尽管我国坚持不懈地进行水库除险加固，基本解决了一部分水库病险问题，但2006年水利部组织的全国水库安全状况普查结果表明，仍有3.7万座水库存在不同程度的病险隐患。

（2）水库管理资料不健全。由于各种原因，水库建库前后的各种水库管理所需的资料（水文、设计、施工、竣工、基本的水位库容关系等）欠缺，水库运行记录、观测资料不完整，导致水库运行管理难以做到科学合理。

（3）水库管理水平较低。水库管理体制不顺，机制不活，人浮于事，效率较低。大多中小水库管理人员缺乏现代管理知识，技术素质低，远不适应市场经济条件下对水库经营管理的要求。水库大坝安全管理理念落后，缺少战略研究，没有一套完整的技术标准和规范，缺乏对中小型工程的安全运行和管理进行指导，也没有建立起相应于流域的、或河流梯级开发的水库大坝安全管理系统，中小型水库大坝的监测、分析和安全评价水平总体还比较低。

（4）大坝风险管理意识急需加强。目前西方一些经济发达国家在大坝安全管理程序中均引入了风险评估方法。可充分考虑大坝运行过程中各种环境因素以及大坝结构本身所存在的种种不确定性对大坝安全运行的影响，能反映一旦大坝失事所造成的后果对大坝安全性的要求，并可科学合理地安排大坝除险加固的时间、资金，还可以量化大坝安全管理的规章制度、法律法规、组织机构和预警预报等项目的功能和效果，指导大坝安全管理工作，提出切实可行的大坝现状改进计划，保障大坝安全。目前国内虽已开展了大坝风险管理的研究，但距实际应用差距尚远。

（5）病险水库健康诊断研究需要深化。病险水库除险加固工作是一项长期的工作，但如何有效准确地进行大坝的健康诊断，做到除险加固工作效益的最大化是一个难题。目前用于大坝工程质量检测和大坝健康状况诊断的仪器、设备和手段虽然很多，有些质量检测的手段和方法在工程实践中也发挥了作用，但这些检测手段与日益增加的安全和经济要求越来越不相适应，因此有必要对水库大坝的健康诊断和分析决策系统进行深入全面的研究，以避免水库大坝安全评价中出现了病库不病、不病的水库反而有病的误判。

（6）除险加固实用技术研究有待进一步提高。多年水库大坝建设及病险水库除险加固的工程实践，开发了一系列先进的病险水库除险加固实用技术，积累了大量丰富的除险加固成功经验。但由于我国的水库分布广泛，坝型众多，坝基条件复杂，水文特征差别很大，水库除险加固的技术也不尽相同。因此，有必要对我国现有大坝除险加固技术进行分析比较，筛选出既能实现除险目的，又经济合理的除险加固方案。建立一个适合我国病险水库修复和应急加固的标准化技术体系。

（7）水库降等与报废处理研究急待完善。类似生物和人类生命过程一样，水库大坝工程也有生老病死的自然过程，对此应该得到科学的认同和有效的管理，形成水库大坝从"规划设计—工程建设—运行管理—除险加固—降等报废"全过程的管理体系。水库降等与报废处理研究是目前水利管理和病险水库除险加固项目建设管理工作中亟待解决的重要课题。

二、思路与对策

面对当前中小水库存在的问题和面临的机遇。主要开展的工作应包括：

（1）完善管理制度，提高管理水平。我国目前现行的体制不利于大坝安全管理工作的开展，政府部门和企业之间的职责、职能和服务权限范围等方面的差异，也导致了管理机构的重复建设、经费投入分散且严重不足、技术管理水平参差不齐、信息交流不畅等问题。建议借鉴国外的先进经验，整合我国现有各部门、各级机构大坝安全管理中的技术力量。从法律上确定我国的水库大坝安全管理体制，统一协调和指导我国水库大坝安全管理的行政和技术工作。

（2）开展大坝安全生命周期的健康与安全技术研究。水库大坝同世间万物一样，不可能一劳永逸。为保证大坝在全生命周期内健康工作和安全运行，建立大坝在全生命周期内的健康分析理论和辨识标准、把握大坝健康和长期安全运行的基本规律，避免目前大坝工程安全评价的局限性和单一性，对大坝全生命周期内的健康安全状况进行全新评价是当前大坝安全评价与管理的迫切需要。大坝全生命周期内健康安全评判应贯穿于工程规划、设计、施工及运行的全过程，涉及工程自身安全、社会安全和环境安全等各个方面，需要面对和解决工程学、管理学、信息学和运筹学等众多学科的科学问题。

（3）进一步加强水库除险加固的科技支撑。科研人员要跟踪水利行业发展的前沿，有选择性地开展全局性、前瞻性、战略性的基础研究。在继承和发扬传统工程技术和经验的基础上，继续不断学习借鉴国内外病险水库管理和建设的新思路、新经验、新技术、新设备，加大自主创新的力度，不断提高技术创新层次和水平。

（4）加强管理和科研投入，保证水库持久安全运用。目前大部分水库工程管理建设相对薄弱，尤其是中小型水库，工程配套的防汛道路、通信和照明设施、工程和水文观测、预警预报系统等极不完善，管理手段和技术水平落后，有些水库根本没有观测设备，无法对大坝进行安全维护和监测，水库的病险状况不能及时掌握和处理，最终形成重大隐患。因此，应加强水库在维护费用、监测预警系统建设费用、病害治理费用等方面的投入，保证水库持久安全运用。

目前我国水库建设投入以工程建设为主，对大坝安全管理技术和评价技术的研究投入远远跟不上需求，长此下去，大坝安全状况令人担忧。因此应加大对大坝安全管理技术和评价技术研究的科研投入，有了保障经费，才会有高水平的科研成果，才会有大坝安全管理水平的大大提高，才能将大坝的安全管理落到实处。

第四节　水库的兴利调度与防洪调度

一、水库年供水计划的编制

水库兴利调度的任务是，依据规划设计的开发目标，合理调配水量，充分发挥水库的综合利用效益。水库兴利调度的原则是：①在制订兴利调度计划时，要首先满足城乡居民生活用水，既要保重点任务又要尽可能兼顾其他方面的要求，最大限度地综合利用水资源；②要在计划用水、节约用水的基础上核定各用水部门供水量，要贯彻"一水多用"的原则，提高水的重复利用率；③兴利调度方式，要根据水库调节性能和兴利各部门用水特点拟定；④库内引水，要纳入水库水量的统一分配和统一调度。编制水库兴利调度计划，应包括对当年（期、月）来水的预测；协调有关各部门对水库供水的要求；拟定各时段的水库兴利调度指标；根据上述条件，制订年（期、月）的具体供水计划。

编制年度供水计划要算好来水、蓄水和用水三笔账，通过水量平衡计算，拟订好水库供水方案，以达到兴利的目的。由于各水库预报条件不同，现对编制年度供水计划的方法作一介绍。

1. 水库来水量估算

（1）由预报的月降水量计算月径流量

此法是根据长期气象预报所给出的逐月降水量数据计算各月的径流量。

1）降雨径流相关法。根据预报的各月降水量 P，由月降雨径流相关图查得月径流深，即可求得各月来水量 W。

2）月径流系数法。此法是由各月径流系数 a 计算各月来水量的。

3）年、月降水量相似法。按长期预报的当年年降水量和各月降水量，与过去历年的年、月降水量相比较，选择年降水量和逐月降水量都接近的一年，即以该年实测径流过程作为本年预报的径流过程。

（2）直接预报各月径流量

具有长期预报资料的水库，可直接采用各月径流量的预报值。

2. 水库供水量估算

对于以灌溉为主的水库来说，主要是确定灌溉用水量。灌溉用水量加上渠系输水损失量，即得水库供水量。灌溉用水量一般用确定农作物灌溉制度的办法推求。在编制年度供水计划时，其特点是要根据当年预报的气象资料确定当年各月的降水量，不能预报逐旬、逐日的降水量，这样，根据田间水量平衡逐旬、逐日地推算当年的灌溉用水就有困难了。因此，逐月灌溉用水量的推求只能根据具体条件采用其他方法。

（1）年、月降雨相似法

以降雨相似年份的灌溉用水过程，考虑灌区当年的灌溉面积等情况，做一定的修正，即作为预报的本年灌溉用水过程，并根据当年灌区渠系的防渗条件确定预报的水库供水过程。

（2）逐月耗水定额法

根据灌区试验结果及多年实践，推得本灌区逐月总耗水定额（$m^3/$ 亩），并认为此耗水应由田间有效降水量及水库供水量两方面供给。利用本年的逐月降雨预报，考虑降雨的田间有效利用系数及渠系输水损失后，便可推得本年度的水库供水过程。

3. 水库兴利水位过程线的计算和绘制

根据当年预报的水库逐月来水量和供水量，考虑水量损失，按水量平衡原理逐月顺时序进行调节计算，即可推算出当年的兴利水位过程线，也就是当年的兴利调度线，也称当年计划调度线或当年预报调度线。调节计算方法与规划设计时水库兴利调节计算的方法基本相同，但必须注意两点：

（1）遇到供水不足月时，要尽量设法减少因供水不足而造成的损失。

（2）因预报常按日历年作出，故调节计算也可采用日历年，即以1月1日的实际库水位作为调节计算的起始水位。

4．水库兴利水位过程线的应用

根据预报资料所推求的兴利水位过程线，实质上就是当年各月库水位的预报值，如预报较准，可作全年指导水库的水库调度运行；如预报不准，再根据中、短期预报及当年的库水位，随时调整年初所作的库水位预报值。在兴利水位过程线的计算中，已可做到预先估计当年可能出现的缺水或弃水情况，以便及早研究对策。缺水时，应尽量减少损失，节约用水；弃水时，应尽量设法利用。在运用过程中，应根据实际库水位落在兴利水位过程线以上或以下，来决定是正常供水、加大供水还是减小供水。

例如，某水库集水面积 F=13.4km^2，灌溉面积为 10km^2，正常蓄水位为 67.3m，相应库容为 1220 万 m^3；死水位为 55m，相应库容为 331 万 m^3。根据气象预报的逐月降水量求得各月来水量、供水量，见表 4-2 中的第（2）、（5）栏。年初蓄水位为 58.8m，根据预报的当年水量、供水量及由简算法求得的各月水量损失（见第（3）栏），逐月进行水量平衡计算，求得当年各月末水库水位，列于表 4-2 中第（9）栏，由此绘出兴利水位过程线。

表4-2　某水库某年预报的兴利水位过程线计算

月份	来水量（万 m^3）	损失（万 m^3）	净来水（万 m^3）	供水量（万 m^3）	净来水 - 供水量（万 m^3）		月末蓄水（万 m^3）	月末水位（m）	弃水量（万 m^3）	缺水量（万 m^3）
					+	-				
（1）	（2）	（3）	（4）	（5）	（6）	（7）	（8）	（9）	（10）	（11）
1	69	5	64	0	64		503 567	58.8 59.4		
2	171	8	163	0	163		730	61.4		
3	111	10	101	0	101		831	62.9		
4	153	14	139	293		154	677	60.8		
5	119	15	104	519		415	331	55		69
6	723	7	716	323	393		724	61.3		
7	630	8	622	481	141		865	68.1		

续表

月份	来水量（万 m³）	损失（万 m³）	净来水（万 m³）	供水量（万 m³）	净来水－供水量（万 m³）		月末蓄水（万 m³）	月末水位（m）	弃水量（万 m³）	缺水量（万 m³）
					+	－				
（1）	（2）	（3）	（4）	（5）	（6）	（7）	（8）	（9）	（10）	（11）
8	208	16	192	160	32		897	68.2		
9	353	10	343	98	245		1142	66.5		
10	148	10	138	83	55		1197	67		
11	81	7	74	0	74		1220	67.3	51	
12	112	4	108	0	108		1220	67.3	108	
合计	2878	114	2764	1957						

二、年调节水库灌溉调度图的绘制

为满足农作物生长的需要，合理安排水库灌溉供水过程，称为水库灌溉调度。每年河流的天然来水有丰有枯，农作物的缺水量也不一样，灌溉期开始时水库的蓄水量有多有少。所以，需要在保证水库工程安全的前提下，通过水库灌溉调度，适当地处理来水、用水和蓄水三者之间的关系，以达到合理、充分、科学地利用水资源的目的。

灌溉用水涉及面广，如天然来水、农作物种类及其耕作方式、水库可能提供的水量以及管理水平等。因此，要结合水库灌区的具体情况，认真调查研究，于灌溉用水前，根据长期气象预报，估算当年来水量，拟订用水方案，在水库已蓄水量的情况下，通过调节计算编制水库预报调度线，作为水库当年灌溉调度的依据之一。

水库灌溉调度，就是为了合理解决河流天然来水与灌溉用水之间的矛盾。同时，也只有在水库安全的条件下，才能发挥其兴利效益，解决这些问题是通过编制调度图来具体实施的。

在水库灌溉调度过程中，调度图起着重要的指导作用。现将绘制调度图的方法叙述如下。

1. 选择代表年

绘制年调节水库的灌溉调度图，采用实际代表年法或设计代表年法。

（1）实际代表年法

从实测的年来水量和年用水量系列中，选择年来水量和年用水量都接近灌溉设计保证率的年份3～5年。其中，应包括不同年内分配的来水和用水典型，如灌溉期来水量较少、偏前、偏后等各种情况。

兴利调节计算，原设计用长系列法求得的兴利库容 $V_{兴设}$ 与现在求得的 $V_兴$ 可能不同，编制调度图时，如果调度线的最高蓄水位低于正常蓄水位，可选取所需最大蓄水量略高于 $V_{兴设}$ 的某一个年份，作为代表年之一。

（2）设计代表年法

将上述所选择的实际代表年来水量、用水量都分别缩放，转换为与设计保证率相应的设计年来水量、用水量。所求得的各种设计代表年的来水量、用水量都是相等的，只是其年内分布各不相同而已。

2. 计算与绘制兴利调度图

按上述两种方法选出代表年后，对所选择的代表年来水量、用水量，作年调节计算，方法与兴利计算相同。从死水位开始，逆时序逐月进行水量平衡计算，遇亏水相加，遇余水相减。一直计算到水库开始蓄水位的时刻，即可得出各月末应蓄水量及其相应的库水位。之所以从死水位开始逆时序调节，是因为年调节水库每年供水期末都可降至死水位，只要求供水期开始时水库所蓄水量能满足用水就可以了。

分别对每个代表年都以同样的方法进行调节计算，得到若干条水库水位与时间的关系线（调度线），绘于同一图上。连接各月水位的最高点得外（上）包线；连接各月水位的最低点得内（下）包线。外包线与内包线之间为正常供水区。外包线以上为加大供水区，因为按保证率供水，水库蓄水量不必再多于外包线。如果外包线以上再有多余的水，就可加大供水，故外包线称加大供水线；否则，在外包线以下加大供水，就可能引起正常灌溉供水的破坏，故外包线又称防破坏线。内包线以下为减少供水区，因为水库蓄水若低于内包线水位，按保证率供水就没有保证，故应限制供水，尽可能使库水位保持在正常供水区内，故内包线称限制供水线。

三、年调节水库发电调度图的绘制

1. 发电调度的意义

电力系统对运行水电站提出了两个基本要求：系统工作的可靠性和经济性。这两个要求之间是有矛盾的。水电站在运行过程中如何解决这一矛盾呢？对无调节和日调节水电站来说，可通过可靠的短期水文预报获得未来一日的来水量，合理安排水电站在系统负荷图上的工作位置，即可较好地解决两者之间的矛盾。但对于长期调节的水电站而言，情况就较复杂，由于目前水文和气象预报还不能对未来较长时期内的天然来水作出准确的预报，这就给水电站的运行管理带来不少困难。例如，年调节水电站，在供水期为了多发电，既不顾及水库现存水量的多少，又不考虑未来天然来水的情况如何而盲目加大出力，结果可能在供水期结束之前水库就提前放空，这样就使水电站汛前一段时间在天然来水很枯的情况下运行，不能满足保证出力的要求，造成正常供电的破坏。相反，如果为避免发生上述情况，在供水期不敢放水，结果后期来水较丰，以致在洪水到来时水库还未放空，而很快被蓄满，被迫造成大量弃水，使水利资源未能充分利用，同样的问题也可发生在蓄水期。

为了避免或减少上述问题的发生，在水库入流无长期预报的情况下，可利用历史的径流统计资料，拟定出年内各时刻的库水位（或蓄水量）来决策水库的蓄泄过程，以确保设计范围内的正常供电（水）和减少丰水期的无益弃水。同时，拟定出不同情况下的调度规则，使其较好地满足各方面的要求，获得较大的综合效益。

如果水库调度同时结合预报进行，则称为水库预报调度，这样会获得更大的综合效益。

水电站水库调度图的绘制一般要研究下列几个方面的问题，并达到相应的要求：

（1）水电站的保证运行方式，应保证遇到设计枯水年份能按照保证出力工作，不使正常工作遭受破坏。

（2）利用多余水量的运行方式，合理利用丰、平水年多余水量，争取多发电，少弃水，节约火电的煤耗。

（3）特枯水年的运行方式，当遇到设计保证率以外的特殊枯水年时，尽量减轻正常工作的破坏程度。

（4）其他方面的要求，要兼顾防洪、供水、灌溉、养殖、排沙放淤、环保等方面的要求，以获得最大的综合利用效益。

2．水库调度图的绘制

（1）调度图的组成

水力发电调度图是由基本调度线和附加调度线组成的。

基本调度线包括上基本调度线（又称防破坏线）和下基本调度线（又称限制出力线），它体现了水电站保证运行方式。

附加调度线包括一组加大出力线、降低出力线和防弃水线，体现了水电站在丰水年对多余水量的利用方式及其在枯水年的利用方式。

上述调度线将全图划分为保证出力区、降低出力区、防洪区。

（2）年调节水电站基本调度线的绘制

基本调度线的作用是在设计保证率范围内，能保证正常供水而不遭受破坏，也就是来水大于或等于设计枯水年情况下能够保证正常供水，直到供水期末水量正好用完。因此，基本调度线的绘制，只需选择年水量大于、等于设计枯水年的那些年份，自供水期末，根据保证出力的要求，由死水位开始进行逆时序进行水能计算，求出各时刻的水库蓄水量，便可绘出库水位过程线。

在研究基本调度线绘制时，要先将供水期与蓄水期分开，分别绘制供水期与蓄水期的基本调度线。

1）供水期基本调度线的绘制

选择符合设计保证率的若干典型年，并修正其流量过程，选择典型年的条件是：供水期的平均出力应等于设计保证出力，供水期的终止月份与大多数年份的终止月份相同。

对修正后的各年供水期的来水过程，按保证出力，自供水期末死水位开始逐时段（月）进行逆时序计算，至供水期初，求得各典型年份保证出力时的水库蓄水指示线。

将各年的水库蓄水指示线点绘在同一张图上，取各年蓄水指示线的上、下包线，如图4-1（a）所示即得上、下基本调度线。

考虑到运行中可能遇到这样的枯水年份，即从供水期开始时，水库就不得不沿着下基本调度线 dc 按保证出力工作，结果至 t_c 时刻，水库就被放空，如图4-1（a）所示。若该年 t_c 以后来水仍较少，水库就无法补充供水，那样就只能以很枯的天然来水工作，致使正常供水遭受较大的破坏，为避免这种情况发生，对下基本调度线可作以下修正，即令供水期的结束点与上基本调度线重合于a点，以 da 线作为下基本调度线，如图4-1（b）所示。

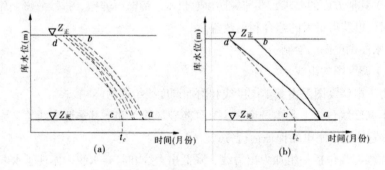

图 4-1　供水期基本调度线的绘制

2）蓄水期基本调度线的绘制

蓄水期水库发电调度图的任务是：在保证水电站正常工作和水库蓄满的前提下，应尽量利用多余水量加大出力，以增加水电站的发电量。蓄水期基本调度线的绘制方法与供水期基本调度线的绘制方法一样，也是根据各典型年的设计来水过程，从各年的蓄水期末，自正常蓄水位开始，按保证出力进行逆算，求得各年相应的水库蓄水指示线，同样取上、下包线为上、下基本调度线，如图4-2（a）所示。

关于下基本调度线的起点 h 为了防止由于汛期来得较迟，而过早地降低出力可能引起正常工作的破坏，常将 h 点向后移至汛期出现最迟的时刻 h' 点，如图4-2（b）所示。

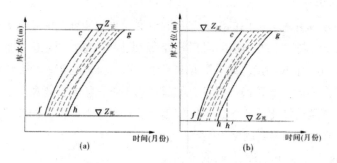

图 4-2 蓄水期基本调度线的绘制

将供、蓄水期基本调度线合并绘于一张图上，便得到水电站水库的基本调度线，如图4-3所示。

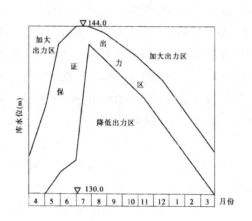

图 4-3 某水库基本调度线

以上是基本调度线按供、蓄水期分别绘制方法，有时也可按整个调节期（年）连续绘制，其做法是从供水期末死水位开始，逆时序计算至供水期初，又接着推算至蓄水期初。库水位回落到死水位为止，然后取上、下包线，并进行修正得出上、下基本调度线。两种绘制方法的成果基本是一致的。

对于基本调度线的绘制，在径流年内分配特性不太稳定的河流上，可多选几个径流年内分配不利的典型年进行计算，以提高防破坏线的可靠性。

当采用电算时，可将全部已有的实测入库径流系列按上述方法逐年推算，取历年水库蓄水指示线的上包线，则更为妥当。

四、多年调节水库兴利调度图的绘制简介

1. 基础内容

多年调节水库兴利调度图的绘制与年调节水库兴利调度图的绘制大体相同，也包括防破坏线、限制供水线、防洪调度线，正常供水区、缩减供水区和加大供水区。但由于多年调节工作的特点，调节期并非一年，而是长达几年，故在计算方法上与年调节水库略有不同。其防破坏线计算的起讫，年末、年初都是死库容。因此，多年调节水库兴利调度图上的正常供水区较年调节水库为大，扩大的范围正好为调节来水、用水年际变化所需要的多年库容 $V_{多年}$。

2. 多年库容 $V_{多年}$ 和年库容 $V_{年}$ 的确定

（1）规划设计阶段用数理统计法进行多年调节计算求 $V_{兴}$ 时，$V_{多年}$ 和 $V_{年}$ 是分开计算的，$V_{多年}$ 用数理统计法求得，用实际代表年法求得。在编制水库兴利调度图时，这些都是已知值。

（2）规划设计阶段用长系列时历法进行多年调节计算求 $V_{兴}$ 时，不划分 $V_{多年}$ 与 $V_{年}$，在编制调度图时，需自行确定。其方法是：先确定 $V_{年}$，则 $V_{多年}=V_{兴}-V_{年}$。选择几个年来水量等于用水量的年份，分别计算出，这样的年份不需动用多年库容。但实际资料中，很少遇到年来水量恰好等于年用水量的年份，这时就应选择年来水量稍大于年用水量的年份。由于来水、用水年内分配的差异，致使不同年份所求的 $V_{年}$ 变化幅度可以很大，造成 $V_{年}$ 的选定遇到一定的困难。例如，当 $V_{年}$ 定得较小时，出现需要较大 $V_{年}$ 的年份，虽然其年来水量不小于年用水量，但却要动用多年库容的现象，这是不够合理的。为使所选年份中不致有过多年份需要动用库容，初选 $V_{年}$ 时可取较大值。根据初步选定的 $V_{年}$，计算 $V_{多年}$。因多年调节 $V_{兴}$ 已在规划设计时求出，若 $V_{年}$ 选较大值，$V_{多年}$ 就相对较小，防破坏线偏低，即加大供水区的范围偏大。这样划分的 $V_{多年}$ 与 $V_{年}$ 是否合理，还需要通过长系列操作进行检验。

3. 代表年的选择

（1）防破坏线

防破坏线的作用是判断水库何时可以加大供水，防止不适当的加大供水而引起正常供水被破坏。当多年调节水库符合以下两个条件时，才可以允许加大供水：①多年库容已经蓄满；②当年来水量大于年供水量，有余水。因此，绘制多年调节水库防破坏线，应选择这样的年份，即在这一年中，水库按正常供水除用本年度的来水量外，不需动用多年库容中的蓄水量，且年初、年末多年库容是蓄满的。以这样的代表年计算求出的水库蓄水量（或库水位）过程线，可作为正常供水区的上限和加大供水区的下限，即防破坏线。其绘制方法可分为以下三种：

1）根据上述理由，绘制多年调节水库防破坏线所需的年份，其年来水量应等于或稍大于年供水量。按此条件初选一些代表年，再在这些年份中选择年内分配差别较大的几年。

必须注意，所选代表年中包括原来确定 $V_年$ 的那一天，其他代表年所需库容一般都小于此值。例如，规划设计时，多年调节计算采用数理统计法，但当时确定 $V_年$ 所用的资料已发生变化，现在没有哪一年的库容等于原计算的 $V_年$。这时，则可选择一个年库容稍大于原计算的代表年，但逆时序调节计算时，库水位仍以达到正常蓄水位为限。

2）有的水库管理单位认为很难找到年来水量等于年供水量的代表年，则采用"虚拟代表年法"确定代表年的来水、用水过程。

先根据历年净水量 $W_净$ 和毛供水量 $M_毛$ 资料，分别进行频率计算，求得两条频率曲线 $W_净 \sim P$ 与 $M_毛 \sim P$，如图4-4所示。取两频率曲线交点的纵坐标值，有 $W_净 = M_毛$ 再按此值将所选各年的来水、供水过程进行缩放，按年内分配最不利情况，即需要年库容最大的条件，选定某一"虚拟代表年"，则与此年相应的年库容 $V_年$ 即为所确定的值。

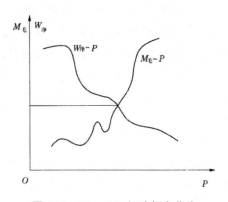

图4-4　$W_净$、$M_毛$ 经验频率曲线

3）根据允许加大供水的第一个条件，从供水期末多年库容蓄满开始，逆时序进行调节计算，将各年各月末的蓄水量（或库水位）绘在同一图上，取外包线即为防破坏线。在绘制防破坏线时，若所取年初外包值不等于 $V_{多年}$，为使年初、年末蓄水量衔接，年初应取为 $V_{多年}$。

（2）限制供水线

多年调节水库在年末水库已经放空的条件下，必须限制供水。限制供水线的绘制方法有以下两种：

1）选择几个代表年，从供水期末库空开始，顺时序调节计算，求得各月末蓄水量（或库水位），将各年逐月蓄水量过程绘在一起，取下包线，即得限制供水线。

必须注意，应更多地选择年来水量与年供水量相等的代表年。实际工作中应尽可能选取年来水量稍大于或稍小于毛供水量的年份。如所选年份来水偏枯，则顺时序计算所求得的蓄水量过程线偏低，这将不恰当地扩大正常供水的范围，使应当减小供水的月份更容易遭到破坏，供水保证率降低。此时，所选的代表年中应包括原来确定 $V_{年}$ 的那一年。

2）将用设计枯水年法求得的防破坏线的蓄水量纵坐标，在调度图上从上向下移，使其最低点的蓄水量值与死库容相重合，作为限制供水线。

五、发电调度图的应用

1. 辅助调度线的绘制

水电站基本调度图上只是原则性地分了三个工作区域，即保证出力区、加大出力区和降低出力区。至于加大出力加大多少，降低出力降低多少，还没有一个具体的规定。这样，当水库水位落在加大出力区时，如果放水过多，就会使余水在很短时间内用完。如果放水太少，可能会出现弃水，损失电能。同样，当遇到特别枯水年时，降低出力过大，又会引起系统用电过分紧张；如果出力降低太小，又可能加剧后一段时间内出力和综合用水的破坏程度。因此，为了缓和出力突变和破坏程度，避免由此引起的不利影响，在加大出力区及降低出力区，划分出一些过渡区域，以更加经济合理地运用水库。

（1）防弃水线的绘制

在水库发电调度图上加大出力区中，最主要的划分线是防弃水线。防弃水线将加大出力区划分为两部分，即加大出力区和全部装机区，如图4-5所示。当水库水位落在防弃水线以上时，意味着该年来水极丰，水电站若不以全部装机容量工作，将会引起弃水，从而造成电能损失。

防弃水线的绘制方法与基本调度线大致相同，不同之处只有两点：一是所选典型年不同，二是绘制包线不同。防弃水线是以各丰水代表年水库水位的下包线为基础的。

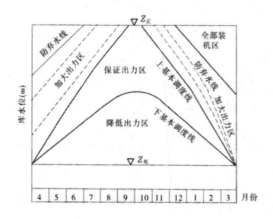

图 4-5 防弃水线

绘制防弃水线时，计算采用的年份一般有以下三种：

1）实测资料中最丰水的年份。

2）选年水量的保证率为 1–P 的典型年为入库流量过程，其中 P 为设计保证率。

3）选调节水量等于或接近于全部装机过水量的年份。

采用的年份选好之后，要选出若干年内分配不同的丰水年作为典型年（必要时也要进行修正）分别对各年供水期和蓄水期进行逆时序水能计算，求得各年水电站按最大过水能力放水时水库的蓄水指示线，取各年指示线的下包线即得防弃水线。

（2）加大出力线的绘制

水电站在运行过程中，如不考虑水文预报，面临时期的天然来水的变化情况是未知的，为满足电力系统的供电要求，往往供水期总是先按保证出力图工作，当遇到多水年份，因天然来水量较大，实际蓄水经常会超出上基本调度线，如图 4-6 中的 $\triangle Z_1$，即水库产生了多余蓄水量，如何利用这部分多余蓄水量加大出力，使水电站获得的效益最大，这是值得研究的，一般加大出力的方式有以下三种。

1）立即加大

当发现有多余水量，立即加大出力，尽快用掉，使水库蓄水很快落回到上基本调度线，如图 4-6 中的①线。这种方式多利用在水电站水库的调节性能差、相对库容较小的情况下，争取利用多余水量发电，尽量减少弃水。

2）后期加大

将多余水量蓄存到供水期的后期再加大出力，如图 4-6 中的②线。这种方式多利用在水库调节性能较好，多余的水利维持到供水期的后期，可使水电站维持较长时间的高水头，可增加发电量。

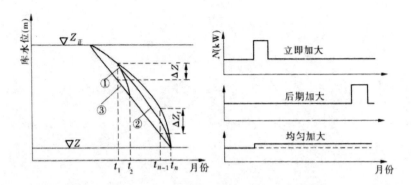

图 4-6 水库多余水量加大出力方式

3）均匀加大

将多余水量从出现时刻起到供水期末均匀用完，如图 4-6 中的③线。这种方式介于上述两者之间。

水电站在实际运行中利用多余水量加大出力的方式，在采用时历分析法进行水库调度时，要预先绘制一组加大出力调度线来指导水电站的加大出力，加大出力调度线的绘制方法有很多，下面介绍一种图解分析法。

对于蓄水期，一般情况下来水量较丰，为充分利用水能减少弃水，对该时期上基本调度线以上余水量的利用，取立即加大出力的方式，蓄水期相应的加大出力为

$$W_蓄 = W_保 + \triangle N$$

对于供水期，一般来水较枯，为充分利用水头增加发电量，使出力均匀，采用均匀加大出力的方式，加大出力为

$$N_供 = N_保 + \triangle N / n$$

式中 $W_蓄$、$N_供$——蓄水期、供水期各月大于保证出力的加大出力；

  $N_供$——各月相应的保证出力；

  $\triangle N$——各月多余水量的附加出力；

  n——自供水期出现余水的月份至供水期末的月数。

附加出力 $\triangle N$ 由两部分组成：一部分是有多余水量增加的水头，使原发电保证出力引用的流量 Q_p 增加的出力 $\triangle N_H$，称水头附加出力；另一部分是由调度余水量 $\triangle W$（$\triangle Q$）本身引起的附加出力 $\triangle N_Q$，称水量附加出力，其关系式为

$$\Delta N = \Delta N_H + \Delta N_Q$$

$$\Delta N_H = AQ_P \Delta H$$

$$\Delta N_Q = A\Delta \overline{Q} H$$

$$Q_P = \frac{N_{保}}{AH_P}$$

$$\Delta H = \overline{H} - H_P$$

$$H_P = Z_{上基} - Z_{下P}$$

$$\overline{H} = \overline{Z}_{上} - Z_{下}$$

$$\overline{Z}_{上} = \frac{Z_{上} + Z_{上基}}{2}$$

式中　$\overline{Z}_{上}$——利用多余水量时的水库平均水位；

$Z_{上}$——出现余水量时的水库水位；

$Z_{上基}$——与 $Z_{上}$ 相应时刻的上基本调度线指示水位；

$Z_{下P}$——与佛相应的下游水位；

$Z_{下}$——与加大出力的全部流量（$Q_P + \triangle Q$）相应的下游水位，其中，$\triangle Q$

为与增加余水量 $\triangle W$ 相应的月平均流量 $\triangle Q = \dfrac{\Delta W}{1月秒数}$，$m^3/s$；

A——出力系数。

综合以上各式得

$$N_{加} = N_{保} + \frac{1}{n}\left(\Delta N_H + \Delta N_Q\right) = N_{保} + \frac{1}{n}\left(AQ_P\Delta H + A\Delta \overline{Q}H\right)$$

（3）降低出力线的绘制

如果水电站按保证出力图工作，遇到特别枯水年，由于实际天然来水量小，经过一定的时段 t_i 时，库水位落在下基本调度线以下，出现不足水量，这时电力系统的正常工作遭受破坏是不可避免的，在这种情况下，水库调度有以下三种方式：

1）当发现不足水量时，立即降低出力，使水库蓄水尽快回蓄到下基本调度线 a 上，如图 4-7 所示，这种调度方式破坏时间短。当水电站在电力系统中的容量不大时，可以考虑采用。

2）当发现不足水量时，不立即回蓄到下基本调度线上，仍以保证出力工作，直到水库放空至死水位，如图 4-7 中的①线，以后水电站按天然来水工作，如果此时蓄水量很小，将会引起出力的剧烈降低。当水电站容量占系统容量的比重较小时，可以采用此法。

3）当发现不足水量时，逐步减小出力如图 4-7 中的②线，使系统正常工作均匀破坏，这种调度方式破坏时间长，破坏强度小，当水电站容量占系统容量比重较大时，可考虑使用。

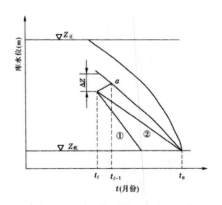

图 4–7　降低出力调度方式

2. 发电调度图的应用

（1）发电调度图全图

将前述上、下基本调度线，防弃水线，加大出力线，降低出力线，防洪限制水位、死水位，正常蓄水位，防洪高水位，以及设计、校核洪水位绘于同一张图上，以便得到发电调度全图，如图 4-8 所示。这些调度线和水库的各种特征水位，将整个图划分为 A、B、C、D、E、F、G 7 个区，这些调度区表明不同水文条件下水库的调度运用规则，如图 4-8 中的注释，水电站可按预定的操作规则进行运用。

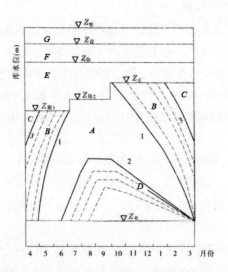

1—上基本调度线；2—下基本调度线；3—防弃水线；A—保证出力区；B—加大出力区；
C—装机出力区；D—降低出力区；E—调洪区；F—正常泄洪区；G—非常泄洪区

图 4-8　水库发电调度

（2）绘制年计划调度线

要充分发挥水电站的动能效益和水库的综合效益，有了发电调度图，还必须制订合理的年度运用计划。

年度运用计划的编制，先应了解国家有关的方针政策、上级指示文件、原设计意图、掌握工程设施运用的现状及有关技术鉴定文件，各部门的用水要求，以及水文气象、水库特性、库区情况等资料，制订出年计划调度线及实际操作调度线。

年计划调度线是根据面临年份预估或预报的全年天然来水过程，按调度图操作计算得出的，它体现了水电站年计划运用方式。

实际操作调度线是根据当年面临时刻水库的蓄水情况，考虑长、中、短期预报，按调度图操作运行，而且是对年计划调度线不断修正的实际操作调度线。

具体的计算是以调度图的一般操作规则为基础的，并根据实际情况，拟定若干操作计算规则，然后按已知出力的水能方法进行运算。

六、水库的防洪调度图

水库的防洪调度是一种确保水库安全，实现水库防洪任务，使水库充分发挥综合效益而采用的控制运用方式。当发生洪水时，利用水库的防洪库容，根据水库及下游防洪的设计标准，合理解决入库洪水、水库拦洪与水库泄洪的关系，进行水库防洪调度，其基本依据是水库防洪调度图。水库防洪调度图是由分期防洪限制水位、防洪调度线、防洪高水位、设计洪水位、校核洪水位与当年允许最高洪水位等蓄水指示线，以及这些指示线划分的运行区所组成的水库汛期运行图。它是用来指示水库在汛期为了防洪安全，各个时刻应该预留多少防洪库容及调洪库容的。

1. 水库防洪调度线的绘制

防洪调度线是由后汛期的洪水最迟发生时刻 t_k 起，从防洪限制水位开始，用下游防洪标准的设计洪水进行顺时序调洪计算，所得的不同时刻的水库蓄水位过程线。绘制防洪调度线的调洪计算依据是：各种标准的设计洪水过程线和规定的下游河道安全泄量 $q_安$；起调水位是防洪限制水位；起调时刻采用汛期最后一次洪水来临的时刻，即汛末。

现以下游防洪设计洪水为例讲解防洪调度线的绘制过程。图4-9（a）表示设计洪水过程线 $Q \sim t$ 在已定的 $q_安$ 下，从水库防洪限制水位以及设计洪水来临的最迟时刻 t_k 开始，经调节计算得出各时刻相应的水库蓄水量，并把各时刻蓄水量相应点连成曲线，即为防洪调度线，如图4-9（b）所示。

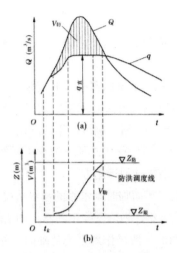

图 4-9 防洪调度线的绘制

防洪调度线至防洪高水位的纵距表示水库在汛期各时刻所应预留的拦洪库容。t_k 为设计洪水可能出现的最迟时刻，在 t_k 之前的主汛期随时都可能出现设计洪水，因此在 t_k 之前，水库必须同样预留足够的拦洪库容。

必须指出的是，上述防洪调度线只是根据下游防洪设计洪水过程线的一个典型绘制出来的，而设计洪水可能有不同的分配过程，为确保防洪安全，必须同时考虑各种可能的分配典型，以便最后合理地确定防洪调度线。为此，下游防洪标准的设计洪水应选择几个不同分配典型缩放而得多个过程设计洪水过程线，分别绘出经调洪计算求得的蓄洪过程线，最后取其下包线作为防洪调度线，如图 4-10 所示。这样不论何种分配典型的设计洪水过程，其拦洪库容都可以满足，从而可以保证防洪的安全。

由于水库设计洪水过程的历时相对于调度图横坐标的月份来说，历时很短，因而调度图上 t_k 以后防洪调度线一般比较陡，有时甚至是垂直线。各分期防洪限制水位的连接过渡，可根据具体情况，采用如图 4-10 中虚线所示的两种方式。这两种方式分别对兴利与防洪有利。

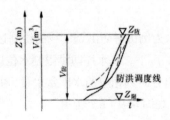

图 4-10 下包线法绘制防洪调度线

2．水库防洪调度图的分区与应用

水库防洪调度区，是指汛期为防洪调度预留的水库蓄水区域，该区的下边界是防洪限制水位右边界是防洪调度线，上边界对应各种标准设计洪水的防洪特征水位（$Z_防$、$Z_设$、$Z_校$），如图 4-11 所示。防洪限制水位 $Z_限$、防洪调度线以及防洪高水位 $Z_防$ 之间的区域称为正常防洪区，该区是为防范下游设计洪水而预留的防洪库容，在这种情况下为了使下游免遭洪灾，水库最大泄洪流量 $q_m=q_安$；防洪高水位 $Z_防$、防洪调度线以及设计洪水位之间的区域称为加大泄洪区，该区是针对大坝设计洪水而额外预留的调度库容。在发生大坝设计洪水的情况下，为确保大坝安全，下游不可避免遭受洪灾，水库最大泄洪流量 $q_m=q_{m设}>q_安$；设计洪水位 $Z_设$、防洪调度线以及校核洪水位 $Z_校$ 之间的区域称为非常泄洪区，该区是针对大坝校核洪水而额外预留的调洪库容，在这种情况下为了确保大坝安全，下游肯定会遭受非常严重的洪灾，此时水库最大泄洪流量 $q_m=q_{m校}>q_{m设}>q_安$。

有了防洪调度图，就可以根据汛期各时刻库水位落在哪一运行区，并结合短期天气预报情况，决定水库如何泄流。例如，按照图 4-11 所示的防洪调度图，在对入库洪水的调节过程中，若某时刻库水位在防洪区 I，则水库泄流应满足下游防洪要求；若库水位升到了调洪区 II，则应保证大坝安全，正常泄洪设施敞泄。

必须强调指出，防洪调度图是按照一定的条件制定的，而实际在运用年度内，实际来水情况千变万化，防洪调度方案不可能包罗万象，有很多情况难以预料。因此，在汛期调度运用中，不能把调度图作为唯一依据，而应视当时的雨情、水情、工程具体情况和天气预报等因素，遵循具体的调度规则灵活运用。

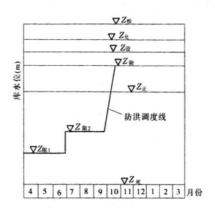

图 4-11　水库防洪调度图

七、水库的防洪限制水位

水库在汛期除防洪外，还要蓄水抗旱。防洪要求水库的水位要降得低一些，以便腾出库容来拦洪，而抗旱又希望抬高水库的水位，多蓄一些水。为了解决这个矛盾，就要定一个恰当的蓄水位，既可保证防洪的安全，又可以蓄到一定水量用来灌溉，这个水位就称为防洪限制水位。防洪限制水位是水库在汛期洪水来临前允许兴利蓄水时的上限水位，是一个协调兴利与防洪矛盾的特征水位。从防洪安全角度出发，这一水位定得越低越有利；而从蓄水兴利角度出发，这一水位定得高一些更利于汛后能蓄满兴利库容。

1. 防洪限制水位的推求

规划设计阶段已确定了水库的防洪限制水位。而在运行阶段中，由于以下因素都需要重新确定防洪限制水位：一是水库当年的防洪标准或当年允许的最高水位，或下游允许的安全泄量与设计条件的不同；二是进行分期洪水调度，需要确定分期的防洪限制水位。

对某一水库而言，只要泄流方式已定，便可推算出各种不同允许最高洪水位条件下，遇到各种频率洪水时的防洪限制水位。防洪限制水位一般取决于设计洪水与校核洪水的调洪需要，根据技术设计阶段选定的设计洪水与校核洪水过程线和防洪运用方式，分别以设计洪水位和校核洪水位为起始水位，由入库流量等于最大下泄流量的时刻开始，逆时序进行调洪计算得出的最低时刻水位即为防洪限制水位。

关于防洪限制水位的确定，一般可考虑以下几个方面：

①工程质量。根据工程检查，如发现工程质量差或工程防洪标准不够，防洪限制水位就要比原规划的结果定得低一些。

②枯季径流情况。如库容小但上游河道枯季径流相对较大，在汛后短期内可以充满的水库，则防洪限制水位可以定得低一些，使工程可以更安全一些，而又不妨碍汛后蓄水。

③洪水发生规律。这也是规定水库防洪限制水位要考虑的一个主要因素。由于汛期不同时期洪水的大小不同，因而可以将汛期分为前、中、后期（或初汛、主汛、尾汛），分别计算不同时期的设计洪水，按不同时期的不同洪水计算各时期的防洪限制水位。

下面分别对溢洪道有、无闸门控制两种情况进行讨论。

（1）无闸门开敞式溢洪道防洪限制水位的推求

若水库经过几年运用已达到设计标准（溢洪道有足够的宣泄能力，水工建筑物质量良好，最高洪水位允许达到设计洪水位及校核洪水位），且下游无防洪要求，此时防洪限制水位与溢洪道堰顶齐平，即汛期水库可蓄水到溢洪道堰顶高程，洪水来临则由溢洪道自由溢出。堰顶高程以上至允许最高洪水位之间即为水库的滞洪库容 $V_{滞}$。但目前很多水库因种种因素还难以达到这一水平，一般在汛期都限制蓄水，其蓄水位在溢洪道堰顶高程之下。这个限制的蓄水位，即防洪限制水位，应通过调洪演算来决定。

由于防洪限制水位在溢洪道顶之下，洪水来临时一部分洪水就首先拦蓄在防洪限制水位至溢洪道顶之间的库容中（称蓄洪库容，以 V_1 表示，如图4-12所示）。这样，溢洪道槛顶之上的滞洪库容（$V_{滞}$），只需对剩余洪量（$W-V_1$）进行调节。在这种情况下，由于 $Z_{限}$ 未知，V_1 亦不能定，故须通过试算来确定 $Z_{限}$。具体方法是，假定一个防洪限制水位也即调洪计算的起调水位，针对与当年允许最高水位 $Z_{允}$ 相应的设计洪水过程线，求得其相应的 V_1，从入库洪水线 $Q \sim t$ 上扣除 V_1，并对线 $Q \sim t$ 的其余部分按拟定的防洪调度方式进行调洪演算，得 $V_{滞}$，由库容曲线上便可以查得相应的最高洪水位 Zm，与当年允许最高水位 $Z_{允}$ 进行比较，若 Zm=$Z_{允}$ 则假定的 $Z'_{限}$ 即为所求的防洪限制水位；若 Zm ≠ $Z_{允}$ 可重新假定 $Z'_{限}$，再进行调洪计算，直至两者相等。两者相等的 $Z_{限}$ 即为所求的防洪限制水位。在一般情况下，可作图内插当年的 $Z_{限}$，当得到 3 ~ 5 个关系值（$Z'_{限}$，Zm）后，则可绘制 $Z'_{限} \sim$ Zm 关系曲线，如图4-13所示，在图上由当年的允许最高洪水位 Zm 查得所求的防洪限制水位 $Z_{限}$。如将水库入流过程线概化为三角形，则可用近似公式进行计算。

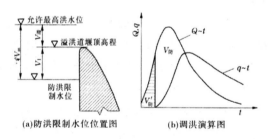

图 4-12　无闸门开敞式溢洪道防洪限制水位

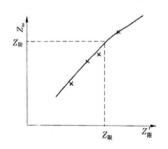

图 4-13　内插法求防洪限制水位

蓄存在 V_1 中的水量，应在汛前或汛期的某一阶段之前由泄流底孔泄出，当水库无泄流底孔或底孔的泄流能力很小时，就要靠输水涵管放水来腾空库容。因输水涵管的预泄能力一般也较小，所以常常需要较长时间才能腾出 V_1，这就需要提早预泄。如果汛期相邻洪水的间隙时间短，库水位就有可能来不及降至防洪限制水位，从而造成防汛紧张。因此，为了防洪安全，确定 $Z_限$ 时，要对水库的泄水能力进行具体分析，必要时应留有余地，并安排好应急措施。

（2）有闸门控制时防洪限制水位的推求

溢洪道有闸门控制时，防洪限制水位一般在溢洪道堰顶高程与允许最高洪水位之间，如图 4-14 所示。

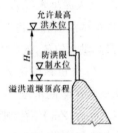

图 4-14　溢洪道有闸门时防洪限制水位

1）下游无防洪要求时

此时因水库下游无防洪要求，水库的最大下泄量不受限制，防洪计算主要为大坝安全而进行。闸门控制运用方式如下：在洪水来临前，闸门关闭，蓄水至防洪限制水位 $Z_限$。洪水来临，逐渐开启闸门，控制下泄流量等于入库流量，如图 4-15 中 ab 段。在此期间，库水位维持在之 $Z_限$ 不变。b 点以后，入库流量开始大于闸门全部开启的泄洪能力，将闸门全部打开，形成自由溢流，下泄流量随库水位的升高而增大。至 c 点，下泄流量达到最大，此时入库流量等于下泄流量，即 $Q=q_m$。c 点以后，随着库水位的逐渐消落，下泄流量逐渐减小。

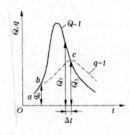

图 4-15　溢洪道有闸门时下游无防洪要求时逆时序调洪演算

在水库的防洪运用中，根据工程情况往往确定了水库允许的最高水位 $Z_允$，然后推求 $Z_限$。为了避免试算，可从 $Z_允$ 开始向下调洪计算，这种方法称为调洪逆时序计算法。该法仍是依据调洪计算原理，所不同的是，将当年允许最高水位 $Z_允$ 作为起始条件，其相应的泄流量和蓄水量作为第一个时段末的值 q_2、V_2，逆时序调节计算求逐时段的 q_1、V_1，进而得到防洪限制水位。对于上述情况，如允许最高水位，溢洪道尺寸为已知，则可用调洪计算的单辅助线法或试算法逆时序反推求得。当用单辅助线法时，其主要步骤如下：

①计算最大下泄量 qm。

在宣泄最大泄量时，闸门已全部打开，溢洪水头最大，即 H_m（见图 4-14），因允许最高洪水位和溢洪道堰顶高程为已知，代入下式即可求得最大下泄量

$$q_m=m_1BH_m^{3/2}$$

式中　m_1——流量系数；

　　　B——溢洪道净宽，m；

　　　H_m——堰顶最大水头，m。

②绘制设计洪水过程线 $Q\sim t$ 在入流过程线 $Q\sim t$ 退水部分找出 $Q=q_m$ 的时刻（如图 4-15 中 c 点），由此时刻起逆时序按 $\triangle t$ 划分时段，从图上读出各时段始、末的入库流量 Q_1 和 Q_2。

③由水量平衡方程和蓄泄方程可得逆时序调节计算的公式

$$\frac{V_1}{\triangle t}=\frac{q_1}{2}=\frac{V_2}{\triangle t}=\frac{q_2}{2}=\frac{Q_1+Q_2}{2}+q_2$$

并绘制 q～（V/△t-q/2）辅助曲线与之联合求解。由已知的最大泄量 qm 作为最后一个时段末的泄量 q2，若 c 点在时段分界处，则由上式可计算 V1/△t-q1/2，并由此值查辅助曲线 q～（V/△t-q/2）得最后一个时段初的泄量 q1。若 c 点不在时段分界处，则应采用试算法，求时段初的值 q_1、V_1。将 q_1 作为前一时段末的 q_2，如此继续前推，用半图解法依次可求得逐时段初的流量 q_1，直至某一时刻的泄流量 q_0 等于涨水段的某一入流量 Q，见图 4-15 中的 b 点。但往往 b 点不在时段 $\triangle t-$ 的分界点上，因此需用试算法或由 $Q\sim t$ 线和 $q\sim t$（稍加延长）的交点得出该点流量。

④相应于泄量 q_0 的水位，即为防洪限制水位 $Z_限$。因为 $q_m=m_1BH_m^3/2$，其中 q=q0，m1、B 皆为已知，所以可以求得相应于 $Z_限$ 的堰顶水头 $H_限$ 为

$$H_限=\left[q_0/（m1B）\right]^{2/3}$$

$$Z_限=堰顶高程+H_限$$

2）下游有防洪任务时

当水库承担有下游防洪任务时，防洪限制水位应该是既能保证水库工程的安全，又能满足下游防洪的要求，可根据拟定的水库防洪调度方式进行调洪演算加以确定。

在固定泄流情况下推求防洪限制水位时须采用试算法。现以固定泄流（一级控制）为例加以说明。须先求得下游防洪标准的设计洪水过程线，并假定一起调水位，下泄量按下游安全泄量 $q_安$ 控制，进行调洪演算，求得相应于下游防洪标准的 $V_{防1}$［见图 4-16（a）］。当出现枢纽设计洪水时［见图 4-16（b）］，开始仍按化 $q_安$ 下泄，当 $V_{防1}$ 已经蓄满，因来量仍大于泄量，库水位继续上升，这时闸门全部敞开，下泄量超过 $q_安$ 并继续增大，至最大下泄量 q_m 时，求得这时的调洪库容 $V_m=V_{防1}+V'_防$，并求得相应的最高洪水位 Z_m，并与允许最高洪水位相比较，如两者相等，则假定的起调水位即为防洪限制水位；如两者不相等，可重新假设起调水位，再行计算，直至两者基本相等。

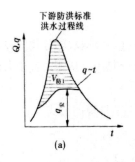
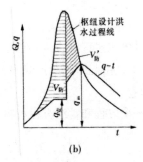

图 4-16 固定泄流（一级控制）的防洪调度

若为分级控制，则须先求得下游各种防洪标准洪水相应的防洪库容 $V_{防1}$，$V_{防2}$，…，再取枢纽设计洪水过程线进行调洪演算，当超过下游最后一级防洪标准所需的防洪库容时，则闸门全开泄流，求得最大泄流量 q_m 及这时的调洪库容 $V_m=V_{防2}+V'_防$，并求得相应最高库水位 Z_m，并与允许最高洪水位相比较，二者相等的起调水位即防洪限制水位。

以上为讲解方便，采用库容做判别条件，实际调度时，须把库容 $V_{防1}$，$V_{防2}$，…，换算成水位 Z_1，Z_2，…，即以库水位为判别条件。若以入库流量为判别条件，则计算步骤与上述相同，不同之处仅在于它是按入库流量的大小来改变泄流量的。

对于补偿调节方式，须对入库洪水与区间洪水的遭遇组合问题进行仔细分析论证，才能决定水库泄流过程，一般在设计阶段进行这项工作。在制订汛期控制运用计划时，可根据实际运行经验，确定泄流过程，按上述步骤通过试算求得防洪限制水位。

2. 分期汛期限制水位的确定

我国多数地区洪水的大小和过程线形状在汛期各个阶段具有明显的差异，这种情况下，若整个汛期采用一个防洪限制水位显然没有必要，不利于兴利蓄水。确定分期防洪限制水位有利于兴利蓄水，是解决防洪和兴利矛盾的有效途径，可以更好地获得水库的综合利用效益。防洪限制水位必须兼顾防洪和兴利两方面的要求，要恰当地处理好它们之间的矛盾，使两个方面的要求都得以落实。同时，还要考虑洪水的季节性特点，一般应拟定出汛期不同阶段的防洪限制水位。

（1）汛期洪水的分期

分期抬高汛期防洪限制水位，是解决防洪与兴利矛盾的有效办法。我国绝大多数汇流的洪水由降雨产生，一般可由水库所在流域上暴雨或洪水发生的时间和次数，统计分析洪水出现的规律性，以确定汛期洪水的分期。某中型水库（1963～1982年）日雨量超过 50mm 的次数统计见表 4-3，从表中的统计可以得出初汛期、主汛期、尾汛期出现的时期。

表 4-3　某中型水库（1963～1982 年）日雨量超过 50mm 的次数统计

月份	6			7			8			9		
旬	上	中	下	上	中	下	上	中	下	上	中	下
次数	0	2	3	6	11	8	9	12	9	5	3	2
洪水分期	初汛期			主汛期						尾汛期		

根据我国多数地区汛期水文特性和当地暴雨发生的规律，水库防洪运用一般可分为初汛期、主汛期和尾汛期（也可分为两期或四期）进行控制蓄泄。初汛期和尾汛期洪水较小，防洪限制水位可以适当抬高一些，以增加兴利蓄水量，主汛期洪水较大，防洪限制水位可降低一些，以提高水库的抗洪能力。例如，海河流域汛期为 6～9 月，大多数水库主汛期为 7 月下旬至 8 月上旬，汛期其余时间分别为初汛期、尾汛期；又如，位于汉江上的丹江口水库汛期为 7～10 月，其洪水特点是七八月的洪水峰高量大，涨势迅猛；而九十月的洪水往往是量大而峰却相对不高，历时长，涨势缓慢。根据上述特点，丹江口水库确定 7 月 1 日至 8 月 31 日为前汛期，防洪限制水位为 149.5m；9 月 1 日至 10 月 15 日为后汛期，防洪限制水位为 152.5m。

（2）推求汛期分期防洪限制水位的途径

关于汛期分阶段防洪限制水位的推求，与前述不分阶段的做法大体相同。区别是：这里设计洪水的计算和防洪限制水位的推求，都要按划定的阶段进行。由于当年整个汛期的允许最高洪水位是固定不变的，因此各阶段 $Z_限$ 的推求的主要问题就是如何推求各阶段的设计洪水。分析出洪水发生的规律后，推求汛期分期防洪限制水位 $Z_限$，大体有如下两种途径：

1）各分期采用不同的防洪设计标准。如上述中型水库主汛期水库设计洪水标准 P=1%，初汛期和尾汛期采用 P=2%，而各分期选用同一洪水频率曲线。根据汛期中各分期的设计洪水，分别进行调洪演算得出各分期的防洪限制水位 $Z_限$。由于主汛期洪水标准较高，则较低；而非主汛期的洪水标准较低，则 $Z_限$ 较高。这种途径常用于缺乏资料的中小型水库。

2）各分期采用相同的防洪设计标准。由流量资料或暴雨资料推求汛期各分期的设计洪水，如初汛期为 6 月 10 日至 7 月 10 日，将每年这个时期中的洪峰流量最大值选出，组成系列作频率分析，得出初汛期的设计洪峰流量。同理，分别求出其他时期的设计洪峰流量。虽然洪水的频率相同，但主汛期的洪水大于其他时期，故主汛期推求的 $Z_限$ 较低。而非主汛期相同标准的设计洪水较小，推求的 $Z_限$ 较高，也就是抬高了汛期限制水位，可多蓄水兴利。这种途径常用于有实测资料的大中型水库。

为了说明不同情况下的调洪逆运算，下面分别举例说明无闸门控制自由泄流情况下的逆运算和有闸门分级控制情况下的调洪逆运算。

八、防洪调度方式的拟定及调度规则的制定

水库汛期的防洪调度直接关系到水库安全及下游防洪效益的发挥，并影响汛末蓄水，因此是水库管理中一项十分重要的工作。做好水库防洪调度首先必须制定合理而又切实可行的防洪调度方式。前面介绍的防洪调度图，虽能表达在汛期内各时期水库应预留的防洪库容，但是当洪水来临时，水库应如何控制蓄泄，还需要考虑上下游的防洪要求、水文预报的可靠程度、洪水特性、泄洪设备使用情况等因素，拟定出合适的调度方式和调度规则。

1. 防洪调度方式的拟定

所谓防洪调度方式，是指控制和调节洪水的蓄泄规则，包括泄流方式、下泄流量的规定和泄洪闸门的启闭规则等。它是根据水库防洪要求（包括大坝安全和下游防洪要求），对一场洪水进行防洪调度时，利用泄洪设施泄放流量的时程变化的基本形式，也常称为水库泄洪方式或水库调洪方式。其中，泄流方式、泄流量的规定是调节计算的基础。所采用的水库调洪方式应根据泄洪建筑物的型式、是否担负下游防洪任务，以及下游防护地点洪水组成情况等方面因素来考虑和区分。基本上水库防洪调度方式可分为自由泄流、固定下泄、补偿调节三种类型，以下按下游无防洪任务和有防洪任务两种情况分别予以介绍。

（1）下游无防洪任务的水库调度方式

对于下游无防洪任务的水库，水库调洪的出发点是确保水工建筑物的安全。对于这种水库一般采用自由泄流或泄洪建筑物敞泄的方式，即在调度时，只需考虑水库工程本身的防洪安全，下泄流量不受限制。现以下游溢洪道有闸门与无闸门两种情况的泄流方式予以介绍。

1）溢洪道上无闸门控制的泄流方式

对于水库不设闸门控制的溢洪道，水库的泄流方式为自由泄流，防洪调度方式比较简单。当库水位超过溢洪道堰顶高程后，溢洪道开始自由溢洪，下泄流量仅取决于库水位的高低，随入库洪水的大小而变化。

2）溢洪道上有闸门控制的泄流方式

对于下游无防洪任务的有闸溢洪道水库，下游对水库泄量无具体限制，其防洪调度的目的就是保证大坝的防洪安全。这种水库为了做到防洪与兴利库容相结合，往往将防洪限制水位设置为高于溢洪道堰顶高程，抬高兴利蓄水位和增加泄洪时的初始泄量。因闸门的调节性能不同，泄流方式又可分为以下两种。

①闸门不能调节流量的泄洪方式

有些水库溢洪道闸门不能逐步开启调节流量，要么全开，要么全关，遇到洪水起涨，就全开闸门泄流，但是此时开始入库的洪水流量较小，而下泄流量较大，故引起水库水位下降，泄空了一部分库容。随着库水位的降低，下泄流量相应逐渐减小。当出现入库流量超过水库的下泄流量时，水库水位又开始回升，先前泄空的一部分库容得到充蓄，泄流量也随之增加，直到出现最大泄流量。

采用这种泄流方式，可以及早腾空部分防洪库容，对水库防洪安全有利，而且闸门的操作方式简便。但是由于开闸后下泄流量较大，水位下降较快，可能会影响后期蓄水。所以，宜在有洪水预报的情况下采用。

②闸门能够调节流量的泄流方式

该方式主要是考虑水库本身的安全和兴利蓄水的要求，可以采用控制泄流与自由泄流相结合的方式，如图4-17所示。当洪水来临时，库水位为防洪限制水位 $Z_限$，闸前已具有一定的水头（有闸门控制时，一般防洪限制水位高于溢洪道堰顶高程）。如果打开闸门，则具有较大的泄洪能力，在没有洪水预报的情况下，当洪水开始入库时，为了保证兴利要求，若入库流量 Q 不大于水库防洪限制水位 $Z_限$的溢洪道泄

流能力 $q_限$ 在 $t_0 \sim t_1$ 时段内应将闸门逐渐打开，控制闸门开启度，使水库泄量 q 等于入库流量 Q，并保持库水位维持在水库防洪限制水位不变，如图 4-11 中的 t_1 之前的 ab 段所示。当闸门开启到与防洪限制水位齐平时，如果洪水继续增大，说明此时入库流量将要大于防洪限制水位所对应的溢洪道泄流量，这时，要维持水位在防洪限制水位，使库水位不上涨，已不可能，则自 t_1 时刻应立即全开闸门，使洪水按自由泄流运行，使库水位上升的高度尽可能地小，至 t_2 时刻，下泄量最大，库水位达最高。此后，泄流量逐渐减小。其泄流过程如图 4-17 中的段所示。

采用这种泄流方式，在水库整个兴利过程中，水库蓄水位不会低于防洪限制水位，因此它不会因后期洪水变小而影响蓄水。在无洪水预报或预报精度不高的情况下，采用这种方式比较稳妥可靠。但闸门操作比较频繁，因此要求闸门的启闭必须灵活。

某些水库的闸门不能调节流量，但闸门的孔数较多，可采用逐个开启闸门的方式，即在洪水刚开始入库时，先开一孔闸门，随着入库流量的增加，再逐个开启，用这种方式同样也可达到上述效果。

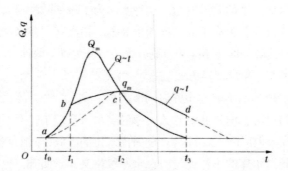

图 4-17　控制泄流与自由泄流相结合防洪调度方式

（2）下游有防洪任务的水库调度方式

对于有下游防洪任务的水库，既要考虑下游的防洪要求，又要保证大坝安全。根据水库距下游防洪控制点的远近不同，可分为考虑区间来水及不考虑区间来水两种情况。若水库距防洪控制点很近，坝址至规划控制点区间洪水很小，洪水不超过下游防洪标准的洪水，水库可按下游河道安全泄量下泄，这种泄洪方式常称为固定泄量调洪方式。若水库距防洪控制点有一定距离，二者之间的未控区间洪水较大，出现洪水不超过下游防洪标准的洪水，为保证下游防洪安全，应控制水库下泄流量，使水库下泄流量与区间汇入流量之和不超过防洪控制点的河道安全泄量，这种泄洪方式常称为补偿调洪方式。

1）固定泄量调洪方式

固定泄量调洪，是指当洪水不超过下游防洪标准洪水时，水库控制下泄流量，使下游河道不超过安全泄量。固定泄量防洪调度方式主要适用于水库下游有防洪任务，但水库坝址距防洪控制点很近，区间面积较小，区间洪水可以忽略的情况。

①一级固定泄量方式

对于如图 4-18 中所示的不超过下游防洪标准入库洪水过程，图中 abc 线即为按固定泄量方式调洪的水库下泄流量过程线。ab 段是当入库流量小于下游河道安全泄量 $q_安$ 时，水库按入库流量下泄；bc 段表示当入库流量大于或等于 $q_安$ 时，水库按下游河道安全泄量 $q_安$ 下泄，这时水库拦蓄部分洪水，至 c 点入库流量退至等于，水库达到该次洪水的调洪最高水位 t_2 时刻以后水位逐渐下降，直到水库水位消落到防洪限制水位，停止泄洪。

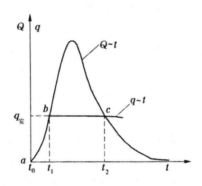

图 4-18　水库固定泄量调洪方式

②多级固定泄量方式

当下游有不同重要性的多个防护对象时，为了合理解决水库本身防洪与下游防护区防洪之间的矛盾，可采用分级控制固定泄流的防洪调度方式，如图 4-19 所示。水库由下游的低防洪标准到高防洪标准逐级控制，在各级的控制泄量不大于下游安全泄量 $q_{安1}$，$q_{安2}$，…，直到 t_5 时刻，判定入库洪水已超过了下游最高一级防洪标准，则以保坝为主，加大泄量直至敞泄。整个泄流过程如图 4-19 中的线。为了维持固定泄流量 $q_{安1}$，$q_{安2}$，…，就要随着库水位的变化来改变闸门的开启度，从而实现分级固定泄流。在水库实际运用中，为了减少泄洪闸门的频繁启闭操作，有时不采用固定泄流，而是改控制闸门开启度为定孔泄流的方式，即遇一定标准的洪水时，以 $q_安$ 作为控制，开启一定孔数的闸门泄流。这样，下泄流量随着库水位的涨落会有一些变化，但仍以小于或等于 $q_{安1}$，$q_{安2}$，…，为控制条件。因此，定孔泄流实为固定泄流调度的一种便于操作形式。

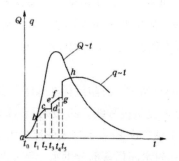

图4-19 水库分级控制泄量调洪方式

2）防洪补偿调度方式

当水库距防洪控制点有一定距离，区间面积较大时，水库与下游防护地区之间的区间洪水不可忽略。当发生洪水时，水库仅能控制的是入库洪水，因此为了能比较经济地利用防洪库容及满足防护地区的防洪要求，水库要考虑区间来水大小，进行补偿放水，这种视区间流量大小控泄的调洪方式称为防洪补偿调节。这种调度方式的基本点为：当发生小于或等于下游防洪标准的洪水时，水库放水与区间洪水有机配合；当区间洪水大时，水库少泄洪，当区间洪水小时，水库多泄洪，使两者之和不超过防洪控制点的允许泄量。实现防洪补偿调节的前提条件是，水库泄流到达防洪控制点的传播时间小于（至多等于）区间洪水的集流时间，否则无法获得确定水库下泄流量大小所需的相对区间流量信息；或者是具有精度较高的区间水文预报方案（包括产汇流预报相应水位或相应流量等），其预见期不短于水库泄流量至防洪控制点的传播时间。

2. 防洪调度规则的制定

（1）编制水库防洪调度规则的依据

防洪调度图，是指导水库防洪调度的基本依据，由于它是在一定的设计条件下制定的，因此它反映不了防洪调度中的许多细节和措施。为了使水库的防洪调度在任何情况下均有所遵循，需要在防洪调度图的基础上，附加文字说明，定出各种可能出现回升情况的调度规则，以确保安全，发挥防洪效益。

水库防洪调度规则就是根据水库防洪调度的任务、防洪特征水位、水库的调洪方式、水库泄流量的判别条件等，编制的指导水库防洪调度的操作指示，是水库调度规程的重要组成部分。水库调洪方式的拟定是编制水库防洪调度规则的基础。首先，制定防洪调度规则时必须体现在各种条件下调洪方式的相互联系及规则的连贯性。

其次，不同条件下调洪方式的调整和转换必须选择可作为操作指示的判别指标。

（2）入库洪水的判别

拟定合理的防洪调度方式是实现水库对洪水进行合理调节与适时的蓄泄，确保水库安全，提高水库综合效益的重要环节，而合理防洪调度方式的实现，取决于对入库洪水判别的正确与否。

当水库承担有下游防洪任务时，在防洪调度中，当来水不超过下游防洪标准时，应保证下游防洪安全；当洪水超过下游防洪标准后，且在大坝设计标准、校核标准范围内，应确保大坝安全。因此，在防洪调度中，十分重要的是要判别在什么情况下应确保下游防洪安全，什么情况下应转为确保大坝安全，又在什么情况下需要启用非常泄洪设施。在洪水起涨初期，因不能预知将继续出现的洪水全过程，而不能直接知道这次洪水是否超过某种标准。通常必须利用某一水情信息作为判别条件，借助其指标值来判断当前洪水的量级。

判别方式的优劣在于能否正确判别洪水，使各级防洪安全能得到可靠保证，合理考虑决策时间，便于控制运行，而且在确保各级防洪安全的前提下，使防洪库容及调洪库容较小，以提高发电、灌溉等兴利效益。

判别方式一般有库水位判别、入库流量判别及库水位与入库流量相结合的峰前蓄水量判别，分别简介如下：

1）用库水位进行判别。用各种频率洪水进行调洪求得最高库水位来判别洪水达到什么标准。调度时，根据实际库水位来判别出现洪水的大小，由此来决定泄流量的大小。这种方法比较可靠，一般不会出现未达标准而加大泄量或敞泄的情况，但由于加大泄量较迟，在泄洪时机的掌控上，就显得滞后一些。因此，这种方法多适用于防洪库容较大，且调洪结果主要取决于洪水总量的情况。

2）以入库流量作为判别条件。以各种频率的洪峰流量来判别洪水是否超过标准。在设计和复核阶段，曾对各种频率的洪水进行分析，求出各种频率洪峰流量。在实际工作中，要求根据预报的洪峰流量来判别入库洪水的标准，因此要求水文预报不仅要及时而且精度要高。或者按水量平衡原理，根据库水位的涨率反推入库洪水流量。这种方法比用库水位作为判别条件来说，泄水要早，因而所需防洪库容相对较小。但若判别失误，将造成较大损失。因此，该法一般适用于调洪库容很小，调洪最高水位主要受入库洪峰流量决定的水库，或者洪水峰量关系较好的水库。

3）以峰前蓄水量作为判别条件。由以上两种方法可知，采用库水位作为判别条件较稳妥，但加大泄水相对较迟，所需防洪库容较大；以入库流量作为判别条件，可以早一些判别洪水频率，但可靠性差。故提出了"峰前量法"作为判别条件，是指上述两判别条件相结合的方法，即将防洪库容 V 分为 V_1 与 V_2 两部分，V_1 为峰前蓄水量，V_2 为峰后蓄水量。当入库流量出现洪峰 Q，前段是按 q 泄水，水库蓄水 V_1 后，相继有退水部分的一部分水量入库，并需要水库继续蓄水至 V_2。因此，如果选择具有足够可靠性的洪水典型，在已知峰前蓄水 h 的情况下，就可以判断洪水是否超过标准。于是在实际运用时，若某次洪水峰前蓄水量超过了 V_1，即可认为洪水已超过标准，可以改按下一级标准调度。这样，较单纯地以全部防洪库容相应的库水位作为判别条件更为有利。只要慎重分析、考虑各有关因素，此法就比较可靠，且所需防洪库容也较小。

至于各水库采用什么判别条件，应结合具体情况分析确定。

（3）非常泄洪设施的标准与启用条件

前面介绍的是满足下游防洪要求的防洪调度方式。当水库不承担下游防洪任务时，防洪调度的主要任务是确保枢纽工程的安全，使水库在遭遇设计洪水时，库水位不超过设计洪水位；在遭遇校核洪水时，库水位不超过校核洪水位。前者称为水库正常运用，后者称为水库非常运用。

当水库的校核洪水比设计洪水大很多，尤其是当校核洪水采用可能最大洪水时，两者的差异更大。对于这种情况，设计时往往应考虑在库区适当位置修建工程比较简易的非常泄洪设施，如非常溢洪道或可破副坝等，在遇非常洪水时启用以帮助正常泄洪设施宣泄洪水。

由于正常运用（设计）标准与非常运用（校核）标准相差较大。据部分水库统计，校核标准洪峰比设计标准洪峰大 1.5 ～ 4.6 倍，故非常运用泄洪设施一般采用非常溢洪道和破副坝泄洪等，对泄洪通道和下游可能发生的情况，要预先做出安排，确保泄洪设施启用生效；规模大或具有两个以上的非常泄洪设施，一般应考虑能分别先后启用，以控制下泄流量。由于启用非常泄洪设施将使下游产生严重的淹没损失，启用后还必须进行修复，影响水库效益的发挥，后果是严重的，故应根据水库的规模、重要性、地形地质条件、启用非常措施后对下游影响程度等方面慎重拟定标准。选择的原则为：失事后对下游将造成较大灾害的大型水库、重要的中型水库以及特别重要的小型水库，当采用土石坝时，应以可能最大洪水（PMP）作为非常运用洪水标准；当采用混凝土坝、浆砌石坝时，根据工程特性、结构型式、地质条件等，其非常运用洪水标准较土石坝可适当降低。一般来说，对下游有密集居民点、重要城镇、大型工矿企业及铁路，且启用后修复困难、严重影响效益发挥的水库，应采用较高的标准，反之可采用稍低的标准。

但应注意的是，非常泄洪设施一旦启用，其后果往往十分严重，或使下游产生严重的淹没损失，或可能冲毁部分水工建筑物，严重影响社会效益的发挥，因此应慎重拟定合理的启用标准。通常以库水位略高于设计洪水位，或以入库流量略超过设计洪峰流量且有上涨的趋势作为非常泄洪设施的启用标准。一般情况下，当水库具有一定的调洪能力时，以水库水位高于相应标准的库水位作为启用非常泄洪设施的判别条件比较安全，也比较明确。对于调洪能力不大，洪峰与洪量有一定相关关系的水库，也可以考虑按入库流量及库水位相结合来作为判别条件，即①在基本按防洪调度原则运用情况下，入库流量虽未达到启用非常泄洪设施标准，但库水位达到了标准，就应启用非常泄洪设施；②库水位虽未达到启用非常泄洪设施标准，但入库流量达到了标准，且根据水文预报及洪水特性判别，当不运用非常泄洪设施，库水位将明显超过启用非常泄洪设施标准时，也应及时启用非常泄洪设施。

考虑到未来实际发生特大洪水的过程与设计时所采用的不会完全相似，加之启用非常泄洪设施还需要一定的决策时间、准备时间、生效时间等，故在保坝洪水的调洪计算中，最好在超过启用非常泄洪设施标准后再推迟 1 ~ 2 个计算时段才计入非常溢洪道的泄量；或在库水位高于启用非常泄洪设施标准水位一定数值后才计入非常溢洪道的泄量，以留有余地。

在具有几个非常溢洪道能分段使用的情况下，要充分利用水库调洪库容，研究不同的启用非常泄洪设施标准采用分级分段的非常运用方式，但分段不宜太多，一般以 2 ~ 3 段为限。

非常措施有几处时，宜采用先远后近的启用顺序，当各处对下游影响有较大差别时，宜先用对下游影响较小者；当各处地质条件及修复难易程度不同时，应先启用地质条件较好、修复较易的溢洪道。

（4）防洪调度规则的编制

防洪调度规则一般包括下列内容：

1）前、后汛期水库遭遇一般较小洪水，且库水位未超过防洪限制水位时的兴利蓄水与防洪调度的规定。

2）水库发生常遇洪水（5 年、10 年一遇洪水）、防洪标准洪水、大坝设计标准洪水及特大稀遇洪水的判别条件，控制泄量，调度方式和采取相应措施的规定。

3）水库遭遇不同频率洪水时，泄洪设备闸门启闭的决策程序和闸门操作的有关规定。

4）汛中和汛末水库拦洪的消落和回蓄的有关规定；整个汛期利用洪水预报采取预泄、预蓄和回充的有关措施和规定。

各水库的防洪调度规则，应视其具体情况而定。其条款可增可减，但需要抓住主要问题，不宜过于烦琐。在编制水库防洪调度规则的过程中，为了使拟定的调度方式切实可行，需综合考虑如下因素：

1）水库调洪方式的选择是编制水库防洪调度规则的基础。对于承担下游防洪任务的水库，若下游有不同重要性的防护对象，应采取分级控制方式，体现"小水少放，大水多放，常遇洪水适当调蓄"的原则。当出现超下游防洪标准洪水时，应结合泄洪建筑物的具体情况采用加大下泄，甚至于敞泄的调洪方式。

2）控制不同泄量的依据是洪水的量级（用重现期表示）。应根据水库及其下游区间洪水的规律寻求某种水文要素的指标量作为判别条件。良好的判别条件，应使判断的失误率减小，而且可较早作出判别。要考虑各种可能影响泄洪的因素。当判别来水超过某种标准需加大泄量时，往往有一系列因素影响及时泄出应泄的流量，由于管理不够现代化、自动化，编制调洪计划时需要适当给予考虑。

3）为编制水库防洪调度规则而进行水库调洪计算时，必须从常规至校核洪水有序地、彼此衔接地逐级进行。每次进行较大洪水的调洪计算必须从小到大逐级控制泄量，即必须结合判别条件，根据已出现的洪水情况，逐级加大泄量。尽可能使泄量逐步增大或减小，避免突变。除水库泄流量大小对下游堤防有影响外，泄量大小变化太剧烈也将对堤防产生不利影响。因此，在编制水库防洪调度规则时要尽可能避免泄量的突变。

4）水库防洪调度规则具有整体性和连贯性。连贯性体现在不管出现哪一个量级（或重现期）的洪水，总是应该按规则逐条连续操作，直到出现洪水量级与规则条款规定的洪水一致。整体性体现在水库防洪调度规则是防洪特征参数（防洪限制水位、防洪高水位、设计洪水位、校核洪水位）、泄洪建筑物型式、尺寸、运用条件（如泄洪设施及闸孔的启用次序、闸门的开启方式等）、水库调洪方式（包括为下游防洪分级控泄及为保坝安全加大泄量或敞泄）、洪水判别条件等元素的共同产物。上述任何一个要素有变动，原则上讲都应该对水库防洪调度规则进行全面复核和修订。

九、短期预报在防洪调度中的应用

1. 短期洪水预报的作用

随着我国水文、气象预报科学的发展，我国已修建的大中型水库，越来越多地开始使用短期洪水预报来指导实际汛期控制运用工作。实践表明，由于短期洪水预报是根据暴雨已经落地来预报洪水过程，因此精度比较高，即使预见期短，也是很有意义的。利用短期洪水预报，可以预先知道即将发生的洪水的洪峰、洪量及其过程，因此能争取一定时间提前加大水库泄量或采取防汛的紧急措施；能在洪峰到来之前降低库水位，增加水库的抗洪能力；可根据下游河道的预报洪水，及时调整水库的泄量，进行错峰，待下游洪峰过后再加大泄量，防止或减轻下游的洪涝灾害；还可以根据预报的入库洪水过程线及时减小泄量，拦蓄洪水的尾部，增加兴利蓄水量；还能在洪水到来之前加大水电站的出力和发电量，减少弃水，等等。总之，应用短期洪水预报，可以及时改变泄流方式，提高汛期控制运用工作的主动性，更有效地发挥水库的综合利用效益。所以，凡是有条件编制一定精度的短期洪水预报的水库，都要争取在汛期控制运用中发挥预报的作用。

设计中小型水库时，水库的规模和参数的确定，主要是根据过去的资料，一般不考虑预报。在水库管理运行中，由于积累了一定的观测资料与调度经验，因此有条件也应该利用短期洪水预报进行防洪调度。

2. 应用短期洪水预报进行防洪调度

在防洪调度中应用短期洪水预报，就是在洪水即将来临之前，根据预报进行预泄，腾空一部分库容用于防洪。因此，减少了预留的防洪库容，可使 $Z_{限}$ 提高到水库预蓄水位 $Z_{预}$，从而可增加水库用于兴利蓄水的库容。目前，不少水库在水库上游设有较多的雨量站，对洪水的发生可做出短期预报。如果水库具有一定的泄洪能力，则在汛期就可能多蓄水。这里预蓄多少取决于预泄量的多少，它取决于洪水预报的预见期长短、泄洪能力大小及洪水来临之前的入库流量大小等因素。

根据防洪标准的洪水过程，按照采用的洪水预报预见期及精度，进行调度演算。调洪演算中所采用的预泄流量是在水库泄流能力范围内，不能大于下游允许泄量。如果下游区间流量比较大，应该是不能超过下游允许泄量与区间流量的差值。通过调洪演算即可求出能够预泄的库容及调洪最高水位。

十、中小型水库洪水预报调度

1. 中小型水库的洪水预报调度特点

中小型水库一般流域面积仅几十平方千米，河道短、坡降大，汇流时间短，洪水来势猛。水库上游雨量站点较少，无入库水文站，往往只在坝前设一水文站，测降雨、水位入流，若降雨均匀（一般发生较大洪水时降雨较均匀），这一站的代表性尚可，若降雨分布不均匀，代表性较差，入库流量仅能用坝前实测水位、出库量和损失量反推求出。因此，洪水预报只应用简单方法，预报调度方式及规则亦简单，调洪计算方法也不复杂。

在蓄满产流地区，用暴雨径流相关图预报洪量；在超渗产流地区，可用扣损稳渗量法预报径流量。中小型水库由于流域面积小、降雨特性变化不大，所以入库洪水的峰量关系一般比较稳定，可以根据各次洪水的入库洪峰流量与相应的径流深建立相关关系，即所谓峰、量相关图。应用时，根据已知的径流深即可查出预报的洪峰流量值。一般中小型水库的实测水文资料年限不长，绘制的峰、量关系往往不能满足大洪水时防汛调度的需要。可考虑根据实测资料分析，结合本水库设计洪水的峰、量关系趋势进行高水延长。运用数年积累资料，可根据降雨性质（降雨历时、平均雨强等），绘制 2～3 条不同的峰、量关系线以提高预报精度。中小型水库一般没有入库站进行流量测验，只能用近似的办法推求入库洪水，一般可将来水过程概化为三角形。预报出入库洪水总量、洪峰及概化为三角形的来水过程以后，进行调洪计算，即可预报出水库最高洪水位、最大泄洪流量及其时间。

中小型水库的调度方式多数很简单，即敞泄式或有闸控制，后者通常在汛期亦不控制，只是汛后为兴利而控制。所以，调洪采用简易法。

为了争取时间，迅速作出水文预报，又无须进行复杂的计算，多数水库常采用洪水预报调度综合相关图（或称合轴相关图）来进行预报，如图 4-17 所示。它是把入库洪水预报相关图与简易调洪演算三角形图解法结合起来绘制在一起，这便是中小型水库洪水预报调度的主要工具，可随时预报出水库的最高洪水位、最大泄流量，还可随时预报出水库的抗洪能力等。对于中小型水库的洪水溢洪道，无论有无闸门控制，都可以采用。

2. 提高水库防洪能力的措施

（1）扩大溢洪道的宣泄能力

一般来讲，扩大溢洪道的宣泄能力主要是加宽、加深溢洪道。当然，溢洪道宽度的加大，使工程造价的加大也比较显著，因此需要进行方案的比较。溢洪道加深，同样可以增加下泄流量，但单宽流量受地质条件及下游消能设施的控制，同时兴利库容也相对减小。为解决防洪与兴利的矛盾，可以在溢洪道上安设空竹闸门。除此之外，还必须清除溢洪道内的阻水建筑物，如阻水桥墩、拦鱼设备、岸坡塌方等。

（2）修建非常溢洪道

为了抗御特大洪水，确保工程安全，除主溢洪道外，还可以在合适的地方修建非常溢洪道或设置辅助溢洪道，分级泄洪。

（3）改建、扩建大坝工程

改建、扩建大坝主要是加高大坝或修建防浪墙，加大水库的滞洪库容，增加溢洪水头及溢洪道泄量，防止洪水漫顶。另外，也要加固整修土坝护坡，以及消除隐患，处理裂缝，疏通下游排水等，保证坝体稳定，防止因工程质量问题而造成的垮坝。

（4）限制汛期蓄水

如果水库的各种改建措施一时还难以实现，溢洪道尚达不到复核标准，大坝质量问题还来不及处理，为保证水库安全度汛，应降低限制水位运用。其水位的确定需按复核标准的设计洪水，根据水库现有的泄流能力，经调洪演算而求得，同时要考虑大坝工程质量，尤其是隐患病害的位置和高程，必要时，应空库度汛。

（5）提高管理运用水平

提高管理运用水平主要是加强雨情、水情的观测和预报工作，健全通信及警报系统，严格执行调度运用方案，做好防汛准备工作等，这些都是安全保坝的有效措施。

第五节　水库的综合利用调度

一、防洪与兴利结合的水库调度

担负有下游防洪任务和兴利（发电、灌溉等）任务的水库，调度的原则是在确保大坝安全的前提下，用防洪库容来优先满足下游防洪要求，并充分发挥兴利效益。在这一原则指导下，拟订防洪与兴利结合的运行方案。

1. 防洪库容与兴利库容的结合形式

兼有防洪和兴利任务的水库，其防洪库容和兴利库容结合的形式主要有以下三种。

（1）防洪库容与兴利库容完全分开

这种形式即防洪限制水位和正常蓄水位重合，防洪库容位于兴利库容之上，如图4-20（a）所示。

（2）防洪库容与兴利库容部分重叠

这种形式即防洪限制水位在正常蓄水位和死水位之间，防洪高水位在正常蓄水位之上，如图4-20（b）所示。

（3）防洪库容与兴利库容完全结合

这种形式中最常见的是防洪库容和兴利库容全部重叠的情况，即防洪高水位与正常蓄水位相同，防洪限制水位与死水位相同，如图4-20（c）所示。

此外，还有防洪库容是兴利库容的一部分和兴利库容是防洪库容的一部分两种情况。前者是防洪高水位与正常蓄水位重合，防洪限制水位在死水位与正常蓄水位之间。后者是防洪限制水位与死水位重合，防洪高水位在正常蓄水位之上。

　　三种形式中的第一种，由于全年都预留有满足防洪要求的防洪库容，防洪调度并不干扰兴利的蓄水时间和蓄水方式，因而水库调度简便、安全。但其缺点是由于汛期水位往往低于正常蓄水位，实际运行水位与正常蓄水位之间的库容可用于防洪，因而专设防洪库容并未得到充分利用。所以，这种形式只在降雨成因和洪水季节无明显规律、流域面积较小的山区河流水库，或者是因条件限制，泄洪设备无闸门控制的中、小型水库才采用。至于后两种形式，都是在汛期才留有足够的防洪库容，并且都有防洪与兴利共用的库容，正好弥补了第一种形式的不足。但也正是有共用库容，所以需要研究同时满足防洪与兴利要求的调度问题。前已述及，我国大部分的河流是雨源型河流，洪水在年内分配上都有明显的季节性，如长江中游主汛期为6～9月，黄河中下游主汛期为7～9月。因此，水库只需在主汛期预留足够的防洪库容，以调节可能发生的洪水，而汛后可利用余水充蓄部分或全部防洪库容，从而提高兴利效益。所以，对于降雨成因和洪水季节有明显规律的水库，应尽量选择防洪库容和兴利库容相结合的形式。

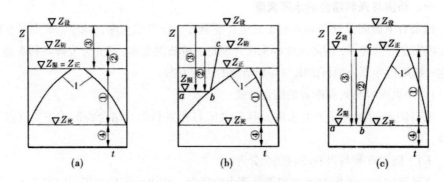

1—防破坏线；abc—防洪调度线；
①—兴利库容；②—防洪库容；③—调洪库容；④—死库容

图 4-20　防洪库容与兴利库容的结合形式

　　2. 防洪和兴利结合的水库调度

　　（1）防洪和兴利结合的水库调度措施

　　兼有防洪和兴利任务的综合利用水库，在水库调度中，协调防洪与兴利矛盾的原则应是在确保水库大坝安全的前提下，尽量使兴利效益最大。为此，需要在研究掌握径流变化规律的基础上，采取分期防洪调度方式或利用专用防洪库容兴利和利用部分兴利库容防洪等措施。而在一次洪水的调度中，则可以利用短期径流预报和短期气象预报，采用预蓄预泄措施。因防洪需要提前预泄时，应尽量和兴利部门的兴利用水结合起来，增加兴利效益。对于临近汛期末的预泄，在确保大坝安全的前提下，可适当减缓库水位的消落速度，延长消落至防洪限制水位的时间，以提高汛后蓄满兴利库容的概率。

对于分期洪水大小有明显区别、洪水分期时间稳定的水库：

1）在不降低工程安全标准和满足下游防洪要求的前提下，可设置分期防洪限制水位。根据分期洪水设置汛期分期防洪限制水位时，分期洪水时段的划分应根据洪水成因和雨情、水情的季节变化规律确定，时段不宜过短，两期限制水位的衔接处宜设过渡段。

2）库区有重要防护对象的水库，可设置库区防洪控制水位。设置库区防洪控制水位时，应分析其对水库防洪任务的影响，并兼顾防洪和兴利要求拟定水库调度方式。

（2）防洪和兴利结合的水库调度图绘制与调度方式

防洪和兴利相结合的水库，其正常运行方式也需要通过水库调度图来控制实现，即也需要利用水库调度图来合理解决防洪和兴利在库容利用上的矛盾，并以调度图作为依据，来编制水库兴利年度计划和拟定防洪调度方式。因此，研究防洪和兴利相结合的水库调度，也需要从正确地拟定其调度图开始。

单一的防洪调度图和兴利调度图的绘制方法，已在前文中作了介绍。对于防洪和兴利相结合的水库，需要重点研究的是防洪调度线与兴利调度线组合在一起时，如何来调整两者之间不协调的问题。

对于防洪库容和兴利库容完全分开的综合利用水库，防洪调度线与兴利调度线并不相互干扰，可按前述单一任务的方法分别绘制，如图4-20（a）所示。

对于防洪和兴利有重叠库容的综合利用水库，在分别绘制防洪调度线和兴利调度线后，若两种调度线不相交或仅相交于一点，如图4-21（a）、（b）所示，则它们就是既满足防洪要求又满足兴利要求的综合调度图。在这种情况下，汛期因防洪要求而限制的兴利蓄水位，并不影响兴利的保证运行方式，而仅影响发电水库的季节性电能。若防洪调度线和兴利的防破坏线（上基本调度线）各自包围的运行区相交，如图4-21（c）所示，则表示汛期若按兴利要求蓄水，蓄水位将超过防洪限制水位，而不能满足下游的防洪要求；若汛期控制蓄水位不超过防洪限制水位，汛后将不能保证设计保证率以内年份的正常供水，影响到兴利效益的发挥，对于这种兴利和防洪不相协调的情况，可作如下处理：

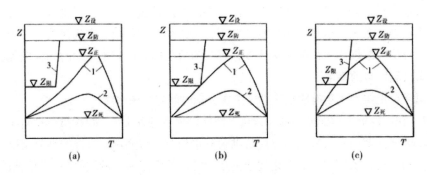

1—防破坏线;2—限制供水线;3—防洪调度线

图4-21 防洪和兴利综合调度

若水库以兴利为主,则兴利保证运行方式应予保证,即不变动原设计的防破坏线位置,调度图如图4-22(a)所示。可根据防洪限制蓄水的截止时间t_p,求得防破坏线相应时间的b点,b点水位为满足水库充蓄的防洪限制水位。如仍要满足防洪要求,则防洪高水位必须抬高,使修改后的防洪库容还等于原设计的防洪库容,则图4-22(b)即为修改后的调度图。显然,前者将降低防洪效益,后者要看水库条件是否允许。

若水库以防洪为主,在满足防洪要求情况下,各兴利任务调度方式如下:

1)保证运行方式。来水频率在各开发任务设计保证率范围内的时段,应使各开发任务达到正常供水量;来水频率在各开发任务设计保证率中间的时段,设计保证率高于等于水库来水频率的开发任务正常供水,其他开发任务减少供水;水库来水频率高于各开发任务设计保证率时,按降低供水方式调度设计。

2)加大供水方式。在丰水年或丰水段,应根据水库能力按开发任务次序向各兴利任务加大供水。

3)降低供水方式。特枯年份或时段,可按各兴利任务的次序和保证率的高低分别减少供水。在这种供水方式下,应保持防洪调度线不变,修正兴利调度线,即将防破坏线下移,正常蓄水位降低,所调整后的调度图如图4-22(c)所示。显然,修正后的调度图,降低了兴利效益,但满足了防洪要求。具体调整方法是:以设计枯水年入库径流资料为来水过程,以降低后的用水为供水过程,以a点作为控制,进行调节计算,所得的与防洪调度线正好相交于a点的防破坏线及降低后的正常蓄水位线即是。

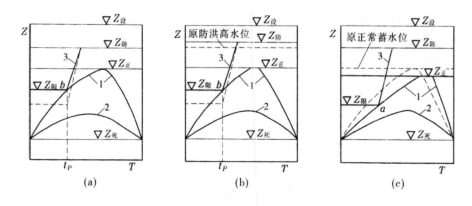

1—防破坏线；2—限制供水线；3—防洪调度线

图4-22　防洪与兴利调度线协调组合

二、发电与灌溉结合的水库调度

1. 发电与灌溉结合的水库的供水原则和调度要求

（1）发电与灌溉结合的水库的供水原则

兼有发电和灌溉双重兴利任务的水库，由于发电和灌溉的设计保证率不同，因而其保证供水方式不同于单一兴利任务的水库。一般来讲，对于灌溉设计保证率以内年份，应保证灌溉正常供水，在此前提下力争多发电，增加发电效益；对于两者设计保证率之间的年份，灌溉需降低供水，而发电仍按保证电能供水；对于发电设计保证率以外的特枯年份，发电和灌溉均应降低供水。这种区别不同设计保证率年份的供水方式称为两级调节。在拟定水库的调度方式时，应根据这一供水原则，结合兴利任务的主次和引水方式来统一考虑。

（2）发电与灌溉结合的水库的调度要求

1）灌溉引水方式对水库调度的要求

当灌溉是库内引水时，灌溉用水无法与发电用水结合，两者不仅在水量分配上有矛盾，而且对库水位也有各自的要求。但为了保证灌溉季节的引水灌溉，在此时期内的库区水位不能低于渠首的引水高程。这是在水库调度中必须予以注意的。至于水量的分配，可以结合来水情况和兴利任务的主次来合理确定。

当灌溉是坝下引水时，发电与灌溉用水是可以结合的，即发电后的尾水可用于灌溉。这时，灌溉渠首的引水位将取决于下游尾水位。因此，加大发电引用流量增发电能和加大灌溉供水是一致的。只是在灌溉用水高峰季节，灌溉供水量才有可能超过电站的最大供水能力。

2）兴利任务主次对水库调度的要求

兴利任务的主次是影响水库调度方式的关键因素之一。对于主要任务的用水要求，在拟定其保证运行方式时，一般应首先予以满足。如以灌溉（供水）为主的水库，发电一般是为获取季节性电能，在非灌溉季节和自库内引灌的灌溉季节，为保证灌溉正常供水，电站可以停止工作，水库调度可按单一灌溉水库进行。对于以发电为主的水库，在灌溉用水占比重较小且自库内引水时，灌溉用水可按限制条件处理，水库调度也可按单一发电水库进行；承担坝下引水灌溉任务时，可利用发电后的水量灌溉，在灌溉用水高峰时段，宜减小发电流量的变幅，尽量满足灌溉取水要求。如果是发电和灌溉并重的水库，或自库内引水灌溉用水量所占比重较大时，则应按两级调节原则分配水量。只是在丰水年和丰水季，由于发电效益与供水量呈线性关系，而灌溉在满足正常供水后，再增加供水量效益却增加很少甚至不增加，因此不论兴利任务的主次，只要灌溉面积不能扩大，就应在保证正常供水和蓄水的前提下，尽量用余水多发电。

2. 发电与灌溉结合的水库调度图的绘制

（1）自库内引水灌溉的年调节水库两级调度图的绘制

发电和灌溉结合的水库调度图，通常称为两级调节调度图。两级调节调度图的组成与分区和单一兴利水库的调度图相类似，所不同的是防破坏线由两级调节上、下调配线代替。现着重介绍自库内引水灌溉的年调节水库两级调度图的绘制方法。

1）上、下调配线的绘制

绘制相应发电设计保证率 P_1 和灌溉设计保证率 P_2 的年水量平衡图，如图 4-23 所示。其中，图 4-23（a）为相应 P_1 年份的需水量图。这种年份，电站按保证电能工作正常供水，而灌溉需水量按需水过程乘以一定百分比（如 70% ~ 80%）求得，两者之和为总需水过程。与采用年水量相应频率为 P_1 的典型年来水过程进行水量平衡计算，求得所需调节库容为 V_1。图 4-23（b）为相应 P_2 年份的需水量图。这种年份，电站仍是按保证电能工作正常供水，而灌溉也是按需水过程正常供水。两者之和为总需水过程。与采用年水量相应频率为 P_2 的典型年来水过程进行水量平衡计算，求得所需调节库容为 V_2。

绘制上、下基本调度线。根据上述两级调节供需水量平衡图，分 $V_1>V_2$ 和 $V_1<V_2$ 两种情况进行绘制。

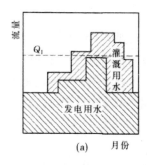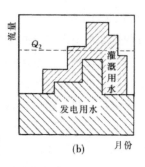

图 4-23　两级调节供需水量平衡

若 $V_1 > V_2$，即高保证率低供水所需库容大于低保证率高供水所需库容，则水库的兴利库容应等于 V_1。以相应于 P_1 的年水量过程为来水过程，图 4-23（a）的发电正常供水与折扣后的灌溉需水量之和为用水过程，自供水期末死水位开始进行逆时序调节计算，要求于蓄水期初消落至死水位，所得的库水位过程线即为两级调节的下调配线，如图 4-24（a）中的 1 线。然后，以相应于 P_2 的年水量过程为来水过程，如图 4-23（b）的发电与灌溉均正常供水的总需水量之和为用水过程，自供水期末，起始水位为自正常蓄水位以下相应 V_2 的水位，进行逆时序调节计算，而蓄水期则由此水位开始作顺时序调节计算，所得的库水位过程线即为两级调节的上调配线，如图 4-24（a）中的 2 线。

若 $V_2 > V_1$，即低保证率高供水所需库容大于高保证率低供水所需库容，则水库的兴利库容应等于 V_2。调节计算方法与上面的类同，仅是上、下调配线的起始和终止水位均为死水位。上、下调配线如图 4-24（b）中的 1 线、2 线。

如果天然来水年内变化较大，则可各选接近 P_1 和 P_2 的若干典型年份，分别按上述调节方法计算，然后取各自典型年组的外包线作为上、下调配线。

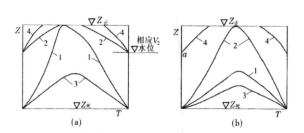

1—下调配线；2—上调配线；3—限制供水线；4—防弃水线

图 4-24　两级调节水库调度

2）限制供水线的绘制

两级调节调度的限制供水线的绘制与单一兴利水库相类似。可以相应于 P_1 年份的径流过程作为来水过程，以发电用水和灌溉用水均乘以一百分比作为用水过程，自死水位和供水期末进行逆时序调节计算，要求蓄水期初消落至死水位，所得的库水位过程即为限制供水线，也可以取上述绘制下调配线典型年组的内包线作为限制供水线，如图 4-24（a）、（b）中的 3 线。

3）防弃水线的绘制

两级调节水库的防弃水线的绘制与单一发电水库相同。仅在灌溉季节，水库供水量应为电站最大过水能力和灌溉需水量之和。此线如图 4-24（a）、（b）中的 4 线。显然，该线总是高于上调配线。但起点水位与终点水位在 $V_1>V_2$ 情况时与上调配线重合，即对于 $V_1>V_2$ 的情况，防弃水线调节计算的起点即为自正常蓄水位以下相应 V_2 的水位，如图 4-24（a）所示。而对于 $V_2>V_1$ 的情况，绘制防弃水线时，应选用年水量的保证率为 $1>P_2$ 的典型年入库径流过程，自蓄水期末由正常蓄水位开始，逆时序调节计算，得到蓄水期初水位，即图 4-24（b）中的 a 点，再由此水位起，逆时序调节计算至供水期初正常蓄水位，所得的库水位过程线即为防弃水线，如图 4-24（b）中的 4 线。

利用两级调节调度图，就可以由运行中的库水位来决定供水量，指导水库的运行。例如，当库水位位于上、下调配线之间时，发电按保证出力工作，灌溉按灌溉需水量正常供水，即水库按保证运行方式工作。当库水位位于限制供水线和下调配线之间时，减少灌溉供水量，但电站仍按保证运行方式工作。当库水位低于限制供水线时，发电与灌溉都降低供水量。当库水位位于防弃水线和上调配线之间时，灌溉一般仍保持正常供水，但电站加大出力工作。当库水位达到或超过防弃水线时，电站按其最大过水能力工作。

（2）自坝下引水灌溉的年调节水库调度图的绘制

灌溉自坝下引水，灌溉用水可以与发电用水结合，因此其调度图的绘制可以简化。

如果水库以灌溉为主兼顾发电，则可按灌溉需水过程以单一灌溉水库的方法，绘制加大供水线和限制供水线，再按单一发电水库方法绘制防弃水线。如果水库以发电为主兼顾灌溉，一般可按单一发电水库方法绘制调度图。如果发电和灌溉并重，或以发电为主，灌溉所占比重较大，则可按自库内引灌的两级调节调度图的类似方法绘制，但时段供水量应取该时段发电用水量和灌溉用水量两者中的大者，其他相同。

（3）多年调节水库两级调节调度图的绘制

兼有发电和灌溉双重任务的多年调节水库，由于年内径流调节由年库容担任，故加大出力区应位于多年库容以上，而在多年库容中区分出高供水区和低供水区。在此基础上来绘制有关的调度线。

1）上调配线（加大供水线）的绘制

选取年平均流量接近高供水 Q_2（发电和灌溉均按正常供水）的典型年份，按 Q_2 供水，计算起点为供水期末多年库容蓄满点，采用一级调节方式逆时序进行调节计算，要求供水期初和蓄水期末达到正常蓄水位，蓄水期初正好消落到多年库容蓄满点，所得的库水位过程即为上调配线，如图4–25中的1线。

2）下调配线（限制供水线）的绘制

选取年平均流量接近低供水 Q_1（发电按保证出力工作，灌溉降低供水量）的典型年份，按 Q_1 供水，自供水期末死水位开始，采用一级调节方式进行逆时序调节计算，要求蓄水期初正好消落到死水位，所得的库水位过程即为下调配线，如图4–25中的2线。

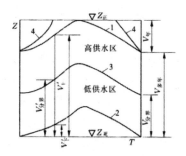

1—上调配线；2—下调配线；
3—分界调度线；4—防弃水线

图4–25　多年调节水库两级调节调度

3）分界调度线的绘制

分界调度线是划分高供水和低供水两个运行区的调度线。

分界调度线的绘制，在简化计算时，可以用以下近似方法：

①按下式求出分界多年库容 $V_{分界}$，即

$$V_{分界} = \frac{V_1}{V_1 + V_2} V_{多年}$$

式中 V_1、V_2——按高保证率低供水和低保证率高供水求得的一级调节多年库容；

V_{多年}——两级调节多年库容。

②求年内各时段的分界库容，即可按 V_{分界}占 V_{多年}的比重，在上、下调配线间直线内插求得，如图 4–25 所示，第 i 时段的分界库容 V'_{分界}为

$$V'_{分界} = \frac{V_{分界}}{V_{多年}}\left(V'_{上} - V'_{下}\right) + V'_{下}$$

三、水库的生态与环境调度

生态与环境调度是通过调整水库的调度方式从而减轻筑坝对生态环境的负面影响，又可分为环境调度和生态调度。环境调度以改善水质为主要目标，生态调度以水库工程建设运行的生态补偿为主要目标，两者相互联系并各有侧重。以改善水质为重点的工程调度是指水库在保证工程和防洪安全的前提下多蓄水，增加流域水资源供给量，保持河流生态与环境需水量，通过湖库联合调度，为污染物稀释、自净创造有利的水文、水力条件，从而改善区域水体环境。以生态补偿为重点的水库调度是指针对水库工程对水陆生态系统、生物群落的不利影响，并根据河流及湖泊水文特征变化的生物学作用，通过河流水文过程频率与时间的调整来减轻水库工程对生态系统的胁迫。

生态和环境用水调度应遵循保护生态和环境的原则，根据工程影响范围内生态和环境用水的要求，制定合理的调度方式和相应的控制条件。当库区上游或周边污染源对水库水体净化能力影响大时，应结合对库水位的变化与水体自净化能力和纳污能力的分析成果，提出减少污染源进入水库的措施并制订相应的水位控制方案，以使水库水体达到满足生态和环境要求的水质标准。当水库下游河道有水生、陆生生物对最小流量的要求时，在调度设计中应充分考虑并尽可能满足，确实难以满足的应采取补救措施；当水库下游河道有维持生态或净化河道水质、城镇生活用水的基本流量要求时，在调度中应予以保证。

1．水产养殖对水库调度的要求

水库养鱼是淡水渔业的重要组成部分。我国目前可供养鱼的水库水面积约有 3000 万亩，占淡水可养鱼面积的 40% 左右，水库养鱼的潜力很大。为了有利于鱼类的生长繁殖，水库调度中必须注意水位的必要稳定和库水的交换量。水位升降过于频繁，将使鱼类索饵面积变化过大，并使库岸带水生植物和底栖动物的栖息环境恶化，影响鱼类的索饵和生长。水位的骤降也会使在草上产卵的鱼类失去产卵附着物，并使草上卵子死亡，从而减少种群数量。库水交换次数过多，交换数量过大，大量

有机物质和营养盐类流失，也会影响鱼类的生长与生存。因此，水库调度时应考虑到渔业生产的特殊要求，尽可能为鱼类的养殖提供适宜和有利的条件，以提高单位面积的鱼产量。

对于水库下游河段的鱼类繁殖，水库调度中也应在可能的情况下，提供必要的条件。例如，一些在活水中繁殖的鱼类，要求有一定的涨水条件。但春末夏初的繁殖期，又正是水库蓄洪时期。在这个时期，如果水库不泄流或泄流较少，就会影响鱼类的繁殖。因此，需要水库在这个时期尽量为下游制造一个涨水过程。至于为洄游性鱼类创造一个有利的洄游过坝的条件，也是需要考虑的问题。

2. 环境保护对水库调度的要求

修建水库无疑会带来巨大的经济效益和社会效益，但也会对周围环境产生相当大的影响。这些影响中有的是积极的，有的却是消极的。例如，库区遗留的无机物残渣增加了库水的混浊度，影响到光在水中的正常透射，从而打乱了水下无脊椎动物的索饵过程，破坏了原有的生态平衡。库区原有地面植被和土中有机物淹没后在水中分解消耗了水中的溶解氧，而水库深层水中的溶解氧又不易补充，因此水库深层泄放的水可造成下游若干千米以内水生生物的死亡。库容大、调节程度高的水库，水库水温呈分层型结构。深层温度和溶解氧都较低，显著缩小了鱼类的活动范围。而发电总是在底层取水，在春、夏季泄放冷水至下游对灌溉与渔业均不利。水库蓄水期间，泄放流量较小，使下游河道的稀释自净能力降低，加重了水质的恶化，也影响到下游河段的水生生物。水库蓄水后水面的扩大为疟蚊的生长提供了孳生地，也为某些生活周期的全部或部分是在水中传播的某些疾病的媒介物的生存提供了条件，等等。所有这些消极的影响，有的必须通过工程措施才能解决，有的则可以通过改变水库调度方式来改善或消除。例如，为了改善下游河道水质，可以在查清控制河段污染的临界时期基础上，在临界时期内改变水库的供水方式与供水量，使泄量增加以利于下游稀释和冲污自净。为了解决水库水温结构带来的影响，可以采取分层取水的措施，在下游用水对水温有要求时，通过分层引水口引水来满足。为了防止水库的富营养化，既要控制污染源，防止营养盐类在水库的积累，又要尽可能地采用分层取水的办法将含丰富营养盐类的水流排出库外。为了控制蚊子繁殖，在蚊子繁殖季节，库水位可在一定时间内做必要的升降，就可以破坏蚊子的繁殖条件和生命周期。

四、多沙河流水库的调度简介

我国北方地区多沙河流，河水中挟带的泥沙较多。建库以后，入库泥沙不断淤积，带来了严重的水库泥沙问题。因此，多沙河流水库的排沙减淤是水库调度运用中应予十分重视的问题。

1. 河流泥沙的基本知识

河流是水流与河床通过泥沙运动相互作用的产物，而河流泥沙是指由于水流的挟带作用形成的泥沙运动。

河流中的泥沙是由大小不等的颗粒组成的。通常采用画在半对数格纸上的级配曲线来表示沙样粒径的大小及均匀程度。在级配曲线上，可以方便地查到小于某一特定粒径的泥沙在总沙样中所占的重量百分比。将此百分比注在粒径 d 的下角，表示粒径的特征。

河流泥沙按其在水流中的运动状态，可分为推移质与悬移质两种类型。推移质是沿河床滚动、滑动或跳跃前进的较粗泥沙。悬移质是悬浮在水中，随水流一块前进的较细泥沙。悬移质中较粗部分，常常是河床中大量存在的，又称为床沙质；较细的部分，是河床中少有或没有的，又称为冲泻质。推移质与悬移质具有不同的运动状态，遵循着不同的力学规律，但它们又是相互交错联系的。在同一水流条件下，推移质中的较细部分主要以推移方式运动，也会有暂时的悬浮；而悬移质中的较粗部分主要以悬移方式运动，也会有暂时的跳跃、滑动或滚动前进。当水流条件改变时，两者更有交替的现象发生。

具有一定水力因素的水流，能够挟带一定数量的泥沙，称为水流挟沙力，但通常所指的是挟带悬移质中床沙质的能力，单位为 kg/m³。水流挟沙力是研究泥沙输送，进行淤积和冲刷计算的一个重要指标。

河流中运动着的泥沙主要来源于流域内地表冲蚀，其次还有原河床的冲刷。因此，影响河流中泥沙量多少的主要因素是气候因素和下垫面因素，其次是人类活动。泥沙随水流汇集到河流之中，使河水中含有一定沙量。而含沙浓度的大小，可以用含沙量来表示。一般来讲，多年平均含沙量在 5～10kg/m³ 以上的，就称为多沙河流；在 1～5kg/m³ 以下的，就称为少沙河流。除含沙量的区别外，北方多沙河流还有着十分特殊的水沙年内与年际分配特性。从水量上讲，年内基本上集中于汛期，汛期又集中于一两场洪水。年际分配也很不均匀，年际最大水量可相当于最小水量的几倍至近十倍。从沙量上讲，年输沙量高度集中于汛期的几场洪水中，极易出现高含沙水流。而年际间年最大沙量可相当于年最小沙量的几倍至几百倍。另外，多沙河流的推移质输沙量相对较少，仅占悬移质输沙量的 10%～20%。掌握河流水沙的基本特性，了解泥沙运动的基本规律，对于研究多沙河流水库水沙调度是十分必要的。相关的知识可参见有关专著。

2．水库泥沙的冲淤现象和基本规律

（1）水库泥沙的冲刷现象

水库泥沙的冲刷可分为溯源冲刷、沿程冲刷和壅水冲刷三种。

1）溯源冲刷

溯源冲刷，是指当库水位下降时所产生的向上游发展的冲刷。库水位降落到淤积面以下越低，其冲刷强度越大；向上游发展的速度越快，冲刷末端发展得也越远。溯源冲刷发展的形式与库水位的降落情况和前期淤积物的密实抗冲性有关。当库水位降落后比较稳定，变幅不大，或者放空水库时，冲刷的发展是以冲刷基准点（图 4-26 中 c_1 点）为轴，以辐射扇状形式向上游发展，如图 4-26 所示。当冲刷过程中库水位不断下降，则冲刷是层状地从淤积面向深层，同时也向上游发展。当前期淤积有压密的抗冲性能较强的黏土层，则在冲刷发展过程中库区床面常形成局部跌水。

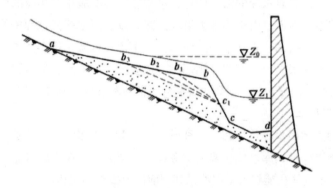

图 4-26　溯源冲刷过程

2）沿程冲刷

沿程冲刷，是指不受库水位升降影响的库段，因水沙条件改变而引起的冲刷，即当水沙条件，如流量和含沙量发生变化的时候，原来的河床就会不相适应，为了调整河床使之适应变化了的水沙条件所发生的冲刷（或淤积，淤积时即为沿程淤积）。由于沿程冲刷是由水沙条件改变引起的，因此其发展形式是由上游往下游发展的。

溯源冲刷与沿程冲刷虽然冲刷的机制不同，发展形式与冲刷部位也不同，但它们在库区冲刷中是互相影响，相辅相成，联合发挥作用的。特别是前者，往往为后者的发展创造条件。由于溯源冲刷的主要作用部位在近坝段，而沿程冲刷的主要作用部位偏于上游库段，因此近坝段的淤积多依赖溯源冲刷来清除，而回水末端附近的淤积，更多的是靠沿程冲刷来清除的。

3）壅水冲刷

壅水冲刷是在库水位较高而上游未来洪水的情况下，开启底孔闸门发生的冲刷。这种冲刷只是在底孔前形成一个范围有限的冲刷漏斗。漏斗发展完毕，冲刷也就终止。漏斗发展的大小与淤积物固结程度有关。未充分固结的新淤积物，易于冲刷，冲刷漏斗就较大。

（2）库区泥沙的淤积形态

库区泥沙的淤积形态分为纵剖面形态与横断面形态。纵剖面形态基本上有三角洲淤积、锥体淤积和带状淤积。横断面形态主要有全断面水平淤高、主槽淤积和沿湿周均匀淤积。

1）三角洲淤积

淤积体的纵剖面呈三角形形态。这种淤积形态多见于库容相对于入库洪量较大的水库，特别是湖泊型水库。在这类水库的库水位较高且变幅较小时，挟沙水流进入回水末端以后，随着水深的沿程增加，水流流速逐渐减小，相应的挟沙力也沿程减小，泥沙就不断落淤。由于挟沙力沿程递减，以及泥沙落淤过程中的分选作用，淤积厚度是沿程递增的。直到某一断面后，由于含沙量减小很多并继续沿程递减，淤积厚度才逐渐递减，形成有明显尾部段、顶坡段、前坡段和坝前淤积段的三角形淤积形态。其中坝前淤积段的淤积主要是异重流淤积和浑水水库淤积。

2）锥体淤积

淤积体的纵剖面呈锥体形态。这种淤积形态多见于多沙河流上的中小型水库。这类水库的壅水段短，库水位变幅大，底坡大，坝高小，在入库水流含沙量又高的情况下，含沙水流往往能将大量泥沙带到坝前而形成锥体淤积。

3）带状淤积

淤积体的纵剖面自坝前到回水末端呈均匀分布的带状形态。这种淤积形态多见于库水位变动较大的河道型水库。这类水库在入库泥沙颗粒较细且沙量较少时，往往形成带状淤积。

4）全断面水平淤高

全断面水平淤高是指淤积在横断面上分不出明显滩槽，整个断面水平淤高。蓄水运用而壅水严重的水库，水深很大，滩面与主槽的水流条件相差不多，总的淤积量大，往往形成这种类型的淤积。

5）主槽淤积

主槽淤积是指淤积在横断面上，主要是集中在主槽内。蓄清排浑运用的水库，壅水不高，水流不漫滩或漫滩水深较浅，主流主要集中于主槽，因而淤积也主要发生在主槽内。

6）沿湿周均匀淤积

沿湿周均匀淤积是淤积在该断面上沿湿周均匀分布。少沙河流上的水库，当淤积量小、颗粒较细、水深较大时，往往形成这种类型的淤积。

影响淤积横断面形态的主要因素是水库的运用方式。在水库运用中，控制洪水不漫滩或少漫滩，就能使库区的淤积主要发生在主槽内，而避免滩地的淤积。这对水库排沙减淤是有利的。影响淤积纵剖面形态的因素包括库区地形、入库水沙条件、水库运用方式、库容大小和支流入汇等。其中，水库运用方式对淤积形态起着决定作用。

（3）水库泥沙冲淤的基本规律

1）壅水淤积

通过淤积对河床组成、河床比降和河床断面形态进行调整，进而提高水流挟沙力，达到新的输沙平衡。同样，冲刷也是通过对河槽的调整来适应变化了的水沙条件。两者都是使河槽适应来水来沙条件的一种手段，使输沙由不平衡向平衡发展。换句话说，冲淤的结果是达到不冲不淤的平衡状态。这就是冲淤发展的第一个基本规律——冲淤平衡趋向性规律。

2）"淤积一大片，冲刷一条带"

由于挟带泥沙的浑水到哪里，哪里就会发生淤积，因此只要洪水漫滩，全断面上就会有淤积。特别是多沙河流水库，淤积在横断面上往往是平行淤高的，这就是"淤积一大片"的特点。当库水位下降，水库泄流能力又足够大时，水流归槽，冲刷主要集中在河槽内，就能将库区拉出一条深槽，形成滩槽分明的横断面形态，这就是"冲刷一条带"的特点。

3）"死滩活槽"

"死滩活槽"即由于冲刷主要发生在主槽以内，所以主槽能冲淤交替。而滩地除能随主槽冲刷在临槽附近发生坍塌外，一般不能通过冲刷来降低滩面，所以滩地只淤不冲，滩面逐年淤高。这一规律形象地被称为"死滩活槽"。它说明，水库在合理的控制运用下，是可以通过冲刷来保持相对稳定的深槽的。

了解上述规律，对于采用恰当的水库控制运用方式是十分重要的。为保持有效库容，在水库调度中应力求避免滩地库容的损失。一方面，汛期要控制中小洪水漫滩的机会，特别是含沙量高的洪水要尽量不漫滩；另一方面，要力求恢复和扩大主槽库容，即要创造泄空冲刷的有利条件，并采取必要措施使主槽冲得深、拉得宽。

3．多沙河流水库调度方式与排沙措施

多沙河流水库为了控制泥沙淤积，在调节径流的同时，还必须进行泥沙调节。在很多情况下，泥沙调节已成为选择多沙河流水库运用方式的控制因素。目前，多沙河流水库水沙调节的运用方式、泥沙调度方式与排沙措施主要有以下几种。

（1）水沙调节运用类型

多沙河流水库的运用方式，按水沙调节程度的不同，可分为蓄洪运用、蓄清排浑运用、缓洪运用三种。

1）蓄洪运用

蓄洪运用又称拦洪蓄水运用。其特点是汛期拦蓄洪水，非汛期拦蓄基流。水库的蓄、放水只考虑兴利部门的要求，年内只有蓄水和供水两个时期，而没有排沙期。根据汛期洪水调节程度的不同，又分为蓄洪拦沙和蓄洪排沙两种形式，前者汛期洪水全部拦蓄，泥沙也全部淤在库内；后者汛期仅拦蓄部分洪水，当库水位超过汛限水位时排泄部分洪水，并利用下泄洪水进行排沙。蓄洪运用方式，由于水库对入库泥沙的调节程度较低，因而泥沙淤积速率较快，只适用于库容相对较大、河流含沙量相对较小的水库。

2）蓄清排浑运用

蓄清排浑运用的特点是非汛期拦蓄清水基流，汛期只拦蓄含沙量较低的洪水，洪水含沙量较高时则尽量排出库外。

蓄清排浑运用根据对泥沙调节的形式不同，又分为汛期滞洪运用、汛期控制低水位运用和汛期控制蓄洪运用三种类型。

汛期滞洪运用。汛期滞洪运用是汛期水库空库迎汛，水库对洪水只起缓洪作用，洪水过后即泄空，利用泄空过程中所形成的溯源冲刷和沿程冲刷，将前期蓄水期和滞洪期的泥沙排出库外的运用方式。

汛期控制低水位运用。汛期控制低水位运用是汛期不敞泄，但限制在某个一定的低水位（称排沙水位）下控制运用的方式。库水位超过该水位后的洪水排出库外，以排除大部分汛期泥沙，并尽量冲刷前期淤积泥沙。

汛期控制蓄洪运用。汛期控制蓄洪运用是汛期对含沙量较高的洪水，采取降低水位控制运用，对含沙量较低的小洪水，则适当拦蓄，以提高兴利效益的运用方式。当水库泄流规模较大，汛期水沙十分集中，汛后基流又很小时，这种方式有利于解决蓄水与排沙的矛盾。

蓄清排浑运用方式是多沙河流水库常采用的运用方式，特别是我国北方地区干旱与半干旱地带的水库，水沙年内十分集中，采用这种方式，实践证明可以达到年内或多年内的冲淤基本平衡。

3）缓洪运用

缓洪运用是由上述两种运用方式派生出来的一种运用方式，汛期与蓄清排浑运用相似，但无蓄水期。实际上它又分为自由滞洪运用和控制缓洪运用两种形式。

自由滞洪运用。自由滞洪运用是水库泄流设施无闸门控制，洪水入库后一般穿堂而过，水库不进行径流调节，只起自由缓滞作用的运用方式。水库大水年淤，平枯水年冲；汛期淤，非汛期冲；涨洪淤，落洪冲，冲淤基本平衡。

控制缓洪运用。控制缓洪运用是有控制地缓洪，用以解决河道非汛期无基流可蓄，而汛期虽有洪水可蓄但含沙量高，不适于完全蓄洪的矛盾。

（2）水库的泥沙调度方式

1）以兴利为主的水库的泥沙调度方式

泥沙调度以保持有效库容为主要目标的水库，宜在汛期或部分汛期控制水库水位调沙，也可按分级流量控制库水位调沙，或不控制库水位采用异重流或敞泄排沙等方式。以引水防沙为主要目标的低水头枢纽、引水式枢纽，宜采用按分级流量控制库水位调沙或敞泄排沙等方式。多沙河流水库初期运用的泥沙调度宜以拦沙为主；水库后期的泥沙调度宜以排沙或蓄清排浑、拦排结合为主。采用控制库水位调沙的水库应设置排沙水位，研究所在河流的水沙特性、库区形态和水库调节性能及综合利用要求等因素，综合分析确定水库排沙水位、排沙时间。兼有防洪任务的水库，排沙水位应结合防洪限制水位研究确定。防洪限制水位时的泄洪能力，应不小于2年一遇的洪峰流量。应根据水库泥沙调度的要求设置调沙库容。调沙库容应选择不利的入库水沙组合系列，结合水库泥沙调度方式通过冲淤计算确定。采用异重流排沙方式，应结合异重流形成和持续条件，提出相应的工程措施和水库运行规则。对于承担航运任务的水库，调度设计中应合理控制水库水位和下泄流量，注意解决泥沙碍航问题。

2）以防洪、减淤为主的水库的泥沙调度方式

调水调沙的泥沙调度一般可分为两个大的时期：一是水库运用初期拦沙和调水调沙运用时期，二是水库拦沙完成后的蓄清排浑调水调沙的正常运用时期。

水库初期拦沙和调水调沙运用时期的泥沙调度方式，应研究该时期水库下游河道减淤对水库运用和控制库区淤积形态及综合利用库容的要求，并统筹兼顾灌溉、发电等其他综合利用效益等因素。研究水库泥沙调度方式指标，综合拟定该时期的泥沙调度方式。

水库初始运用起调水位应根据库区地形、库容分布特点，考虑库区干支流淤积

量、部位、形态（包括干、支流倒灌）及起调水位下蓄水拦沙库容占总库容的比例、水库下游河道减淤及冲刷影响、综合利用效益等因素，通过方案比较拟订。

调控流量要考虑下游河道河势及工程险情、河道主槽过流能力、河道减淤效果及冲刷影响、水库的淤积发展及综合利用效益等因素，通过方案比较拟订。

调控库容要考虑调水调沙要求、保持有效库容要求、下游河道减淤及断面形态调整、综合利用效益等因素，通过方案比较拟订。

水库正常运用时期蓄清排浑调水调沙运用的泥沙调度方式，要重点考虑保持长期有效库容和水库下游河道要继续减淤两个方面的要求，并统筹兼顾灌溉、发电等其他综合利用效益等因素。研究水库蓄清排浑调水调沙运用的泥沙调度指标和泥沙调度方式，保持水库长期有效库容以发挥综合利用效益。

3）梯级水库的泥沙调度方式

梯级水库联合防沙运用，一般应根据水沙特性和工程特点，拟订梯级运行组合方案，采用同步水文泥沙系列，分析预测泥沙冲淤过程，通过方案比较，选择合理的梯级泥沙联合调度方式。

梯级水库联合调水调沙运用，应根据水库下游河道的减淤要求、水沙特性和工程特点，拟订梯级联合调水调沙方案，采用同步水文泥沙系列，分析预测库区淤积、水库下游河道减淤效益及兴利指标，通过综合分析，提出梯级联合调水调沙调度方式。

（3）水库排沙措施

水库的排沙方式可分为水力排沙和动力排沙两大类。前者是用水流本身的输沙能力来排沙；后者是用机械或人工来排沙，包括水力吸泥、人工清淤和机械清淤。由于水流本身的输沙能力与水流流态有关，而水流流态又与水库运用方式有关，因此水力排沙与水库运用方式关系十分密切。水力排沙可分为滞洪排沙、异重流排沙、浑水水库排沙、泄空排沙和基流排沙等。

1）滞洪排沙

蓄清排浑运用的水库，在空库迎洪或降低水位运用时，若入库洪水流量大于泄水流量，便会产生滞洪壅水。但由于库区水流流态是明流壅水，直到坝前仍有一定的行近流速，故细颗粒泥沙可被水流带至坝前而排出库外。蓄洪运用的水库，在洪水入库时若水位较低，或入库洪水较大，水流流态也可以是明流，此时水库泄洪也能将细颗粒泥沙排出库外。这两种利用明流壅水情况下的水库排沙都称为滞洪排沙。

滞洪排沙的特点是洪水初发时出库含沙量较高，随后逐渐降低。因此，排沙效率的高低与排沙时机有关。除此之外，还与滞洪历时、洪水漫滩程度、入库洪水特性和泄量大小等因素有关。开闸及时，下泄量大，滞洪历时短，排沙效率就高。中小型水库大都回水短，底坡陡，洪水陡涨猛落，滞洪历时短而漫滩机会少，因而滞洪排沙效率较大型水库要高，有的甚至可大于 10,000，冲走前期淤积。

滞洪排沙的排沙泄量的合理选择也十分重要。泄量过大，会影响蓄水和引洪淤灌；泄量过小，将使滞洪历时拉长，使泥沙沉积，影响排沙。可以从水库多年运用的实际经验中总结出一套可行的标准，或建立排沙效率与主要影响因素，如第 1 日的平均排沙泄量和入库洪水的峰前水量的相关关系，加以确定。为了尽可能提高排沙效率，减少弃水量，中小型水库应充分利用洪水前期含沙量高、颗粒粗的特点，及时启闸排沙，并尽量加大泄量。经过一段时间后，排沙效率下降，则减小泄量以节省水量。

2）异重流排沙

异重流是指重度有较小差异的两种流体所产生的相对运动。在相对运动中，互相并不发生全局性的掺混。水库异重流是洪水期含有大量细颗粒泥沙的浑水进入库水时，由于库水重度与清水相近，但浑水重度稍大，在一定条件下，浑水水流便潜入库底，沿库底向下游运动，不和库水发生全局性掺混的异重流运动。

在水库蓄水期间，具有一定数量细颗粒泥沙的浑水，在其他条件具备的情况下，往往能形成异重流向坝前运动。特别是中小型水库，异重流多能到达坝前。如果能正确判断异重流抵达坝前的时刻，及时打开底孔闸门，就能形成异重流排沙，将一部分入库泥沙排出库外。这种利用异重流的特性进行的水库排沙，由于初始排出的水流含沙量大，因而排沙效率高。随着洪峰的降落，出库水流的含沙量和排沙效率也随之降低。水库异重流形成后的持续时间取决于洪峰的持续时间，而异重流运行到坝前的时间取决于它的流速和流程的长短。

异重流排沙泄量的选择是异重流排沙中的一个重要问题。泄量过小，虽出库含沙量高，但排出的总沙量不大；泄量过大，则浪费水量，不利于径流调节。目前，多采用因果分析建立经验关系来确定，如建立第 1 日平均排沙泄量与前期蓄水量、入库洪水峰前量和排沙效率的经验关系。鉴于异重流排沙的特点，排沙泄量在洪峰降落后应逐渐减小。

异重流排沙的排沙效果，由于浑水潜入库水下面后会有部分浑水向水库中扩散，以及潜入点附近的泥沙在主槽两侧滩地上大量落淤，因而异重流排沙的效果比滞洪排沙低。异重流排沙的排沙效率与洪水水沙情况、库区地形、泄流设施和管理运用等因素有关。流量大、历时长、含沙量高的洪水，既能保证异重流持续运动到坝前，又能减缓泥沙沉降，因而排沙效率高。平顺的库区地形和较陡的底坡，使异重流不易扩散掺混，排沙效率也高。泄流底孔高程低，泄量大，开启闸门及时，排沙效率也较高。

异重流排沙是水库在水量较小情况下的排沙减淤措施。我国北方干旱与半干旱地区，水量缺乏，水库排沙与蓄水兴利的矛盾相当突出。这些地方的水库，异重流排沙因其弃水量小，不影响水库蓄水，且能结合灌溉，因而得到了广泛的重视和利用。

3）浑水水库排沙

浑水水库是指当异重流抵达坝前，启闸不及时或泄量小于来量时，坝前产生塞水，随着浑水的集聚，清浑界面逐渐升高，而形成的近于平行于河床的浑水面以下的部分。蓄洪运用水库在库内没有清水，汛期拦蓄全部或大部浑水，不排沙而泄量很小时；或者滞洪排沙运用水库，泄流能力比入库洪峰过小时，由于泥沙沉降，表面澄出清水，也会形成清浑界面，下部浑水也叫浑水水库。

浑水水库形成以后，由于泥沙颗粒在浑水中的沉速远小于在清水中的沉速，而且浑水的沉降是以浑液面形式进行的，因此在浑水面下降到泄流底孔进口高程以前，都可以在排浑的时候排除部分泥沙。这种利用浑水水库泄浑排沙的方式，称为浑水水库排沙。我国北方地区的中小型水库，由于洪水陡涨猛落，含沙量高，入库后流程又短，极易形成浑水水库，因而浑水水库排沙也是常用的排沙方式。

浑水水库的排沙效率主要与水沙条件、库型和泄流规模有关。当库型与泄流规模一定时，洪量大，含沙量低，粒径粗，则排沙效率低。在其他条件相同的情况下，湖泊型水库滞洪水深小，泥沙落淤面积大，排沙效率就低。当水沙条件、库型一定时，排沙底洞低，泄流能力大，则排沙效率高。

4）泄空排沙

泄空排沙是指放空水库，在泄空过程中由于水位下降，回水末端向坝前移动而产生的沿程冲刷与溯源冲刷来排除库内泥沙的排沙方式。其特点是出库含沙量逐渐加大。泄空后期若突然加大泄量，排沙效果更好。这种方式的排沙效率与前期淤积的固结程度有关。淤积没有充分浓缩固结的，排沙效率较高。因此，及时泄空排沙是十分必要的。另外，在泄空过程中，辅以人工或机械推搅，对于小型水库也是十分有效的。

5）基流排沙

基流排沙又称常流量排沙。它是水库放空后继续打开闸门，让含沙较少的基流畅行冲刷主槽的一种排沙方式。其特点是开始排沙量大，随后逐渐减小。在排沙过程中，一旦主槽纵坡和岸坡相对稳定，排沙效果就很快下降，而基流量的大小和含沙量的高低对排沙效果影响较大。基流流量大而含沙量低，排沙效果就好。

以上介绍了目前生产上常用的几种水库排沙方式。需要指出的是：多沙河流水库的排沙方式一般取决于水库的运用方式。水库的泥沙调节和排沙方式应考虑来水来沙条件和水库本身的条件，考虑水库综合利用的效益目标，从实际情况出发，因地制宜地选取适当的优化控制运用方式。注意处理好蓄水兴利和排沙减淤的矛盾、近期效益与远期效益矛盾。在选择排沙方式时，不应唯一或固定，而应因时制宜地交替使用。

至于动力排沙，亦即采用挖泥船、吸泥泵清除水库淤积的办法，目前还多限于水资源缺乏的干旱地区。这些地区的水库，或是因没有底孔设施而不能采用上述排沙方法，是为保存水量，所以只能采用机械清淤的办法。实践证明，这种办法对于中小型水库和原水库具有一定的效果。例如，日本曾在小型水库上用吸泥泵结合放淤改良土壤进行了清淤。阿尔及利亚因气候干旱、水资源缺乏，不允许水库泄水排沙，而采用挖泥船清淤，费用虽高，但比水库淤满后另建新库仍便宜很多。我国北方某些地区利用小型吸泥船和吸泥泵清淤，也取得了较好的技术经济效果。

五、其他要求下的水库调度

1. 工业及城市供水的水库调度

我国目前工业及城市生活用水的水平比起其他发达国家来还很低，随着工业的发展和人民生活水平的提高，其用水量必将大大增加，而目前水源已经十分紧张，相当多的大中型城市已经受到缺水的威胁，天津市在引滦入津工程完成以前便是突出的例子。因此，工业及城市供水的任务必将变得越来越重要，有些过去不承担供水任务的水库现在已增加了供水的任务。

（1）工业及城市供水的特点

工业及城市供水的显著特点就是保证率要求很高，一般要求在95%以上（年保证率），有的甚至高达98%、99%，故不少以供水为主要任务的水库为多年调节水库。此外，年内供水的过程除受季节影响略有波动外，一般是比较均匀的。

工业及城市供水有比较高的水质要求，应当控制进入水库的污染源，并控制泥沙，具体标准国家有关部门已有规定。

对于工业用水，应当大力推广循环使用，这样可以大幅度减少实用水量，达到节约用水、扩大效益的目的。

（2）水库调度图的绘制

以供水为主要任务的水库调度图，与灌溉水库类似，即其主要目的是划分正常供水、降低供水与加大供水（如果有其他任务，而加大供水又有一定的效益的话）的界限。

调度图的绘制方法一般分时历法和统计法。时历法根据长系列径流资料找出几个枯水段，以要求的供水过程进行反时序径流调节计算，求出各年各月蓄水量，然后各月取上包线得到防破坏线；再以某一降低供水过程进行以上类似的径流调节计算求出上包线，作为限制供水线（这一点与灌溉水库有所不同），或把防破坏线下移使其最低点等于死库容，作为限制供水线。按统计法计算要首先划分出多年库容与年库容，根据年库容选择几个典型年（年来水量等于用水量）计算蓄水过程，取外包线得到限制供水线，加上多年库容则为防破坏线。这里要指出的是，目前径流系列还不够长，而供水保证率要求很高，故一般应当取已经出现的所有典型年计算来作外包线比较稳妥。具体调度图形式与灌溉水库类似。

以供水为主要任务的水库的水电站，一般只是在向下游供水时才发电，即"以水定电"，像官厅、大伙房水库等均是如此。当水库水位处于正常供水区以上时，可以加大发电，也可以从其他方面扩大效益。例如，大伙房水库供给辽宁电厂的冷却用水，在一般情况下，水被辽宁电厂使用后应抽回水库，但在水库水位很高时，就可以不抽回水库，从而节省了电量。

当水库水位处于限制供水线时，应及早采取措施，减少用水量，否则到了后期是无法保证最小供水量的。

2. 航运的水库调度

（1）航运的水库调度的要求与原则

水库的修建，对于航运有利有弊。在水库上游通过水库的积蓄作用形成了一段深水航道，提高了通航行船的能力；在水库下游通过水库运用调节减小了洪水流量，增大了枯水流量，改善了航运条件。而不利的影响也不少，由于水库未建过船建筑物而使上、下游航运中断；由于水电站进行日调节而造成过于剧烈的水位波动及过小的下泄流量；由于库水位的消落难以准确预计而使交通接续困难；由于变动回水段的冲淤而给航运带来很多困难等，诸多不利影响除采取工程措施予以解决外，还应尽可能在水库调度中加以考虑来改善。水库调节以航运为主的比较少见，一般均是把航运作为综合利用水利任务中的一项来与其他方面结合考虑。航运对水库调度的基本要求是：在上游尽量保持较长时期高水位的同时，应注意避免航道的淤积。在下游，要求水库泄量不得小于某一数值，并控制下游水位的变幅在某一范围内，使下游河道的流速满足一定要求。

在设计航运调度的时候要遵循以下两条原则：一是水库航运调度设计中应以流域或河段综合利用规划以及航运规划为依据，根据水库工程条件，发挥其航运作用；二是水库航运调度设计中应协调好航运的近期与远期、上游与下游以及干流与支流等多方面的相互关系。

（2）航运的水库调度内容、方式和措施

航运调度设计应包括以下主要内容：拟定水库的通航水位与通航流量，提出对水库水位运用和水库泄流的控制要求，分析水库建成后泥沙冲淤对水库上、下游航道的影响，必要时提出合理解决航道冲淤问题的水库调度方式。

航运调度方式包括固定下泄调度方式和变动下泄调度方式。航运保证率范围内的水库下泄流量应不小于最小通航流量，不大于最大通航流量。水库变动下泄流量应满足上、下游航道的流速流态要求。航运调度方式拟定后，应检验其是否符合航运保证率，通航流量，上、下游通航水位及水位变幅等。必要时，应修改水库调度方式，使其满足通航要求。

对于航运不是主要任务的水库，水库调度中可以考虑以下一些措施：

1）关于水电站日调节问题，基于水电站的特点，它在系统中适宜担任尖峰负荷，故水电站调峰通常是必要的与经济的，即日调节不可避免。但为了统筹兼顾航运方面，应当在担负峰荷的数量上及负荷曲线的形式上与系统调度方面协商作好安排，使电站只担任必要的部分，负荷曲线尽可能避免突变，从而使日内泄水过程变化不过于剧烈。根据泄水过程还应进行水电站下游日调节的不恒定流计算，以校验是否满足航运对水位、流速变化的要求。如果航运与发电矛盾很大，还应提供研究情况请上级主管部门作出究竟按何种方式运行的决策。

2）在日常兴利调度中，应当按照原水利规划的要求为航运补充水量。如果规定在非灌溉季节有补充航运用水的安排，应当执行。如果航运用水是与其他（发电、灌溉等）用水结合的，则应注意当其他方面放水不足航运最低要求时应尽量按航运最低要求放水。

3）在日常的洪水调度中，主要应当根据防洪要求来进行泄水，但当有条件时，也应尽可能照顾航运，不使泄量过大及变化过猛；特别是在某一流量以上就要停航时，希望一般情况下泄量不要超过此流量，若必须超过则应事先告知，以免造成损失。

4）对水库水位的消落，也希望在可能条件下照顾到交通接续的实际情况。水库水位消落当然是不可避免的，而水位消落以后，由于无适当的码头地点而可能使交通接续发生很大困难，给库区人民生活造成很大不便，故在调度中应尽可能使船能到达合适的码头。

对库尾航道的淤积问题，解决是比较困难的，只有逐步摸索出规律，找到在哪些库水位及其他条件情况下对淤积有利，哪些情况下很少产生淤积，然后根据航道的重要性拟定相应的调度措施，使水库尽可能少地在会促使航道淤积的情况下运行。

3. 防凌工作的水库调度

在一定的气候条件和特定的环境下，在封河时期和开河时期，江河因结冰和融化而造成壅水出现的汛情，称为凌汛。利用水库防御凌汛来部分地改变发生凌汛的某些因素，从而达到减缓和免除凌汛的目的，就是防凌工作的水库调度。

水库防凌调度应按以下原则设计：

防凌调度设计应在确保大坝本身防凌安全的基础上，满足凌汛期不同阶段水库上、下游河道防凌调度要求，并兼顾水库其他综合利用要求；当有多个水库参与防凌调度时，应考虑水库群的联合防凌调度；防凌调度设计应充分考虑各种可能的不利因素，以确保防凌安全；水库防凌调度设计一般不考虑冰凌洪水预报。

水库防凌调度运用方式，应根据水库所承担的防凌任务和水库大坝本身及上、下游河道的防凌要求，结合凌汛期气象、水情、冰情等因素合理拟定。水库对大坝本身的防凌安全调度应根据设计来水、来冰过程，结合泄水建筑物的泄流规模，按满足大坝防凌安全的设计排凌水位排凌运用。水库对上游河道的防凌调度应根据水库末端冰凌壅水影响程度，按满足水库上游河道防凌调度要求的设计库区防凌控制水位运用。水库对下游河道防凌调度应根据气象条件、上游来水情况以及下游河道凌情，按满足水库下游河道防凌调度要求的设计防凌限制水位运用，并结合凌汛期不同阶段下游河道冰下过流能力和防凌安全泄量控泄流量。凌汛期应实行全过程调节。

为保障水库防凌安全，充分利用水资源，需编制水库防凌调度图。水库防凌调度图采用时间为横坐标，库水位为纵坐标，由防凌高水位线、防凌限制水位线、防凌调度线组成防凌调度区。防凌高水位线以下至防凌限制水位线为下游防凌区，按拟定的对下游防凌调度方式运用。以防凌限制水位、下游河道凌汛期安全泄量为控制条件，综合考虑凌汛期水库的发电、供水灌溉等综合利用会求，在长系列调节计算的基础上，绘制防凌调度图。防凌调度图编制完成后，应当根据实测典型年水文气象资料进行验证，以检查调度线的合理性，必要时修正调度线。

第六节　水库运行调度管理

一、水库调度规程及工作制度

1. 调度规程

水库调度规程主要内容包括：水利枢纽工程概况，如工程组成及主要设备、工程特征值、所承担的防洪发电及其他综合利用任务和相应的设计标准及设计指标，水库运行调度所必需的其他基本资料和依据等；水库运行调度的基本原则、水库调度技术管理的工作内容，有关编制运行调度方案（包括有关工程特征值、指标的复核计算及相应的调度方法、调度函数或调度图表及调度规则的选定）的一般要求和规定；有关年度计划编制与实施的一般意见和可能采取的措施；有关水库工程观测、水文、水情测报及水文气象要素预报的要求、规定；水库调度的通信保障及水库调度工作制度等。总之，调度规程是水库运行调度原则的具体体现，是编制和实施水库运行调度方案和计划的具体要求与规定，是水库技术管理和法制管理的基本依据。水库调度规程中涉及的防洪、发电等兴利调度许多问题已在前面有关章节作了论述，下面仅补充在规程中对兴利调度实施的几点一般要求：

（1）为充分利用水能资源和水资源，保证供水期供电和供水，汛末应抓紧有利时机，特别要善于抓住最后一次洪水的控制调度，尽量使水库多蓄水。为此，要根据来水趋势和汛期结束的迟早，确定最后一次蓄水的开始时间。当汛末来水较少时，要注意节约用水，不能盲目加大水电站出力和供水，使水库在水电站发保证出力和对其他用水部门保证供水的条件下，争取汛末尽量蓄至调度方案和计划规定的水位。

（2）当进行预报调度时，要随时掌握预报来水、水库蓄水、电力系统用水和各部门用水的具体情况，加强计划发电和供水。当实际来水与年初预报来水相比出入不大时，一般可按原计划的预报调度方式调度；但是如果水库实际蓄水与预报调度方式相应的库水位偏离较大，则应根据当前时期的预报来水修正后期的发电和其他兴利供水计划及水库调度方式。

（3）丰水年份和丰水期的运行调度，要注意及时加大出力，争取多发电少弃水。但当提前加大出力时，应考虑到以后可能来水偏少的趋势，因此要随时了解和掌握水文气象预报信息，灵活调度，力争做到既有利于防洪，又可多蓄水、多发电。

（4）枯水年份及枯水期的运行调度，主要应做到保证重点，兼顾一般。要本着开源节流的原则，充分挖掘潜力，节约用水，合理调度，使水库尽量在较高水位下运行，尽量使水电站及其他用水部门的正常工作不破坏或少破坏。

（5）对多年调节水库，为预防可能发生连续若干年枯水的情况，每年应在水库中留有足够储备水量，合理确定每年的消落水位。若多年库容已全部放空，又遇到特枯年份，一般也不允许动用死水位以下的库容。

2. 工作制度

水库调度的工作制度主要包括以下几点。

（1）组织、审批、执行及请示报告制度

实际水文气象条件，工程运用情况，用电、用水及其他综合利用要求等在运行期间可能发生重大变化，当水电站及其水库的工程特征值和设计指标（如水库防洪限制水位、防洪及调洪库容、正常蓄水位、死水位、水电站保证出力及其他兴利保证供水等）不符合实际情况时，上级主管机关应组织水库管理单位、设计部门及其他有关单位，复核修改、编制相应的水库运行调度方案。所复核修改、编制的成果，属跨省电网内的大型水利枢纽，报中央有关部委批准，并报有关省（自治区、直辖市）人民政府备案；属地方管理的水库，经省（自治区、直辖市）人民政府批准，报中央有关部委备案。一般情况下，设计特征值和指标的复核及相应运行调度方案的编制每 5 ～ 10 年进行一次。

在上年末或当年初或蓄水期之前，上级主管机关应组织所属电网内水电站及水库管理单位编制当年发电计划和水库调度计划，所编制成果的报批程序同上所述。

对于上级下达的有关指示、决定及审批的调度方案和年度计划、指标等，水库管理单位必须认真执行。在执行中要坚持请示汇报制度。在特殊情况下，对重大问题的处理，当发生超设计标准洪水时，对泄洪建筑物的超标准运用、非常保坝措施的采取等，事先要及时请示，事后要及时汇报。

（2）技术管理及运行值班制度

各水库必须设置专门机构从事水库调度的各项工作，如运行调度方案及年度计划的编制、日常调度值班业务、调度工作总结、资料的收集整理与保管、水情测报和水文气象预报等。各项技术管理工作要在管理单位技术行政负责人的统一领导下，各级分工负责。要加强岗位责任制，严格遵守工程管理的各项规章制度；要建立常年（特别是汛期）的调度值班制度。值班人员要掌握雨情、水情、工程变异情况，水库供水和水电站发电情况；做好调度日志及各项运行调度数据的记录、整理统计等工作；及时向上级汇报运行调度中出现的有关情况，负责和有关单位联系；要坚持交接班制度。对有关技术资料和文件要建立严格的检查、审批和保管制度，这些文件和资料主要有以下 3 个方面：

1）运行调度中记录、整理和统计的上下游水位、出入库流量、雨量、蒸发量、渗漏量、水温、泥沙、水质及各部门用水、水电站水头、出力和发电量等各项指标数据。

2）所编制的水库运行调度方案、历年发电和调度计划、各种计算成果。

3）水文气象预报和水情测报成果及其他有关技术文件、科研成果、工作总结等。有关重要计算成果和调度处理意见应经单位领导审查签署。

（3）与有关单位和部门的联系制度

为了互通信息，密切配合，加强协作，搞好水库调度，水库管理单位应主动与水库上下游地方政府、防汛机构、上级水利主管部门、原设计单位、水文气象部门、各用水部门及交通、通信等有关单位和部门建立联系制度，必要时要达成协议，共同遵守执行。

（4）总结制度

为了评定和考核水库的运行调度效益，不断提高运行调度水平，应建立水库运行调度总结制度。总结可在汛后或年末进行，总结内容主要包括以下内容：

当年来水（包括洪水、年水量及年内变化情况）、防汛、度汛、供水、发电情况；水文气象预报成果及其误差；实际运行调度（包括防洪调度和兴利调度）指标与原计划指标的比较；防洪、发电及其他兴利等效益的评定；本年度运行调度工作的经验教训及对下年度水库调度的初步意见、建议等。

水库运行调度总结要及时上报和存档。

二、水库调度方案的编制

1. 方案编制的基本依据

在编制水库运行调度方案和调度计划时，必须收集、掌握以下有关资料和信息，以作为编制的基本依据：

（1）国家的有关方针、政策，国家和上级主管部门颁布的有关法律、法规，如《中华人民共和国水法》《中华人民共和国防洪法》《水库调度规程编制导则（试行）》等，有关水利管理方面的各种条例、通则、标准、规定、通令、通知、办法以及临时下达的有关指示等文件。这些文件是加强水库科学管理和法制管理的基本依据，对提高其运行管理水平和效益有直接的指导意义，必须严格认真贯彻执行。

（2）水利枢纽和水库的原规划设计或复核资料，如规划报告、设计书、计算书及设计图表等。

（3）水利枢纽和水库的建筑物及机电设备（如大坝、泄水及取引水建筑物、闸门及其启闭设备、水电站厂房及其动力设备等）的历年运行情况和现状的有关资料。

（4）电力负荷和国民经济各有关部门防洪和用水要求等方面的资料。这些资料与设计时相比可能发生变化，应从多方面通过多种途径获取。

（5）水库所处河流流域及其水库的自然地理、地形、生态和水文气象等资料。如地形图、流域水系、主河道纵剖面图，水库及库区蒸发、渗漏、淹没、坍塌、回水影响范围、土地利用、陆生和水生生物种类分布、社会经济、人群健康、污染源等资料，历年已整编刊印的水文、气象观测统计资料，河道水位—流量关系曲线，水库特性，现有水文、气象站网分布和水情测报及水文气象预报信息等有关资料。

（6）水库以往运行调度的有关资料。包括过去历次编制的运行调度方案和年度计划；历年运行调度总结及实际记录、统计资料，如上下游水位、水库来水、水库泄放水过程及各时段和全年的水量平衡计算、洪水过程及度汛情况、水电站水头、引用流量及出力过程和发电量、耗水率以及其他部门引用水资料等；有关运行调度的科研成果和试验资料等：

2．方案编制的内容

为了选定合理的水库运行调度方案，必须同时对所依据的基本资料、水库的防洪和兴利特征值（参数）、主要水利动能指标进行复核计算。所以，运行调度方案编制的内容应当包括以下三点：

（1）在基本资料方面，重点要求进行径流（包括洪水、年径流及年内分配）资料的复核分析计算。

（2）在防洪方面，要求选定汛期不同时期的防洪限制水位、调洪方式下各种频率洪水所需的调洪库容及相应的最高调洪水位、最大泄洪流量等防洪特征值和指标。

（3）在发电、灌溉、水运、给水、养殖等兴利方面，要求核定合理的水库正常蓄水位、死水位、多年调节水库的年正常消落水位及相应的兴利库容与年库容，选定有效的水库调度方法，拟定水库调度规则及建立相应的调度函数或编制相应的水库调度图、表，复核计算有关的水利动能指标，阐明这些指标与水库特征值的关系等。

3．方案编制的方法和步骤

编制和选定运行调度方案可采用优化法或方案比较法，其中优化法有很多优点，在水库调度中已得到广泛使用，但使用更普遍的是方案比较法（在若干可行方案中选择比较合理的较好方案）。下面重点介绍方案比较法编制水库兴利运行调度方案的步骤：

（1）拟订比较方案。按照水库所要满足防洪、发电及其他综合利用要求的水平和保证程度，一定坝高下的调洪库容、兴利库容的大小和二者的结合程度，水库运行调度方式等因素的不同组合，运行调度方案可能多种多样，严格来说，可有无穷多个不同的组合方案，必须从中拟订若干较为合理的可行方案作为备选的比较方案。

（2）选择各比较方案的水库调度方法（可用常规调度法，也可用优化调度法），拟定各方案的调度规则，计算和建立相应的调度函数或编制相应的调度图、表。这是运行调度方案编制的核心内容之一。

（3）按各比较方案选择的调度方法、调度规则、调度函数或调度图表，根据水库长系列来水资料，复核计算水电站及其水库的水利动能指标。如水电站保证出力和对其他兴利部门的保证供水流量及相应的正常工作保证率下水电站的多年平均年发电量以及耗水率、水库蓄水保证率、水电站装机利用小时数、水量利用系数等。

（4）按照水库调度基本原则，对各比较方案的水利动能指标和其他有关因素，进行综合分析和比较论证，选定一个较为合理的、较好的水库运行调度方案。

三、水库度汛计划的编制

1. 水库防洪调度方案的编制

水库防洪调度方案是指导水库进行防洪调度的依据，是完成防洪任务的基本措施，在水库的规划设计阶段和运行期间都需要编制防洪调度方案。规划阶段的编制工作结合水库调洪参数的选择来完成；运行调度期间则根据实际情况的变化每隔若干年编制一次。编制防洪调度方案必须体现防洪调度原则。下面论述运行水库防洪调度方案编制的基本依据、方案的主要内容和编制的方法步骤。

（1）防洪调度方案编制的基本依据

水库防洪调度方案编制的主要依据有：国家的有关法规、方针政策及上级关于防汛工作和水库调度的指示文件；水库及水电站的原设计资料；水库防洪任务、兴利任务及相应的设计标准；水工建筑物及其设备等的历年运行情况和现状；水库面积、容积特性曲线和回水曲线、泄流特性曲线及各种用水特性曲线等；水库设计防洪调度图、洪水资料和水文气象预报资料等。

（2）防洪调度方案的主要内容

防洪调度方案的内容视各水库的具体情况而定，但一般应包括：阐明方案编制的目的、原则及基本依据，在设计洪水复核分析计算的基础上核定水库调洪参数和最大下泄流量，核定水库调洪方式和调洪规则，核定或编制防洪调度图及提出防洪调度方案的实施意见等。

（3）防洪调度方案编制的方法步骤

防洪调度方案各项内容之间与兴利调度方案之间关系密切，影响因素甚多，因此方案编制比较复杂，有时要有一个由粗到细的反复过程。对运行水库来说，大坝高程是已定的，校核洪水位和泄洪建筑物的型式与尺寸一般也是确定的；上游的移民标准洪水位也是已定的。在这种条件下，防洪调度方案编制的一般方法及步骤如下：

1）在分期洪水特性分析的基础上，研究进行分期洪水调度的可能性和防洪与兴利结合的程度，确定汛期各分期的分界日期，并研究各分期洪水的分布特性；根据各种防洪标准（如上下游防洪标准、大坝设计标准和校核标准等）推求各分期相应的设计洪水。

2）根据上下游防洪要求及泄洪建筑物的型式和尺寸，拟定水库控泄的判别条件及相应的调洪规则。

3）对汛期各分期分别拟订若干防洪限制水位 Z_{FX} 方案：对每一个 Z_{FX} 方案，用各种频率的洪水，按所拟定的判别条件及相应的调洪规则进行顺时序调洪计算，求出各种频率洪水下的最高水位 Z_m 和最大下泄流量 q_m。

4）绘制水库防洪调度图。由水库各种最高调洪水位 Z_m、各分期防洪限制水位 Z_{FX}、防洪调度线及由这些线所划分的各调洪区，构成水库防洪调度图。

5）编写防洪调度方案实施意见，最终形成防洪调度方案文件，并呈报主管部门审批。不宜实施分期防洪调度的水库，其编制方法与分期防洪调度方案的做法完全相同。

2. 水库当年度汛计划的编制

由于通信手段的现代化和计算机的广泛应用，目前我国不少大中型运行水库均在不同程度上结合水文气象预报进行水库的防洪预报调度。因此，水库年度防洪调度的实施工作，原则上是按照预先编制的防洪调度方案和利用长期水文预报制订的当年防洪度汛计划进行。按照它们规定控制各时期的水库水位和泄量，在具体的防洪调度及操作中，则利用中短期预报，分析当时的雨情和水情，在一定范围内灵活地实施操作调度，以求得更大的综合效益。下面介绍实施水库当年度汛计划的一些基本内容。

（1）讯前准备工作

为保证水库本身和上下游防洪安全，汛前必须做好防洪度汛的准备工作。其主要内容有：建立防洪指挥机构，组织防汛抢险队伍，做好水文测站的水情测报准备和洪水预报方案的编制修订；根据当年具体情况，制订当年度汛调洪计划和对水库调洪规程、制度及各种使用图表进行检查，必要时应进行补充修正；对水库工程和设备进行全面检查修理；准备必要的防汛器材和照明通信设备；有计划地将水库水位消落至防洪要求的防洪限制水位等。

（2）水库当年度汛计划的编制

每年汛前，水库调度管理部门应根据水库防洪任务、当年水文气象预报资料及汛期各方面对水库调度提出的要求，按水库防洪调度方案制订符合当年情况的水库度汛调洪计划。这个计划在内容、编制方法及步骤上基本与水库防洪调度方案相同。防洪调度方案是对近期若干年起指导作用的，而当年度汛计划则是防洪调度方案在当年的具体体现。当年的度汛调洪计划一般包括如下内容：根据平时工程观测资料和近期质量鉴定的结果、以往运行中达到的最高库水位及其历时和当年库区的有关要求，规定当年水库的允许最高蓄洪水位（在一般情况下，它不得高于经核定的设计洪水位）；根据防洪调度方案中核定的设计洪水标准、下游防洪标准及以往运行经验，参考当年水文气象预报资料，确定水库当年各种防洪标准及相应的设计洪水；规定汛期各时期的防洪限制水位、错峰方式及汛末蓄水位等。以上各项，如水库各方面情况无大的变动，可采用防洪调度方案成果；如出现大的变动，则应重新计算确定。

四、水库调度的评价与考核

1. 水库调度考核目的及意义

新中国成立以后，为满足社会经济发展的需求，不同开发目标或综合利用水库相继建设完成，这些水库不同程度地承担着发电、防洪、灌溉、防凌、供水、航运、减淤等任务。随着水库的建成投运，如何运用水库完成相关开发任务，并最大程度地发挥效益，是一个需要解决的问题。

水库调度考核的目的就在于通过对水库各项运行目标制定合理的运行标准，并采取必要的奖惩手段，激励有关部门和个人采取有效措施，努力实现运行目标。随着电力体制的改革和市场化的推进，水库的经济运行工作将更加重要，因此对水库调度工作进行全面考核是水库调度适应改革、适应市场经济的重要途径和出路。通过水库调度考核，可以提高水库调度人员的专业业务水平，及时总结工作经验，从而促进水库的安全经济及优化运行达到更高水平。

2. 发电调度的主要考核指标

目前，发电调度考核所采用的主要考核指标包括节水增发电量、水能利用提高率。这两个指标能够较全面地反映水库经济运行状况。

（1）节水增发电量与水能利用提高率

节水增发电量是反映水库经济运行的一项绝对指标，它是考核运行期的实际发电量与理论电量之差。理论电量是指在考核期内，水电站如果按照既定的常规调度图以及有关调度原则运行后可发的电量。

水能利用提高率是反映水库经济运行的一项相对指标，指考核时段水电站节水增发电量占理论发电量的百分比，可用于比较不同水电站之间经济运行情况，目前已被列为水电站争创一流企业的重要考核指标。

由于不同调节性能水库，其节水增发电量能力有明显差异，因此不同水库水能利用提高率的比照标准也不同，表4-4的考核指标仅供参考。

表 4-4　水库年度水能利用提高率考核指标

水库调节性能	调度水平优劣		
	优秀	良好	合格
周调节及以下（%）	1.5 ～ 2.0	1.0 ～ 1.4	0.5 ～ 0.9
季、年调节（%）	2.0 ～ 3.0	1.5 ～ 1.9	0.5 ～ 1.4
多年调节（%）	3.0 ～ 4.0	2.0 ～ 2.9	0.5 ～ 1.9

（2）理论电量的计算

计算考核指标的关键是理论电量，而理论电量能否正确计算，取决于基本资料及重要计算参数是否准确。

1）基本资料的收集与重要计算参数的审定

基本资料包括：水库水量损失与水头损失，综合利用用水要求；水库库容、面积、尾水位流量、水头损失、机组出力限制等关系曲线，电站设计保证率与保证出力，水库发电调度图等。

重要计算参数包括：①综合出力系数。各电站可根据历史资料及运行现状科学合理地确定。②水电站负荷率。水电站合理的负荷率与所在电网的结构、电网负荷特性、负荷预测、停机方式、火电实际调峰状况、电价政策、网内其他水电站来水蓄水情况以及水电站本身机组状况、电网的安排等有密切关系。因此，水电站负荷率一般通过对历史资料的认真分析和计算，并经过充分协商和论证确定。

2）"水位差电量"计算问题

所谓"水位差电量"，是指在按调度图或有关调度原则进行理论电量计算时，考核期末的计算水位与实际水位存在差异，因此存在相应的电量差，即"水位差电量"。根据对"水位差电量"处理方式的不同，分连续计算法和折算计算法。连续计算法不考虑"水位差电量"对考核结果的影响，每个考核期在起算时，都以上一考核期末的计算结果为初始条件进行计算。该方法是目前争议较少的一种计算方法。折算计算法则要考虑"水位差电量"对考核结果的影响，在下一考核期再起算时，以上一考核期末的实际或计算结果为初始条件进行计算。折算时应坚持实际水位向计算水位靠拢的原则。如实际水位高，则应将多余水量按照合理的耗水率折算为电量，并加入到考核期实际电量；如实际水位低，则应将超用水量按照合理的耗水率折算为电量，并从考核期实际电量中扣除。折算时所用耗水率应为考核期平均耗水率。使用折算计算法后，应注意对其后效性进行处理。当某水电站确定使用折算计算法进行考核计算时，应根据初始水量差在第二考核期内的实际作用，对第二考核期的实际电量进行必要的修正。

3）理论电量上限问题

每个水电站的可调出力随着水库水位的变化而变化，因此不同水位下的可调出力存在上限值。同时水电站在电网中都不同程度地担负着调峰、调频任务，因此水电站理论电量对应不同水位以及调峰、调频力度具有上限值。所以，在计算水电站理论电量时，考核时期内任何一个计算时段的理论电量应小于或等于该时段内的理论电量的上限值。如果计算的理论电量大于理论电量的上限值，则该计算时段的理论电量取理论电量上限值。

理论电量上限值 E_{max} 的计算公式为

$$E_{max}=N_k T\gamma$$

式中　N_k——计算时段平均可调出力，kW；

　　　T——计算时段长，h；

　　　γ——电站发电负荷率（%）。

（3）不同调节性能水库水能利用考核方法

由于各种水库的规模不同，调节性能差异很大，运行规律也多种多样，因此各种调节性能水库的节水增发电量计算办法也有所差别。

1）日调节性能水库

日调节水库的调节性能较差，在进行发电考核计算时，其水库的调节性可不予考虑。理论计算电量时，上游水位可采用固定值进行计算：如取死水位与正常高水位的平均水位或取近 3 年上游平均水位，也可根据水库运行具体情况确定计算值。水电站综合出力系数 K 值可采用前期运行实际结果或采用近 3 年的平均值进行计算。计算时段应以日为单位。

日理论电量严格按水库出、入库平衡计算，计算公式为

$$E_{II} = 24K\left(\overline{Z}_{SY}-\overline{Z}_{XY}\right)\overline{Q}_{rK}$$

式中　E_{II}——日理论电量，kWh；

　　　K——综合出力系数；

　　　$\overline{Z}_{SY}$——水库上游计算考核水位，m；

　　　$\overline{Q}_{rK}$——日均入库流量，m³/s；

　　　$\overline{Z}_{XY}$——对应于日均入库流量的下游水位，m。

按上式计算的日理论电量如果大于日理论电量的上限值，则应取其上限值。将考核期内所有日理论电量进行累加，即得考核期内的理论电量。

2）季、年调节及其以上性能水库

季、年调节水库计算时段一般为旬，多年调节水库也可采用月。计算理论电量应按照调度图及有关调度原则进行计算。计算理论电量时，考核期内任何一个计算时段的理论电量应小于或等于该时段内的理论电量的上限值。不过，多年调节水库的综合出力系数 K 值变化范围较大，因此计算中应考虑水位等因素对 K 值的影响，并根据考核期具体情况对其加以修正。

3）梯级水库

梯级水库运行存在以下两种情况：一是各自单独运行，各水库运行目标互不影响；二是联合运行，即通过各梯级水库联合运行以完成相关目标任务。对于第一种情况，各水库的水能考核应单独进行，其方法同前。对于实施联合运行的梯级水库，应及时完成梯级联合调度图的编制工作。梯级水库调度考核办法不太成熟，以下是考核原则：

梯级中各水库理论电量计算时应使用连续计算办法；在梯级中起主要调节作用的水库，其考核计算必须按梯级联合调度图及有关梯级调度原则进行理论电量的计算；梯级中非主要调节性能水库考核计算时，可按梯级调度图及有关梯级调度原则进行计算，也可以作为单一水库进行计算。具体采用哪种办法，应视实际情况决定；由于梯级水库间存在较大的补偿调度效益，因此应根据具体情况，采用合理的计算办法对节水增发电量在各水库间进行公平分配。

（4）提高节水增发电量的有效措施

在任何一项管理工作中，人的主观能动性对工作成效起着举足轻重的影响，水库调度管理也不例外。在实际调度中，调度人员可以通过以下各种有效手段节水增发电量：

1）建立水库调度自动化系统。建立规模合理、技术先进、运行可靠的水库调度自动化系统，对于调度人员及时掌握各种水情信息并进行准确决策是十分重要的，也是开展节水增发电工作必备的基础工作。

2）大力开展优化调度工作。在建立水库调度自动化系统的基础上，积极开发针对性强、方便实用的决策支持软件，大力开展水库优化调度工作，努力提高水库运行效益。

3）做好次洪水节水工作。在一次洪水过程中，抓住预发、满发、拦洪尾（俗称"节水三部曲"）三个重要环节，做好次洪水节水增发电工作。预发指洪水未发生时，在已经掌握大量水情、雨情信息并具备准确预报的基础上，提前加大水电站发电量，腾库迎峰；满发是指在洪水过程中，采取一切措施，保证水电机组稳发满发；拦洪尾是指在洪水过程即将结束时，提前关闭泄水闸门，拦蓄洪尾。实践证明，次洪水"节水三部曲"是一项非常有效的节水增发电措施。

4）梯级联合调度。在梯级水库间实施相互补偿的联合调度，能够充分发挥梯级水库的整体效益，也是提高水能利用率的重要措施之一。

5）跨流域补偿调度。各流域的水情特征大多不同，来水往往不同步。实际调度中可以充分利用这些差异，积极开展跨流域补偿调度，实现水电大幅增发。

6）综合手段。结合实际调度经验，不断总结分期控制水库水位、汛前降低库水位、重复利用库容、降低机组空耗、超蓄、超发等有效的节水增发措施和途径，也可取得巨大的社会效益和经济效益。

第七节　水库优化调度及自动化系统

一、基础知识

1. 水库优化调度的基本内容

用时历法绘制的水库调度图进行水库调度是生产单位普遍采用的水库调度方法，其优点是以实测资料为依据，概念清晰、使用方便，具有一定的客观性和可靠性。但是在任何年份，不管来水的丰枯，只要在某一时刻的库水位相同，就采取完全相同的水库调度方式是有缺陷的。实际上各年来水变化很大，如不能针对面临时段变化的来水流量进行水库调度，则很难充分利用水能资源，达到最优调度以获取最大的效益。另外，水库在实际运行期间，各综合需水部门对水库的要求，也并非固定不变，依前述方法作出的调度方案，并非是最优调度方案。因此，在水库实际运用过程中，就应该考虑某一具体时刻水库来水情况和用水特点，使水库的综合效益最大，即研究优化调度问题。可见，水库优化调度的基本内容是根据水库的入流过程，遵照优化调度准则，运用最优化方法，寻求比较理想的水库调度方案，使发电、防洪、灌溉、供水等各部门在整个分析期内的总效益最大。

2. 水库优化调度的数学模型

水库的优化调度就是在水库枢纽工程的参数已定的条件下，根据不同的来水和用水情况，确定发挥效益最大或不利影响最小的优化操作方法。一般是把各种要素通过一定的简化和假定后，用数学形式来描述表达，就可以得到水库优化调度的数学模型。该模型通常是由最优化的目标函数和约束条件两部分组成的。最优化的目标函数即最优化问题优化目标的数学表达式，一般以效益或费用的形式表达，而与最优化准则有关。约束条件组反映各种设备能力和运行的各种限制要求。

（1）最优准则。它是衡量水库运行方式是否达到最优的标准。对于单目标或以某一目标为主的水库，最优化的目标和准则可能比较简单，如以发电为主的水库，最优准则可以是在合理满足其他部门用水要求的前提下，电力系统计算支出最小，或者电力系统总耗煤量最小，或者年发电量最大等。对于以防洪为主的水库，其最优准则可以是在合理考虑其他综合利用要求下，削减洪峰后的下泄成灾流量最小；或者超过安全泄量的加权历时最短等。对于多目标水库群或复杂的水利系统，则应以综合性指标最优为好，如国民经济效益最大或国民经济费用最小等。

（2）目标函数。水库优化调度的具体目标函数应根据优化目标准则而定。一般的表达形式可写成

$$Z = \max f(x_i, s_j, p_k)$$

式中 x_i——决策变量，i=1，2，…，n；

s_j——状态变量，j=①，2，…，m；

P_k——系统参数，k=1，2，…，k。

目标函数取极大化（max）或极小化（min）依拟定的准则而定。若以效益为指标，则取极大化；若以成本或费用为指标，则取极小化。而极大化和极小化只要改变一下符号就可以互换。

（3）约束条件。水库优化调度中的约束条件一般受水库蓄水量（或蓄水位）、水库泄水能力、水电站装机容量、下游防洪要求及水量平衡和能量平衡的限制等，通常都以数学函数方程表示，组合成一组约束条件方程组。

水库优化调度的目标函数和约束条件方程组所组成的数学模型，按照输入、输出的不同，目标函数和约束条件的差异，又可分为静态模型和动态模型、确定性模型和随机模型、线性模型和非线性模型。若所研究的问题与时间无关，时间因素不作为变量考虑的模型，就称为静态模型；若参数变化、状态转移与时间有关，时间因素需要作为一个变量考虑的模型，就称为动态模型；若在一定的时空范围内，输入和模型中的参数均采用确定值，通过优化求得的效益指标也是确定值，就称为确定性模型；若模型中的某些变量考虑了它的不确定性而作为随机变量处理，因而优化所得的效益指标只能是期望效益，就称为随机模型；当模型中的所有数学方程都是线性时，就称为线性模型；当模型中全部或部分数学方程是非线性时，就称为非线性模型。

进行水库调度时常将水库蓄水量（或蓄水位）作为状态变量。调度开始时的蓄

水量即初始状态，一般为已知。当沿时间坐标取定计算时段（或阶段），则水库调度的任务就是确定时段内水库的供水量、蓄水量和泄水量。同时决定时段末水库的蓄水状态。一般将每一阶段所采取的蓄泄决定称为决策。各阶段取一种决策组成的时间序列称为策略。一种策略实际上就是一种调度方案。

由于每一阶段水库所采取的蓄泄决定即决策不仅直接影响本阶段的输出，而且通过状态转移影响其他阶段的输出，因此水库调度实际上是一个多阶段决策过程，各阶段是互相联系、互相影响的。水库优化调度的基本内容就是根据水库的入流过程，通过最优化方法对水库调度的数学模型求解，以寻求优化的控制运用方案。水库照此优化方案蓄泄运行，可使防洪、灌溉、发电等部门所构成的总体在整个计算周期的效益最大而不利影响最小。从数学观点来看，寻求水库优化调度方案就是求解包含时间因素的多阶段决策过程的优化问题。

二、最优化技术简介

最优化技术是研究和解决最优化问题的一门学科，其主要内容是建立一个最优化的数学模型和对模型进行求解。

最优化技术包括古典的微分法、拉格朗日乘数法、变分法、数学规划法和动态规划法等。前三种方法，由于方法本身的局限性而无法求解大型的、复杂的系统问题。数学规划法和动态规划法的内容又相当丰富，因此本书仅对动态规划法的基本内容作一简要介绍。

动态规划法是解决多阶段决策过程最优化的一种方法。所谓多阶段决策过程，是指根据时间与空间特性，可将问题的整个过程划分为若干个阶段，在每一个阶段都有相应决策的过程。在每一个阶段，问题由初始状态，经过某种决策，变为终点状态。这个终点状态，又是下一个阶段的初始状态。如此重复，经历所有的阶段，而能使整个过程取得最优效益的多阶段决策过程，称为多阶段决策过程。

动态规划的最优化原理是：一个过程的最优决策具有这样的性质，即不论其初始状态和初始决策如何，其后的诸决策必须对于初始决策所形成的状态构成一个最优策略。换句话说，就是不管以前的决策如何，面临时刻所采用的决策一定要使余留时期的策略最优。

最优化原理，结合水库优化调度的情况，就是将水电站某一运行时间（如水库供水期）按时间顺序划分为 $t_0 \sim t_n$ 个时刻，划分成 n 个相等的时段（如月）。设以某时刻 t_i 为基准，则称 $t_0 \sim t_i$ 为以往时期（或过去时期）$t_i \sim t_i+1$ 为面临时期，$t_i+1 \sim t_n$ 为余留时期，如图 4-27 所示。水电站在这些时期的运行方式可由各时段的决策函数

——出力及水库蓄水情况组成的序列来描述。如果水电站在 $t_i \sim t_n$ 内的运行方式是最优的，那么包括在其中的 $t_i+1 \sim t_n$ 内的运行方式也必定是最优的。如果我们已对余留时期 $t_i+1 \sim t_n$ 按最优调度准则进行了计算，那么面临时期 $t_i \sim t_i+1$ 的最优调度方式可以这样选择：使面临时期和余留时期所获得的综合效益符合选定的最优调度准则。

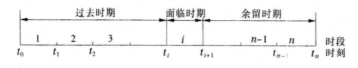

图 4-27 时段划分

动态规划的概念和基本原理比较直观，容易理解，方法比较灵活，常为人们所采用，所以在工程技术、经济、工业生产及军事等部门都有广泛的应用。许多问题利用动态规划去解决，常比线性规划或非线性规划更为有效。不过当维数（或者状态变量）超过 3 个时，解题时需要计算机的储存量相当大，或者必须研究采用新的解算方法。这是动态规划的主要弱点，在采用时必须留意。

动态规划是靠递推关系从终点逐时段向起点方向寻求最优解的一种方法（俗称逆序法）。然而，单纯的递推关系是不能保证获得最优解的，一定要通过最优化原理的应用才能实现。

根据上面的叙述，启发我们得出寻找最优运行方式的方法，就是从最后一个时段（时刻 $t_{n-1} \sim t_n$）开始（这时的库水位常是已知的，例如水库供水期末的库水位是死水位），逆时序逐时段进行递推计算，推求前一时段（面临时期）的合适决策，以求出水电站在整个 $t_0 \sim t_n$ 时期的最优调度方式。很明显，对每次递推计算来说，余留时期的效益是已知的（如发电量已知），而且是最优策略，只有面临时期的决策变量是未知数，所以是不难解决的，可以根据规定的调度准则来求解。

对于一般决策过程，假设有 n 个阶段，每阶段可供选择的决策变量有 m 个，则有这种过程的最优策略实际上就需要求解 mxn 维函数方程。显然，求解维数众多的方程，不但需要花费很多时间，而且也不是一件容易的事情。上述最优化原理利用递推关系将这样一个复杂的问题化为 n 个 m 维问题求解，因而使求解过程大为简化。

如果最优化目标是使目标函数极大化，则根据最优化原理，可将全周期的目标函数用面临时期和余留时期两部分之和表示。对于第一个时段，目标函数 f_1^* 为

$$f_1^* \left(s_o, \ x_1 \right) = \max \left[f_1 \left(s_o, \ x_1 \right) + f_2^* \left(s_1, \ x_2 \right) \right]$$

式中 　　　　s——状态变量，下标数字表示时刻；

x——决策变量，下标数字表示时段；

f_1（s_0，x_1）——第一时段状态处于 s_o 作出决策 x_1 所得的效益；

f_2^*（s_1，x_2）——从第二时段开始一直到最后时段（余留时期）的效益。

对于第二时段至第 n 时段及第 i 时段至第 n 时段的效益，按最优化原理同样可以写成以下的式子

$$f_2^*\ (s_1,\ x_2)=\max\left[\ f_2\ (s_1,\ x_2)+f_3^*\ (s_2,\ x_3)\ \right]$$

$$f_i^*\left(s_{i-1},x_i\right)=\max\left[f_i\left(s_{i-1},x_i\right)+f_{i+1}^*\left(s_i,x_{i+1}\right)\right]$$

对于第 n 时段，$f_n^*\ f_n^*$ 可写为

$$f_n^*=(s_{n-1},\ x_n)=\max\left[f_n\ (s_{n-1},\ x_n)\ \right]$$

以上就是动态规划递推公式的一般形式。如果我们从第 n 时段开始，假定不同的时段初状态 s_{n-1}，只需确定该时段的决策变量 x_n（在 x_{n1}，x_{n2}，x_{n3}，…，x_{nn} 中选择）。对于第 n-1 时段，只要优选决策变量 x_{n-1}，一直到第一时段，只需优选 x_1。前面已说过，动态规划根据最优化原理，将本来是 mn 维的最优化问题，变成了 n 个 m 维问题求解，以上递推公式便是最好的说明。

为加深对方法的理解，下面举一个经简化过的水库调度例子。

某年调节水库 11 月初开始蓄水，来年 4 月末放空至死水位，供水期共 6 个月，如每个月作为一个阶段，则共有 6 个阶段。为了简化，假定已经过初选，每阶段只留 3 个状态（以圆圈表示出）和 5 个决策（以线条表示），由它们组成 S_0～S_6 的许多种方案，如图 4-28 所示。图中线段上面的数字代表各月根据入库径流采取不同决策可获得的效益。

用动态规划优选方案时，从 4 月末死水位处开始逆时序递推计算。对于 4 月初，3 种状态各有一种决策，孤立地看以 S_{51}-S_6 的方案较佳，但从全局来看不一定是这样，暂时不能做决定，要再看前面的情况。

将 3 月、4 月两个月的供水情况一起研究，看 3 月初情况，先研究状态 S_{41}，显然是 S_{41}—S_{52}-S_6 较 S_{41}—S_{51}-S_6 为好，因前者两个月的总效益为 12，较后者的为大，应选前者为最优方案。将各状态选定方案的总效益写在线段下面的括号中，没有写明总效益的均为淘汰方案。同理，可得另外两种状态的最优决策。S_{42}—S_{53}-S_6 优于 S_{42}—S_{52}-S_6 方案，总效益为 14；S_{43}—S_{53}-S_6 的总效益为 10，对 3 月、4 月来说，在 S_{41}、S_{42}、S_{43} 三种状态中，以 S_{42}—S_{53}-S_6 这个方案最佳，它的总效益为 14（其他两个方案分别为 12 和 10）。

再看 2 月初的情况，2 月是面临时期，3 月、4 月是余留时期。余留时期的总效

益就是写在括号中最优决策的总效益。这时的任务是选定面临时期的最优决策，以使该时段和余留时期的总效益最大。以状态 S_{31} 为例，面临时期的两种决策中以第 2 种决策较佳，总效益为 13+14=27；对状态 S_{32}，则以第 1 种决策较佳，总效益为 26；同理可得 S_{33} 的总效益为 17。

继续对 1 月初、12 月初、11 月初的情况进行研究，可由递推的办法选出最优决策。最后决定的方案是 S_0—S_{11}—S_{22}—S_{32}—S_{42}—S_{53}—S_6，总效益为 83，用虚线表示在图 4-28 上。

应该说明的是，如果时段增多，状态数目增加，决策数目增加，而且决策过程中还要进行试算，则整个计算是比较繁杂的，一定要用计算机来进行计算。

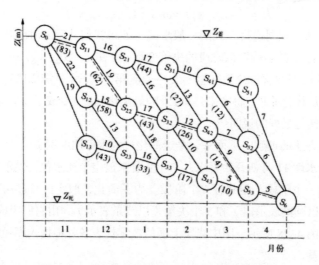

图 4-28　动态规划法水库优化调度的简化例子

三、水库调度自动化系统简介

1. 基础内容

水库调度（以下简称水调）自动化系统是电网调度自动化的一个重要组成部分，主要进行与水库运行有关的监视、预报、调度及管理。该系统基于对历史资料的收集整理，通过实时水文、气象和水库运行信息的自动采集，利用数据库管理技术，进行水文预报、调洪演算、优化调度和水务综合管理等，提供满足防洪、发电及其他综合利用要求的水库调度决策方案，同时支持水电厂和电网的经济调度。根据统一调度、分级管理的原则，水调自动化系统分为四级，即国调水调自动化系统、网调水调自动化系统、省调水调自动化系统和水电厂（站）水调自动化系统。

水电厂（站）水调自动化系统是以水电站群、梯级（流域）水电厂水库为研究对象，以现代化的硬件设施为基础，以先进的计算机操作平台和软件开发工具为手段，以成熟的水文预报、水库调度方法为技术保障，为仿真环境下研制分级分层次的水库调度高级应用软件，并通过人机交互界面实现水调自动化系统的集成。

水调自动化系统的研究领域包括水库调度基本理论、水库调度自动化系统及水调软件系统的开发，其核心是水调软件系统，它主要研究水库中长期发电调度、短期发电调度、厂内经济运行、洪水预报、防洪调度和数据库与信息管理等有关内容。

我国水库调度自动化系统是在水情自动测报系统的基础上发展起来的。水情自动测报系统也叫水文自动测报系统，应用遥测、通信和计算机技术，完成江河流域降雨量、水位、流量、蒸发量、闸门开度等数据的实时采集、报送和处理。早期的水情自动测报系统档次普遍较低，满足不了实际生产的需要，缺少较好的洪水预报和水库调度等指导水库实时运用的应用软件，使不少水库调度工作缺少系统性和科学性。近年来，我国水调自动化系统建设、研究与应用取得了长足的发展，水情信息预报、调度模型研究、"3S"技术应用不断加强，水调自动化综合功能日臻完善，"数字流域"管理正在逐渐形成。

2. 水库调度自动化系统的组成

水电站水调自动化系统由数据子系统、模型子系统和决策及信息服务子系统构成。

（1）水雨情遥测系统

水雨情遥测系统是应用遥测、通信和计算机等技术，完成水雨情信息的实时收集、处理，为水利水电工程防洪、发电及其他综合利用目标优化调度服务的系统，是水库调度自动化系统的重要组成部分。它是系统运行的基础，它的输出信息是水调自动化系统的信息来源，该系统主要是解决水雨情信息的自动采集问题，以及按照规范要求将所采集的信息写入网络数据库中。

水雨情遥测系统主要由一个中心接收站、一个或多个中继站及若干个遥测站组成，通过一定的通信手段连接起来形成一个信息传输网络，并利用中心站的计算机软件实现实时水雨情信息的采集、处理及存入数据库。

（2）水调计算机网络系统

计算机网络系统是水调自动化系统信息存储、传输的载体，也是信息共享，并保持数据的一致性、完整性的重要保证。

水调自动化计算机网络系统主要由以下几部分组成：

1）网络服务器，包括网络管理服务器、文件服务器、数据库服务器、邮件服务器、远程访问服务器以及 WWW 服务器。

2）网络链接交换设备，包括快速 Ethemert 交换机、ATM 交换机、网桥、网关、路由器、光缆及双绞线以及各种接口设备。

3）通信子网，主要由宽带通信链路组成。

4）网络工作站，主要包括图形工作站、微型计算机、打印机、数据采集等桌面设备。

（3）水库数据库系统

数据库是水调自动化系统的核心之一，水库调度数据库系统对数据的完整性、独立性、共享性、响应速度、安全性和保密性、规范性和统一性等都有具体要求。数据库系统的设计、开发与管理任务主要包括数据字典与表结构设计、数据查询与提取、数据库维护（输入、修改、删除等）和数据库运行管理。

（4）水库调度软件系统

水库调度软件系统是水调自动化系统的核心，主要完成基础信息查询、发电调度、洪水预报和业务管理等主要功能。

（5）水库调度会商系统

以实时气象和水雨工电情信息、水文预报及洪水调度、发电调度成果等为基础，通过并行提供有关信息、候选决策方案与相应的评价指标和决策后果等形式，借助于大屏幕投影，给领导、专家和调度人员提供决策支持。

（6）水调信息发布系统

某些水调信息，如水文气象基础数据、流量数据、预报成果、调度成果等，可以通过 Web 发布到 Internet，供授权用户查询。

3．水调自动化系统的主要功能

水调自动化系统的主要功能包括：实时信息采集 / 处理、实时监控、基础信息查询 / 维护、中长期预报子系统、实时洪水预报、防洪调度、发电调度、防洪 / 发电调度会商、水调业务管理等。它为提高水电厂的发电效益，兼顾防洪、供水与浇灌等综合效益奠定了强有力的基础。

（1）数据采集与处理

依据数据通信应用协议，从水情测报系统、EMS 系统、气象部门、水文部门、人机界面、MIS 系统等采集实时水文数据、实时电网及机组信息、水库大坝监测信息、气象信息、发电计划、实际负荷曲线、调度指令、防洪信息、网络通道及网络设备的运行状态、水工和机械设备工况等。

根据采集到的数据信息、文件信息、图像信息等进行合理性检查和记录处理，将实时数据整理成时段数据、流量、功率等数据统计。允许有权限的人工数据、虚拟数据输入，数据修改、增删，或数据导出、导入。

（2）安全监控和报警

通过人机联系手段，实时动态地监视系统内各流域水雨情、电站各项监测参数、闸门和网络运行状态，对异常数据，系统自动发出警报，并发出声、光、语音报警信息，自动启动电话和传呼系统功能，及时报告值班人员进行处理，同时进行实时记录，以备查证。

（3）数据查询及维护

提供图、表方式显示和打印各流域或水系实时和历史水情信息、水文特征值、实时洪水预报、水库调度结果等数据。可按不同的条件和数据组合方式查询数据库中的全部信息，并按要求进行维护。

（4）中长期径流预报

中长期径流预报是根据水库的流域水系、降水径流、流域气象、水文要素等历史数据来预报月、季、年的降水或径流量。中长期预报子系统一般采用气象部门常用的统计模型和水文部门常用的具有完整理论基础的时间序列分析模型。预报方法通常有物理成因分析法、数理统计分析法、成因分析和统计计算相结合的方法。

（5）实时洪水预报

实时洪水预报，是指在联机的水情自动测报系统中使用实时数据进行洪水预报，它要求满足预报的实时性、高精度和预见性，同时能处理各种复杂的异常情况。实时洪水预报子系统主要涉及产汇流计算，河道洪水演进与预报等计算步骤，因此子系统应用了降雨径流模型、河道洪水演算模型、实时校正模型等水文专家模型。在预报模型方面，目前我国测报系统采用最多的是新安江模型，其他还有超渗产流模型、水箱模型、萨克拉门托模型等。在作业预报过程中，可以根据误差信息，运用卡尔曼滤波、误差预测、模型参数动态识别等现代系统方法对预报估计值或水文预报模型中的参数进行及时校正。现代洪水预报子系统还增加了基于图形界面的专家交互式预报功能，增强了预报的灵活性，预报员能直接深入掌握预报实施过程中的信息，并可对多模型平行预报的结果作出科学合理的判断

（6）水库防洪调度

防洪调度以实时洪水预报结果为基础，实现防洪调度方案的制订、防洪形势分析及防洪决策的辅助计算。防洪调度分为常规调度和优化调度，其中常规调度分为水位控制、泄量控制、预报预泄和补偿调节四种模式。优化调度方案是在满足各种约束条件下，追求一定防洪目标的洪水调度方案。防洪调度子系统提供人机交互方式，

根据调度人员拟订的调度方案，实现水库（群）或防洪系统的调洪演算和河道洪水演进模拟仿真，计算相应的调洪过程和统计指标，为洪水调度提供决策支持。

（7）发电调度

根据从 EMS 中获得的实时发电负荷、日发电量、各机组运行状态等信息和从实时洪水预报子系统中获得的入库流量，以系统分析为基础进行优化调度，提供多种发电调度的辅助决策支持。水库群调度模型在调度周期上划分为长期调度、短期调度和实时滚动优化三个层次，各层次模型相对独立。发电调度还应包括厂内经济运行和水、火电联合调度。

（8）调度会商

以实时信息、预报调度模型、风险分析为基础，适当考虑电力市场竞价上网环境，通过模拟预报调度、未来预演仿真及并行提供候选决策方案、相应的评价指标和决策后果等有关信息，为领导、专家、调度人员提供预报和调度等多方面的群体会商环境。

（9）水务计算管理

水库调度业务管理系统主要是针对规范性、日常使用频率较高的业务项目，建立自动化功能模块程序，以实现水调日常业务自动化。主要包括：绘制各种过程线、关系曲线；收集各水电站运行实况及全网汇总表；各水电站节水增发电量、水库运行调度考核指标的统计；编制常规调度的电网年、季、月、日运行方式；对实时信息、历史资料等数据进行整理、统计、分析，加工生成必要的图表和文字；节水增发电量计算；电站弃水、水量利用分析、水头利用分析；调峰电量、低谷电量，丰、枯电量统计；各种时段的电站效益、电网水电效益计算；报表编辑、图形编辑、报告编辑、电子文件传输。

（10）数据库管理

根据数据种类不同，可分别建立水情、水务、水文预报和水库调度、机组运行工况等分类数据库。数据库能灵活地对数据进行修改、插入、删除、统计等维护工作，同时具备数据自动转储能力。由于系统运行在网络环境下，因此既要考虑数据的安全性和完整性，还要根据用户对象，赋予不同的数据库使用权限。

（11）系统管理

为了保证数据库的安全，可将水调管理人员分为两类：系统管理员和水调管理员，两者均需要通过口令访问水调管理模块。

（12）信息发布

水文气象信息、统计信息、发电信息、预报成果、调度成果等，可以通过 Web 发布到 Internet 或 Intranet，授权用户可用浏览器方式查询数据、图表。

第五章　水库的经济管理

第一节　财务管理

一、水库财务管理过程中的薄弱点

1. 财务管理关系模糊

在市场经济体制下，水库工程不具备盈利性质。与此同时，水库工程属于公益性职能的作用范围，这就使这一行业发展相对滞后，无论是在管理工作上、利润分配上，或者是服务消费上仍然处于落后水平，各自关系较为模糊。此外，财务的预测分析也难以得到相关职能部门的重视，一般情况下财务经费只面向员工开支，进而产生经费作用单一的局面，加上经费周转有限，难以得到深入运作。这种不明确的财务管理关系将会隐藏财务经费在水库管理中的作用。

2. 财务管理体制有待健全

高水平的管理工作离不开系列合理的制度规范。在大企业的管理过程中，每一项财务行为都需要财务管理规章制度进行规范与约束，在有效的制度要求，才能更顺利地推进财务管理工作。就目前我国的水库财务管理工作来看，管理内容缺乏，过于单一。大多数情况下，财务管理人员的工作重心只围绕经费支出审批进行，在系统性管理资金方面没有实质性措施。既缺乏财务分析，又缺乏对资金收入的有效管理。这些问题很大程度上是由于财务管理制度不健全造成的，没有具体明确对财务管理人员的工作进行制约，使财务管理工作出现这样那样的漏洞。另外，在新时代的发展趋势与背景下，因地制宜的管理体制对于水库发展尤其重要。

3. 预算管理不足

在我国水库财务管理工作过程中，内部财务管理中仍存在不少问题，财务漏洞较为严重。主要表现为对预算管控缺乏，由此形成过高的预算，或者预算不符合实际需求。此类的预算偏差将给资金管理添加难度，也不利于提高资金的使用效率。比如在财务部门的工作中，止步于对不同部门上交的专项经费进行审核后进行统一归纳整理，缺乏以此为基础的深入分析与数据利用，导致的结果就是出现一堆表面文章，难以发展水库发展过程中的实质内涵。另外，部分财务部门已经有预算案，但也存在流于形式的问题，预算与实际脱离，缺乏已有数据的支持，其执行过程中缺乏有效监督，在实际运用过程中预算案得不到落实。

4. 收费工作难以推进

与前一发展阶段相比，我国水库的收费工作有了自身的改进与突破。但同时也应该清楚地认识到，与其他行业相比，水库收费工作需要克服的难题较为棘手。总的来说，收费环节难以推进。本书认为引起这一问题的关键在于缴费者分散。解决这一问题本可以结合法律手段，加大费用征收人员数量来解决。但我国大部分水库的工作人员数量有限，且需要承担较大的工作任务，在增加征收人员数量时存在困难。这就导致了费用征收不及时，产生了普遍的滞交、拒交现象。

5. 员工综合素质不高

目前我国水库财务管理出台了一些新的管理规定，部分岗位人员出现了适应问题，降低了其工作质量。另外，一些工作人员的专业知识不扎实，加上学习能力不强，面临新制度和新设备时，难以快速适应，需要很长的掌握时间，难以高效应用新设备也制约了其工作效率。在边摸索边学习的工作状态下，财务管理工作质量难免会受到影响。

6. 缺乏有力的内部监管

公平高效的财务管理工作离不开有力的内部监管，通过严格的监督管理，财务人员的行为才能得到有效约束，进而形成高度的岗位责任意识。在水库财务管理过程中，管理人员的结构复杂，监管意识薄弱，监管制度落后，难以满足新时代的需求，难以充分发挥监管作用对财务管理的作用。

二、推进水库财务管理的措施

1. 明确财务关系

推进水库财务管理工作中，首先要明确政、事、企三者的关系。只有明确财务关系的前提下，才能划分好在财务管理中各自的职责。同时，要根据水管部门的职能科学设立财务管理岗位，明确各岗位的编制人数，划分岗位职责，理顺相互之间的工作对接流程。此外，人员编制需要进行精细化模式管理。

2. 健全财务管理制度

财务管理制度的滞后，从根本上来说是源于相关人员的责任意识缺乏。财务管理具有工作量较大、脑力劳动以及工作内容烦琐等性质，财务管理流程复杂，对于工作人员的专业能力具有较高要求。若管理人员忙于繁杂的业务而对管理制度的更新不够重视，就会制约内部人员的视野，使其满足于现有的制度系统，对其他行业的管理系统缺乏了解。长此以往可能导致其工作方式难以适应工作需求，降低其工作效率。因此，先进的管理制度对落实工作方向具有不可忽视的作用，水库管理需要挑选有远见卓识的人员，与时俱进不断更新财务管理制度，在管理工作中实行岗位责任制，致力于调动员工的工作热情与积极性。

3. 加强预算管理

作为极具战略性的一年度或一季度的经营启动资金，需要确保其被投入到具有重要价值的领域。同时，出于提供资金利用率的目的，启动资金要根据预算结果决定。而预算工作应该以已有的数据材料为支撑，并进行系统的量化整理与分析，而不是凭借经验进行。最后，全面分析当前情况与以往的异同，不同之处对资金区将会产生何种影响，进而在专业人员的审核讨论中落实预算方案。总之，预算管理工作是一种对未来的发展形式的预判过程，需要财务管理人员的高度重视。

4. 切实解决水费征收难题

征收水费既是水库费用的保障和来源，也是正常服务的一种回报。水费的滞交和拒交问题如果长期持续，将会对公司形成负面形象，也不利于工作开展。因此，水库管理需要为执法人员组织系统培训，发挥法律效力。此外，加大缴费的宣传工作，向老百姓传递相关知识和信息，使其认识到水资源的有偿性和商品性，以此促进缴费率。最后，要配备通信工具、取样调查工具以及交通工具等相应的企业执法工具，在硬件设施上为水库的费用征收工作提供一定的保障。

5. 提高员工素质

针对新老员工在职业素养上的不同问题，要采取针对性的措施。一方面，要让新员工尽快融入团队，并开展统一系统的培训，确保考核合格后要持证上岗，在新员工正式上岗后，也需要定期对其实习工作的情况进行考核与评价，及时发现与解决新员工在财务管理过程中存在的问题，逐渐提高员工能力。另一方面，要不定期组织老员工参加专业性的培训学习活动，确保其学习能力的保持与专业能力的提高，以专业知识和实际经验共同促进其业务水平的提高。

6. 强化内部监管

内部监管的缺失会对水库的财务管理工作产生严重的影响，促进财务管理工作必须重视内部监管。首先，企业在财务管理岗位的设置上要善于运用岗位之间的相互制约性，进而将各岗位的职责明确具体化。其次，要充分把握主要的监督内容，及时记录与上报监督情况，对于监督过程中发现的问题应该立即采取纠正措施。

第二节　工资、福利及社会保障

薪酬是企业对员工给企业所做的贡献，包括他们实现的绩效，付出的努力、时间、学识、技能、经验与创造所付给的相应的回报或答谢。这实质上是一种公平的交换或交易。

广义的薪酬应包括基本薪资、奖励薪资、附加薪资、福利薪资等。

1. 基本薪资

以员工的劳动熟练程度，工作的复杂程度，责任大小，以及劳动强度为基准，按员工完成定额的任务的实际劳动消耗而计付的薪资。它是员工薪资的主要部分和计算其他部分金额的基础。

2. 奖励薪资

根据员工超额完成任务，以及优异的工作成绩而计付的薪资。其作用在于激励员工提高工作效率和工作质量，所以又称"效率工资"或"激励工资"。

3. 附加薪资

为了补偿和鼓励员工在恶劣工作环境下的劳动而计付的薪资。它有利于吸引劳动者到环境脏、苦、险、累的岗位上工作。

4. 福利薪资

为了吸引员工到企业工作或维持企业骨干人员的稳定而支付的作为基本薪资的补充的若干项目，如失业金、养老金、午餐费、医疗费、退休金及利润分红等。

在员工的薪酬之中，应当以基本薪资为主，这是因为：

（1）基本薪资是定额劳动报酬，奖励薪资是超额劳动报酬。

（2）基本薪资具有综合性的特点，其他三种是单一性的。

（3）基本薪资能较全面地实现薪资的各项职能，对调动员工积极性，努力完成生产或工作任务以及刻苦钻研业务、提高员工的素质具有重要作用。

过去，我们习惯于把工资和薪酬混为一谈，实际上，随着现代企业制度的建立，随着企业间人才争夺战的愈演愈烈，工资和薪酬已演变成两个不同的概念。

在现代企业的分配制度中，对人力资源企业中任何一名员工实行的是工资制，对人力资本企业中的技术创新者和职业经理人实行的是薪酬制。前者是由人事部门决定的，后者则是由董事会直接决定的。工资是人力资源作为劳动而享受的回报，而薪酬是人力资本作为资本享受的回报。

薪酬制度包括五大内容：岗位工资、年终奖、人力资本持股、职务消费及福利补贴。

岗位工资只代表薪酬中的一部分，它是指一个人值多少钱。年终奖是本着责权利对称的原则，对在年终超额完成工作任务的部分给予的奖励。人力资本持股主要指期权和股权，它强调差别，区别于以社会保障为目的的员工持股，后者还是一种大锅饭思路。职务消费指由职务引发的消费，应计入薪酬制度中；而目前许多国内企业把它计入会计制度，会引出一大串弊病。对人力资本的福利补贴，通常表现是为特殊人才购买种类齐全的各种保险。

专家认为：中国的企业文化往往过多地强调平等，这不利于人力资本的发展。西方企业通常强调等级差别的理念，能力差别导致在企业中的分工差别，分工差别导致收入方式差别，收入方式差别导致收入水平差别。

区分工资和薪酬两个不同的概念，在企业实际操作中的意义表现为：通过实行不同的分配制度，达到吸引人才、留住人才的目的。

企业为员工所做的福利规划已从过去家长式给予的角色转化被动为激励主动的角色其主要功能在于：

1. 减轻员工税赋的负担

每年公司员工的调薪幅度总是众所瞩目的焦点。原因不出于员工一年来对公司的贡献就看这一次的薪资调幅是否符合其期望决定留任或是另寻高就。然而加薪是否真的会增加员工的年度净所得？从另一个角度来看加薪代表的是所得的增加（亦即开源）然而加薪难免会有预算上的限制。而且员工可能因为加薪之故造成年度所得税率向上调整反而增加赋税的负担企业若是可以从员工赋税的减少来着手规划员工福利（亦即节流）也就是所谓的薪资福利化此举不但有双重加薪的效果而且可以充分切入员工所需。

2. 增加企业招募的优势

一般求职者在决定是否加入另一家企业时其考虑的因素多半是公司的知名度、工作本身是否有挑战性与薪资福利等。一般而言企业的知名度往往能够吸引优秀的成员，进而创造优厚的利润方能回馈社会打响企业的知名度；工作的挑战性与薪资福利都可以将其纳入员工福利规划，由此观之求职者在找寻工作时不见得都是向钱看齐。因此只要企业妥善做好福利规划不仅可以避免外部恶性挖角，而且可以将人事预算作最有效率的运用。

3. 避免年资负债

每到岁末年初企业最伤脑筋的就是加薪的问题了，这的确是两难的问题。加薪的幅度过大将会对于企业的营运成本造成沉重的负担，倘若加薪的幅度过小恐将造成人员的移民潮。的确，加薪绝不仅仅是账面上每月薪资的增加而已，其他如劳健保投保薪资的向上调整、退休金提拨金额的增加（配合未来个人退休账户的实行此部分的金额势必大幅增加雇主的负担）、员工请领退休金与加班费的计算基础均增加不少，企业除加薪外难道没有其他法宝作为酬偿员工的方法吗？此时具有竞争性的员工福利规划就应运而生了，最常见的如员工分红入股、退休与医疗保险、购屋购车贷款与教育补助等，尽管有些实施竞争性的员工福利规划的企业，其薪资水准未必为同业之翘楚。然而求职者为何却趋之若的鹜投入，最大的原因即其所创造出价值远超过一般企业加薪的价值。

未来员工福利的规划方向是：具有选择性、个人化的自选式的员工福利。

"自选式的员工福利"顾名思义就是考量员工的职务、绩效表现以及贡献度所决定其福利金额。而该金额数量乃是以点数的方式呈现出来。企业每年决定一定点数给特定员工。让员工得以在其所能使用的点数内规划其福利自助餐。

企业在设计自选式福利菜单时可以参考员工的意见。使员工可以由自己的意愿规划其福利项目。增加员工对公司认同，再者公司亦可与员工充分沟通，将其薪资作福利化的设计。不仅可以在个人税赋上获得减免，并可使公司的年资负债可以大幅减少。

实行自选式的员工福利的优缺点：

1. 对员工而言

优点：自选式福利制度符合期望理论，配合个人需求；当人们选择福利组合时，这个系统可以传达诸如：信任、成熟度、开放性等之讯息，使员工的使命感增强。

缺点：无法大量采购，成本上升，福利相对缩水；另外，一般人对于改变及革新有抵抗性，采取此方法也容易衍生出沟通及与原来承诺相矛盾之问题。

因此在实行自选式福利制度之初，充分的沟通与取得员工的信赖是必须的，以确保自选式福利能够顺利执行。

2. 对企业组织而言

优点：自选式福利制可削减成本，雇主不用齐头式地提供员工不需要的福利项目，故效用增大。

缺点：实施自选式福利制度可能产生额外的管理成本，增加工作负担。

因此在未来实行时，适度的规范如购买之额度、频率将可有效节省相关人员的行政成本。

第三节　水土资源利用

库区资源主要包括土地资源、水资源（水量和水质）、水体和水面、水利风景区资源等。

一、水资源管理

水资源管理是水行政主管部门运用行政、法律、经济、技术和教育等手段，组织各种社会力量开发水利和防治水害，协调社会经济发展与水资源开发利用之间的关系，处理各地区、各部门之间的用水矛盾，监督、限制不合理的开发和危害水源的行为，制订供水系统和水库工程的优化调度方案。

1. 水资源管理基本原则

（1）开发与保护并重。在开发水资源的同时，重视森林保护、草原保护、水土保持、河道和湖泊整治、污染防治等工作，以实现涵养水源、保护水质的效果。

（2）水量和水质统一管理。由于水质的污染日趋严重，可用水量逐渐减少。因此，水库水资源的开发利用应统筹考虑水量和水质，规定污水排放标准和制定切实的保护措施。

（3）效益最优。对水库水资源开发利用的各个环节（规划、设计、运用），都要拟定最优化准则，以最小投资取得最大效益。

2. 管理措施

（1）行政法令措施。运用国家行政权力，成立管理机构，制定管理法规，由管理机构按照法律法规审查批准水资源开发方案，办理取水许可证，检查水资源法规和政策的执行情况，监督水资源的合理利用等。

（2）经济措施。包括审定水价和征收水费，明确"谁投资，谁受益"的原则，对保护水源、节约用水、防治污染有功的单位和个人给予奖励，对违反法规者实行经济赔偿或处罚。

（3）技术措施。充分认识小型水库水资源的特点和问题，采取合理的技术手段，开发利用并保护好水资源。

（4）宣传教育措施。利用各种媒体，向广大群众特别是水库周边群众介绍加强水资源管理的意义和有关的政策法规，使广大群众认识水的资源属性，自觉节约使用水资源。

3. 保护措施

（1）工程措施。主要是为了防止水库水体污染，使水质达到拟定的目标、满足功能要求，对排放废水采取的削减处理、调度等工程。可从如下方面进行工程措施布置：排污口布置、废污水调度、清污分流、氧化塘、污水资源化等工程，工业、农业、生活及其他污染源处理措施。

（2）管理措施。根据小型水库管理和运行机制、经费保障和管理技术手段的基础上，制定保护水库水资源的管理模式和运行机制。

（3）法律法规措施。根据现行水资源保护法律法规，制定水库水资源保护管理办法和实施细则等。

二、消落区管理

原则上，小型水库建成后消落区的土地属国家或集体所有，由水库管理单位负责，在服从水库统一调度和保证工程安全、符合水土保持和水质保护要求的前提下，通过当地人民政府优先安排给当地农村移民使用，或成立库区管理委员会，由用水户代表、水利工程管理单位、地方政府代表等，共同协商解决消落区土地开发利用、管理和保护等问题。

三、水体利用管理

水库水体的利用是指通过种植、养殖等技术措施，投入资金、物力、人力、科技等，利用水库水体的深度和广度开展的经济活动。水库管理单位在管好用好工程设施、保证安全的前提下，可根据实际情况利用水库水体，发展养殖、种植等经营活动。水库水体利用，应当符合水功能区划，坚持兴利与除害相结合，兼顾上下游有关地区之间的利益，充分发挥水资源的综合效益，服从防洪的总体安排。

目前，大部分小型水库水体的利用仍以养殖为主。县级以上人民政府水行政主管部门以及有关部门在制定水库水体开发利用规划时，应当注意维持水库的合理水位，维护水体的自然净化能力，作为饮用水水源地的水库，只能以净化水质和维持库内生态平衡为目标开展适度养殖。

有关单位和个人利用水库进行水产养殖或其他经营活动的，必须事先经过水库主管部门或管理单位同意，有偿使用。因违反经批准的相关规划造成水库水体使用功能降低、水体污染的，应当承担治理责任。水产养殖或其他经营活动不得影响大坝安全和污染水体。

四、水利风景区管理

水利风景区是指以水域或水利工程为依托，利用具有一定规模和质量的风景资源与环境条件，开发观光、娱乐、休闲、度假或科学、文化、教育活动的区域。通过对水利风景区的管理，有利于加强水库水资源和周边生态环境保护，有利于水库工程安全运行。

水库的水利风景区管理机构一般为工程管理单位，负责水利风景区的建设、管理和保护工作。应当加强水利风景区的安全管理，设置安全生产专职管理人员，建设安全保障设施，编制应对突发事件预案，增强有效处置能力，保障景区和工程安全。

水利风景区内禁止各种污染环境、造成水土流失、破坏生态的行为，禁止存放或倾倒易燃、易爆、有毒、有害物品。按照《水利风景区管理办法》，在水利风景区内从事养殖及各种水上项目、采集标本或野生药材、设置及张贴标语或广告、经商以及其他可能影响生态或景观等活动，应经管理机构同意，并报有关水行政主管部门批准。

参考文献

［1］王志良，马长顺，赵秀民副.现代水库管理理论与实践［M］.黄河水利出版社，2005.

［2］《水库管理指南》编委会.水库管理指南［M］.河海大学出版社，2012.

［3］水利部水利管理司.小型水库管理人员培训辅导指南［M］.中国水利水电出版社，1995.

［4］喻蔚然，傅琼华，马秀峰.水库管理手册［M］.中国水利水电出版社，2015.

［5］叶舟.水库安全管理［M］.中国水利水电出版社，2012.

［6］朱兆平，陈柏荣.水库安全管理技术［M］.中国水利水电出版社，2012.

［7］龙斌本书.水库运行与管理［M］.河海大学出版社，2006.

［8］张士君，董福平.小型水库的安全与管理［M］.中国水利水电出版社，2005.

［9］韩博平，石秋池，陈文祥.中国水库生态学与水质管理研究［M］.科学出版社，2006.

［10］宋萌勃，岳延兵，陈吉琴.水库调度与管理［M］.黄河水利出版社，2013.

［11］朱山涛，陈献.水库库区管理立法的重难点分析［J］.水利发展研究，2007，7（4）：4-6.

［12］李雷.浅谈中小型水库的管理［J］.科学技术创新，2013（7）：161.

［13］王立涛，刘炳南.浅析现代水库管理的现状及具体策略［J］.科技展望，2015（4）.

［14］戈慧琴.浅谈中小型水库管理［J］.水利建设与管理，2011，31（4）：42-44.

［15］马骑龙.现代水库管理的思考［J］.科技风，2014（2）.

［16］李惠.水库管理存在的问题与解决策略［J］.科技展望，2015（9）.

［17］谭政．关于我国水库运行管理方式的探讨［J］．人民长江，2011，42（10）：105-108.

［18］姜震．水库管理中存在的问题及解决措施［J］．农业与技术，2016（24）：255.

［19］沈春玲．水库管理中存在的问题及解决措施［J］．价值工程，2017（34）：44-46.

［20］李海涛．浅析现代水库的管理与维护［J］．中小企业管理与科技（上旬刊），2011（4）：50.